北大社普通高等教育“十三五”数字化建设规划教材

概率论与数理统计

主　编　皇甫明　张玉丽　顾　颖
副主编　王　岩　徐天博

本书资源使用说明

北京大学出版社
PEKING UNIVERSITY PRESS

内 容 简 介

本书以普通高等学校非数学专业概率论与数理统计课程的教学基本要求为依据，参考国内优秀教材，融入编者多年来在课程教学过程中积累的教学经验编写而成. 本书内容由两大部分组成. 第一部分包括：随机事件及其概率、随机变量及其分布、多维随机变量及其分布、随机变量的数字特征、大数定律与中心极限定理；第二部分包括：数理统计的基本概念、参数估计、假设检验、方差分析、回归分析.

本书可作为普通高等学校非数学专业概率论与数理统计课程的教材，也可供工程技术人员参考.

前　言

概率论与数理统计是普通高等学校工科类各专业重要的基础课之一，也是理工科大学生的一门必修课程. 概率论与数理统计是专门研究随机现象及其统计规律的一门数学学科，广泛应用于经济学、金融学、工程技术、军事和农业等各个领域，更是在目前热门的大数据与人工智能等新兴领域发挥着重要作用.

本书以普通高等学校非数学专业概率论与数理统计课程的教学基本要求为依据，参考国内优秀教材，融入编者多年来在课程教学过程中积累的教学经验编写而成. 本书内容由两大部分组成. 第一部分包括：随机事件及其概率、随机变量及其分布、多维随机变量及其分布、随机变量的数字特征、大数定律与中心极限定理；第二部分包括：数理统计的基本概念、参数估计、假设检验、方差分析、回归分析.

本书注重基本概念、基本理论、基本运算的讲解，引入鲜活的课程案例对较难的概念、定理加以说明，做到了深入浅出、清晰易懂.

本书可作为普通高等学校非数学专业概率论与数理统计课程的教材，也可供工程技术人员参考.

本书由皇甫明、张玉丽、顾颖担任主编，王岩、徐天博担任副主编. 本书的编写得到了大连交通大学教务处和基础部的大力支持，邓之豪、吴浪、宋晨、汤烽提供了版式和装帧设计方案，在此一并向各位表示衷心的感谢.

由于编者水平有限，书中难免有不足之处，恳请各位读者批评指正.

编　者

2024 年 11 月

目　录

第一章

随机事件及其概率

在自然界中存在两类不同的现象. 一类是在相同的条件下进行试验或观察时,其结果可以事先预知的现象,这类现象称为**确定性现象**. 例如,水在标准大气压下加热到 100 ℃ 时一定会沸腾,同性电荷一定相互排斥、异性电荷一定相互吸引等都是确定性现象. 另一类是在相同的条件下进行试验或观察时,可能会得到不同结果的现象,即结果是无法事先预知的,这类现象称为**随机现象**. 例如,抛掷一枚硬币,它是正面朝上还是反面朝上;某股票明天的收盘价格是涨还是跌;新购买一部手机,其使用寿命是多少等都是随机现象.

虽然随机现象在一定条件下可能出现这样或那样的结果,而且在每一次试验或观察之前不能预知其确切结果,但是经过长期的、反复的观察和实践,人们逐渐发现了所谓结果的不可预知只是对一次或少数几次试验或观察而言的. 在进行了大量重复性试验或观察时,结果呈现出统计规律性. 概率论与数理统计就是研究和揭示随机现象统计规律性的一门数学学科,它的理论和方法在科学技术、工农业生产及国民经济各领域中都有广泛的应用.

§1.1 随 机 事 件

一、随机试验

为了研究随机现象，就要对其进行试验. 若试验满足下列三个特点：

(1) 在相同的条件下，试验可以重复进行；

(2) 每次试验的可能结果不止一个，但是事先可以知道试验的所有可能结果；

(3) 在进行试验之前，并不能确定会出现哪一个结果，

则称该试验为**随机试验**，简称**试验**，记为 E.

下列试验均为随机试验.

E_1：在一批产品中任选 1 件，检查其是否合格；

E_2：将一枚硬币抛掷 3 次，观察正面(H)、反面(T)出现的情况；

E_3：将一枚硬币抛掷 3 次，观察正面出现的次数；

E_4：抛掷一颗骰子，观察出现的点数；

E_5：记录某快递站每天在上午 10 点到 11 点收到的包裹数量；

E_6：测试某品牌手机电池的续航时间 t(单位：h).

二、样本空间与随机事件

试验所有可能发生的基本结果组成的集合，称为该试验的**样本空间**，通常用大写字母 S 表示. 样本空间的每一个元素，即试验的每一个基本结果，称为一个**样本点**，通常用小写字母 e 表示.

对于上述试验 $E_k(k=1,2,\cdots,6)$，其样本空间 S_k 如下：

$S_1=\{$合格，不合格$\}$；

$S_2=\{HHH,HHT,HTH,HTT,THH,THT,TTH,TTT\}$；

$S_3=\{0,1,2,3\}$；

$S_4=\{1,2,3,4,5,6\}$；

$S_5=\{0,1,2,\cdots\}$；

$S_6=\{t \mid t\geqslant 0\}$.

样本空间 S 的一个子集，称为**随机事件**，简称**事件**，通常用大写字母 $A,B,C,\cdots$ 表示. 对于试验 E_4，若事件 A 为"出现奇数点"，则 $A=\{1,3,5\}$；若事件 B 为"出现的点数小于 5"，则 $B=\{1,2,3,4\}$. 对于试验 E_6，若事件 A 为"某品牌手机电池的续航时间在 200 h 到 1 000 h 之间"，则 $A=\{t \mid 200\leqslant t\leqslant 1\,000\}$.

如果在试验中事件 A 的某一个样本点出现，我们就称**事件 A 发生**. 对于试验 E_4，如果事件 $A=\{1,3,5\}$ 且试验出现的点数是 5，那么事件 A 发生.

样本空间的任意一个样本点 e 组成的单点集合，称为**基本事件**. 样本空间 S 包含所有的

样本点，它是 S 自身的子集，在每次试验中一定会发生，因此称之为**必然事件**. 空集 $\varnothing$ 不包含任何样本点，它也是样本空间 S 的子集，但它在每次试验中都不会发生，因此称之为**不可能事件**.

必然事件和不可能事件本质上不是随机事件，但为了研究方便，将它们作为两个极端情形下的随机事件来处理.

三、事件间的关系与运算

在研究试验时，我们发现一个试验往往有很多事件，其中有些事件比较简单，而有些事件比较复杂. 为了通过较简单的事件寻求较复杂事件的性质和规律，我们需要研究事件间的关系与运算. 事件是一个集合，因此事件间的关系与运算就是集合间的关系与运算，只是在概率论中，我们从事件发生的角度对此给出了新的理解.

1. 事件的包含与相等

若事件 A 发生必然导致事件 B 发生，则称事件 B **包含**事件 A，记为 $B \supset A$ 或 $A \subset B$.

若事件 A 包含事件 B，同时事件 B 包含事件 A，则称事件 A 与 B **相等**，记为 $A=B$.

2. 和事件

事件 A 与 B 中至少有一个发生，即事件 A 或 B 发生，称这样的事件为事件 A 与 B 的**和事件**，记为 $A \cup B$.

和事件可以推广到有限多个事件或可列多个事件的情形. $\bigcup\limits_{i=1}^{n} A_i$ 表示事件 $A_1, A_2, \cdots, A_n$ 的和事件，$\bigcup\limits_{i=1}^{\infty} A_i$ 表示事件 $A_1, A_2, \cdots$ 的和事件.

3. 积事件

事件 A 与 B 同时发生，称这样的事件为事件 A 与 B 的**积事件**，记为 $A \cap B$ 或 AB.

积事件也可以推广到有限多个事件或可列多个事件的情形. $\bigcap\limits_{i=1}^{n} A_i$ 或 $\prod\limits_{i=1}^{n} A_i$ 表示事件 $A_1, A_2, \cdots, A_n$ 的积事件，$\bigcap\limits_{i=1}^{\infty} A_i$ 或 $\prod\limits_{i=1}^{\infty} A_i$ 表示事件 $A_1, A_2, \cdots$ 的积事件.

4. 差事件

事件 A 发生而事件 B 不发生，称这样的事件为事件 A 与 B 的**差事件**，记为 $A-B$.

5. 互不相容事件

若事件 A 与 B 不能同时发生，即 $AB=\varnothing$，则称事件 A 与 B **互不相容**或**互斥**.

若对任意的 $i \neq j\ (i, j=1,2,\cdots,n)$，都有 $A_iA_j=\varnothing$，则称 n 个事件 $A_1, A_2, \cdots, A_n$ **两两互不相容**.

6. 对立事件

事件 A 不发生，称这样的事件为事件 A 的**对立事件**或**逆事件**，记为 $\overline{A}$.

注　不难验证 $A-B=A-AB=A\overline{B}$.

由上述定义可以看出，两个对立事件一定是互不相容事件；但是，两个互不相容事件不一定是对立事件.

可以用维恩(Venn)图直观地表示事件间的关系与运算,如图 1-1 所示.

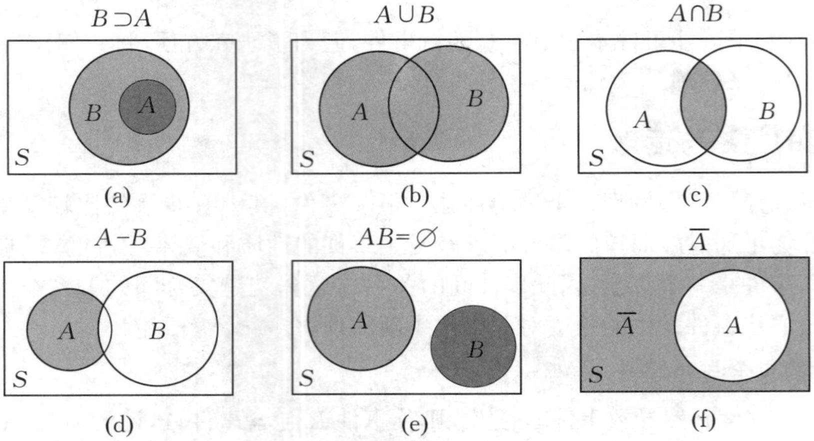

图 1-1

7. 完备事件组

如果 n 个事件 $A_1,A_2,\cdots,A_n$(可以推广到可列多个事件)两两互不相容,并且它们的和事件是必然事件 S,则称这 n 个事件 $A_1,A_2,\cdots,A_n$ 构成一个**完备事件组**,简称**完备组**. 它的实际意义是在每次试验中 $A_1,A_2,\cdots,A_n$ 中的事件必然发生且只能发生一个. 当 $n=2$ 时,构成完备事件组的两个事件 A_1,A_2 就是对立事件.

8. 事件的运算律

设 A,B,C 为任意三个事件,则有如下运算律:

(1) 交换律　$A\cup B=B\cup A,A\cap B=B\cap A$.

(2) 结合律　$(A\cup B)\cup C=A\cup(B\cup C)$,

$(A\cap B)\cap C=A\cap(B\cap C)$.

(3) 分配律　$(A\cup B)\cap C=(A\cap C)\cup(B\cap C)$,

$A\cup(B\cap C)=(A\cup B)\cap(A\cup C)$.

(4) 德摩根(De Morgan) 律　$\overline{A\cup B}=\overline{A}\cap\overline{B},\ \overline{A\cap B}=\overline{A}\cup\overline{B}$.

结合律、分配律和德摩根律可以推广到有限多个事件或可列多个事件的情形. 例如,将德摩根律推广到有限多个或可列多个事件,有

$$\overline{\bigcup_{k=1}^{n}A_k}=\bigcap_{k=1}^{n}\overline{A_k},\quad \overline{\bigcap_{k=1}^{n}A_k}=\bigcup_{k=1}^{n}\overline{A_k},$$

$$\overline{\bigcup_{k=1}^{\infty}A_k}=\bigcap_{k=1}^{\infty}\overline{A_k},\quad \overline{\bigcap_{k=1}^{\infty}A_k}=\bigcup_{k=1}^{\infty}\overline{A_k}.$$

例 1　设 A,B,C 为三个事件,试用 A,B,C 的运算式表示下列事件:

(1) A 发生而 B 与 C 都不发生;

(2) A 与 B 都发生而 C 不发生;

(3) A,B,C 都发生;

(4) A,B,C 中恰有一个发生；

(5) A,B,C 中至少有一个发生；

(6) A,B,C 中不多于两个发生；

(7) A,B 中至少有一个发生而 C 不发生；

(8) A,B,C 中恰有两个发生.

解　(1) $A\overline{B}\,\overline{C}$ 或 $A-B-C$.

(2) $AB\overline{C}$ 或 $AB-C$.

(3) ABC.

(4) $A\overline{B}\,\overline{C}\cup\overline{A}B\overline{C}\cup\overline{A}\,\overline{B}C$.

(5) $A\cup B\cup C$ 或 $A\overline{B}\,\overline{C}\cup\overline{A}B\overline{C}\cup\overline{A}\,\overline{B}C\cup AB\overline{C}\cup A\overline{B}C\cup\overline{A}BC\cup ABC$.

(6) $\overline{A}\,\overline{B}\,\overline{C}\cup A\overline{B}\,\overline{C}\cup\overline{A}B\overline{C}\cup\overline{A}\,\overline{B}C\cup AB\overline{C}\cup A\overline{B}C\cup\overline{A}BC$ 或 $\overline{ABC}$.

(7) $(A\cup B)\overline{C}$ 或 $A\overline{B}\,\overline{C}\cup\overline{A}B\overline{C}\cup AB\overline{C}$.

(8) $AB\overline{C}\cup A\overline{B}C\cup\overline{A}BC$.

§1.2　概率的定义及其运算

一个事件(除必然事件和不可能事件)在一次试验中可能发生,也可能不发生.但人们希望知道这个事件发生的可能性有多大,并希望找到一个合适的数来表征事件在一次试验中发生的可能性大小.

一、概率的统计定义

1. 事件的频率

实践告诉我们,尽管在一次试验中事件 A 是否发生具有不确定性,但是如果多次重复进行该试验,事件 A 的发生将具有统计规律性.例如,抛掷一枚硬币 100 次,正面出现 54 次；抛掷一颗骰子 100 次,6 点出现 17 次.尽管各事件发生的次数不能说明什么问题,但是它们发生的次数与试验次数之比是一个很有价值的量.

一般地,记 n_A 为 n 次试验中事件 A 发生的次数,n_A 与试验次数 n 的比值,称为事件 A 的**频率**,记为

$$f_n(A)=\frac{n_A}{n}.$$

显然,频率满足下面三条性质：

(1) $0\leqslant f_n(A)\leqslant 1$；

(2) $f_n(S)=1$；

(3) 若事件 A,B 互不相容,则 $f_n(A\cup B)=f_n(A)+f_n(B)$.

一般地,若事件 $A_1,A_2,\cdots,A_n$ 两两互不相容,则

$$f_n\left(\bigcup_{i=1}^{n} A_i\right)=\sum_{i=1}^{n} f_n(A_i).$$

历史上有很多人曾做过抛掷硬币的试验，记 n_A 为 n 次试验中事件 A（出现正面）发生的次数，则他们的试验记录如表 1－1 所示.

表 1－1

试验者	投掷次数 n	出现次数 n_A	频率 $f_n(A)$
德摩根	2 048	1 061	0.518 1
蒲丰(Buffon)	4 040	2 048	0.506 9
皮尔逊(Pearson)	12 000	6 019	0.501 6
皮尔逊	24 000	12 012	0.500 5

从表 1－1 的数据可以看出，当投掷硬币的试验次数 n 增大时，频率 $f_n(A)$ 呈现出稳定性，在 0.5 附近摆动，并逐渐稳定于 0.5.

2. 概率的统计定义

定义 1.2.1 在相同条件下重复进行 n 次试验，若事件 A 的频率 $f_n(A)$ 随着试验次数 n 的增大，稳定地在某一数值 p 附近摆动，则将这个客观存在的频率的稳定值 p 称为**事件 A 在一次试验中发生的概率**，记为 $P(A)=p$.

定义 1.2.1 通常称为概率的统计定义. 它只是一种描述性的定义，且定义中谈到的客观存在的频率的稳定值 p 无法具体确定，一般只能采取进行大量重复试验，通过取一系列频率的平均值作为概率 $P(A)$ 的近似值，以此来估计 $P(A)$ 的大小.

二、概率的公理化定义

1. 公理化定义

定义 1.2.2 假设试验 E 的样本空间为 S，对于试验 E 的每一个事件 A，即对于样本空间 S 的一个相应子集 A，都赋予一个实数 $P(A)$，若 $P(\cdot)$ 满足下面三条性质：

(1) 非负性　对于任意事件 A，有 $P(A)\geqslant 0$；

(2) 规范性　对于必然事件 S，有 $P(S)=1$；

(3) 可列可加性　对于任意可列多个两两互不相容的事件 $A_1,A_2,\cdots$，有

$$P\left(\bigcup_{i=1}^{\infty} A_i\right)=\sum_{i=1}^{\infty} P(A_i),$$

则称 $P(A)$ 为事件 A 的**概率**.

2. 概率的性质

从定义 1.2.2 出发，我们可以得到下面一系列重要推论，即概率的性质.

性质 1 不可能事件的概率是零，即 $P(\varnothing)=0$.

证明 令事件 $A_i=\varnothing(i=1,2,\cdots)$，显然 $A_1,A_2,\cdots$ 两两互不相容，且其和事件仍为 $\varnothing$，故由定义 1.2.2，有

$$P(\varnothing)=P\left(\bigcup_{i=1}^{\infty}A_i\right)=\sum_{i=1}^{\infty}P(A_i)=\sum_{i=1}^{\infty}P(\varnothing).$$

由 $P(\varnothing)\geqslant 0$,可得 $P(\varnothing)=0$.

性质 2 **(有限可加性)**　如果事件 $A_1,A_2,\cdots,A_n$ 两两互不相容,则有

$$P\left(\bigcup_{i=1}^{n}A_i\right)=\sum_{i=1}^{n}P(A_i).$$

证明　在定义 1.2.2 的性质(3) 中令 $A_{n+i}=\varnothing(i=1,2,\cdots)$,则由性质 1 容易验证上述等式成立.

特别地,如果事件 A 与 B 互不相容,则有

$$P(A\cup B)=P(A)+P(B).$$

性质 3　如果事件 $A_1,A_2,\cdots$ 构成一个完备事件组,则有

$$\sum_{i=1}^{\infty}P(A_i)=1.$$

证明　由定义 1.2.2,有

$$1=P(S)=P\left(\bigcup_{i=1}^{\infty}A_i\right)=\sum_{i=1}^{\infty}P(A_i).$$

对于有限多个事件 $A_1,A_2,\cdots,A_n$ 构成的完备事件组,由定义 1.2.2 及性质 2 容易得到等式

$$\sum_{i=1}^{n}P(A_i)=1.$$

特别地,两个对立事件的概率的和为 1,即

$$P(\overline{A})=1-P(A).$$

性质 4 **(减法公式)**　对于任意两个事件 A 与 B,有

$$P(A-B)=P(A\overline{B})=P(A)-P(AB).$$

特别地,若事件 $B\subset A$,则有

$$P(A-B)=P(A)-P(B),$$

且

$$P(B)\leqslant P(A).$$

证明　因为 $A=(A-B)\cup AB$,且 $A-B$ 与 AB 互不相容,所以由概率的有限可加性,得

$$P(A)=P(A-B)+P(AB),$$

即

$$P(A-B)=P(A)-P(AB).$$

当 $B\subset A$ 时,有 $AB=B$,故

$$P(A-B)=P(A)-P(B).$$

又根据概率的非负性知 $P(A-B)\geqslant 0$,所以

$$P(B)\leqslant P(A).$$

性质 5　对于任意事件 A,有 $P(A)\leqslant 1$.

证明 由于对于任意事件 A，都有 $A \subset S$，因此由性质 4 及定义 1.2.2，可得

$$P(A) \leqslant P(S) = 1.$$

性质 6 **（加法公式）** 对于任意两个事件 A 与 B，有

$$P(A \cup B) = P(A) + P(B) - P(AB). \tag{1.1}$$

证明 因为 $A \cup B = (A - B) \cup B$，且 $A - B$ 与 B 互不相容，所以由概率的有限可加性及性质 4，得

$$P(A \cup B) = P(A - B) + P(B) = P(A) + P(B) - P(AB).$$

对于任意三个事件 A,B,C，加法公式可推广为

$$\begin{aligned} P(A \cup B \cup C) = {} & P(A) + P(B) + P(C) \\ & - P(AB) - P(AC) - P(BC) + P(ABC). \end{aligned}$$

进一步，对于任意 n 个事件 $A_1, A_2, \cdots, A_n$，有

$$\begin{aligned} P\left(\bigcup_{i=1}^{n} A_i\right) = {} & \sum_{i=1}^{n} P(A_i) - \sum_{1 \leqslant i < j \leqslant n} P(A_i A_j) + \sum_{1 \leqslant i < j < k \leqslant n} P(A_i A_j A_k) \\ & - \cdots + (-1)^{n+1} P(A_1 A_2 \cdots A_n). \end{aligned}$$

例 1 某人计划外出旅游两天. 据天气预报，第一天下雨的概率为 0.6，第二天下雨的概率为 0.3，两天都下雨的概率为 0.1，试求下列事件的概率：

(1) 第一天下雨而第二天不下雨；

(2) 第一天不下雨而第二天下雨；

(3) 至少有一天下雨；

(4) 两天都不下雨；

(5) 至少有一天不下雨.

解 设 A_i 表示事件第 $i(i=1,2)$ 天下雨. 由题意，有

$$P(A_1) = 0.6, \quad P(A_2) = 0.3, \quad P(A_1 A_2) = 0.1.$$

(1) 设 B 表示事件第一天下雨而第二天不下雨，则由 $B = A_1 \overline{A_2} = A_1 - A_2$ 及性质 4，得

$$P(B) = P(A_1) - P(A_1 A_2) = 0.6 - 0.1 = 0.5.$$

(2) 设 C 表示事件第一天不下雨而第二天下雨，则同(1) 的解法，得

$$P(C) = P(A_2 - A_1 A_2) = P(A_2) - P(A_1 A_2) = 0.3 - 0.1 = 0.2.$$

(3) 设 D 表示事件至少有一天下雨，则由 $D = A_1 \cup A_2$ 及性质 6，得

$$\begin{aligned} P(D) &= P(A_1 \cup A_2) = P(A_1) + P(A_2) - P(A_1 A_2) \\ &= 0.6 + 0.3 - 0.1 = 0.8. \end{aligned}$$

(4) 设 E 表示事件两天都不下雨，则由 $E = \overline{A_1}\,\overline{A_2} = \overline{A_1 \cup A_2}$，得

$$P(E) = P(\overline{A_1 \cup A_2}) = 1 - P(A_1 \cup A_2) = 1 - 0.8 = 0.2.$$

(5) 设 F 表示事件至少有一天不下雨，则由 $F = \overline{A_1} \cup \overline{A_2} = \overline{A_1 A_2}$，得

$$P(F) = P(\overline{A_1 A_2}) = 1 - P(A_1 A_2) = 1 - 0.1 = 0.9.$$

例 2 设 A,B 是两个事件，已知 $P(A) = 0.7, P(B) = 0.5, P(AB) = 0.3$，求 $P(A\overline{B}), P(\overline{A}\,\overline{B})$.

解　由性质 4,得

$$P(A\overline{B})=P(A)-P(AB)=0.7-0.3=0.4.$$

由性质 6,得

$$P(A\cup B)=P(A)+P(B)-P(AB)=0.7+0.5-0.3=0.9,$$

故

$$P(\overline{A}\,\overline{B})=P(\overline{A\cup B})=1-P(A\cup B)=1-0.9=0.1.$$

三、古典概型

在很多情况下,直接计算某一事件的概率是非常困难甚至是不可能的,不过对于一些简单的试验,其事件的概率可以直接计算,其中最简单的试验模型为古典概型.

定义 1.2.3　设试验 E 满足下列条件:

(1) 试验的样本空间只有有限多个样本点,即 $S=\{e_1,e_2,\cdots,e_n\}$;

(2) 每个样本点的发生是等可能的,即 $P(\{e_1\})=P(\{e_2\})=\cdots=P(\{e_n\})$,

则称此试验模型为**古典概型**,也称为**等可能概型**.

由于每个样本点所表示的基本事件是互不相容的,因此有

$$\begin{aligned}1=P(S)&=P(\{e_1\}\cup\{e_2\}\cup\cdots\cup\{e_n\})\\&=P(\{e_1\})+P(\{e_2\})+\cdots+P(\{e_n\}),\end{aligned}$$

由定义 1.2.3 的条件(2) 即得

$$P(\{e_i\})=\frac{1}{n},\quad i=1,2,\cdots,n.$$

设事件 A 包含了 k 个基本事件 $e_{i_1},e_{i_2},\cdots,e_{i_k}$,即 $A=\{e_{i_1}\}\cup\{e_{i_2}\}\cup\cdots\cup\{e_{i_k}\}$,这里 $i_1,i_2,\cdots,i_k$ 是 $1,2,\cdots,n$ 中 k 个不同的数,则有

$$\begin{aligned}P(A)&=P(\{e_{i_1}\}\cup\{e_{i_2}\}\cup\cdots\cup\{e_{i_k}\})\\&=P(\{e_{i_1}\})+P(\{e_{i_2}\})+\cdots+P(\{e_{i_k}\})\\&=\frac{k}{n}=\frac{A\text{ 所包含的基本事件数}}{S\text{ 中基本事件总数}}.\end{aligned}\tag{1.2}$$

古典概型中,事件的概率称为**古典概率**. 对古典概率的计算,关键在于计算基本事件总数和所求事件包含的基本事件数. 由于样本空间的选取可能有不同的方法,因此可采用不同的方法计算古典概率.

一般地,当基本事件总数比较大时,可利用加法原理、乘法原理及排列组合的知识计算基本事件数,进而求得相应的概率.

(1) 加法原理:设完成某件事情有 n 类不同的方法,第 $i(i=1,2,\cdots,n)$ 类方法中又有 m_i 种不同的方法,则完成这件事情共有 $m_1+m_2+\cdots+m_n$ 种不同的方法.

(2) 乘法原理:设完成某件事情有 n 个步骤,第 $i(i=1,2,\cdots,n)$ 个步骤中又有 m_i 种不同的方法,则完成这件事情共有 $m_1m_2\cdots m_n$ 种不同的方法.

(3) 排列数计算公式.

① 不可重复的排列:从 n 个不同的元素中任取 $m(1\leqslant m\leqslant n)$ 个元素(不可重复) 按照

一定顺序排成一列，排列总数为

$$A_n^m = n(n-1)(n-2)\cdots(n-m+1) = \frac{n!}{(n-m)!}.$$

特别地，当 $m=n$ 时，有 $A_n^n = n!$.

规定 $0!=1$.

② 可重复的排列：从 n 个不同的元素中任取 $m(1 \leqslant m \leqslant n)$ 个元素(可重复)按照一定顺序排成一列，排列总数为 n^m.

(4) 组合数计算公式. 从 n 个不同的元素中任取 $m(1 \leqslant m \leqslant n)$ 个元素构成一组，组合总数为

$$C_n^m = \frac{A_n^m}{A_m^m} = \frac{n!}{m!(n-m)!}.$$

规定 $C_n^0 = 1$.

例 3 一个口袋中装有 5 个乒乓球，其中 3 个是白色的，2 个是黄色的. 现从袋中取球 2 次，每次取 1 个，取出后不再放回，试求下列事件的概率：

(1) 2 个球都是白色的；

(2) 2 个球颜色不同；

(3) 至少有 1 个白球.

解 设 A 表示事件 2 个球都是白色的，B 表示事件 2 个球颜色不同，C 表示事件至少有 1 个白球. 由题意，有

基本事件总数 $n = A_5^2 = 5 \times 4 = 20$,

A 所包含的基本事件数 $k_A = A_3^2 = 3 \times 2 = 6$,

B 所包含的基本事件数 $k_B = A_3^1 A_2^1 + A_2^1 A_3^1 = 3 \times 2 + 2 \times 3 = 12$,

C 所包含的基本事件数 $k_C = A_3^1 A_2^1 + A_2^1 A_3^1 + A_3^2 = 6 + 6 + 6 = 18$,

故

(1) $P(A) = \dfrac{k_A}{n} = \dfrac{3}{10}$.

(2) $P(B) = \dfrac{k_B}{n} = \dfrac{3}{5}$.

(3) $P(C) = \dfrac{k_C}{n} = \dfrac{9}{10}$.

在第(3)问中，若利用 $P(\overline{C})$ 来求 $P(C)$ 则更为简单. 因为 $\overline{C}$ 表示事件 2 个球均为黄色，所以

$$P(C) = 1 - P(\overline{C}) = 1 - \frac{A_2^2}{20} = 1 - \frac{2}{20} = \frac{9}{10}.$$

例 3 也可另外设计样本空间. 若不考虑取出的 2 个球的先后次序，则有

$$n = C_5^2 = \frac{5 \times 4}{2!} = 10, \quad k_A = C_3^2 = 3,$$

$$k_B = C_3^1 C_2^1 = 6, \quad k_{\overline{C}} = C_2^2 = 1.$$

于是

$$P(A)=\frac{k_A}{n}=\frac{3}{10},$$

$$P(B)=\frac{k_B}{n}=\frac{3}{5},$$

$$P(C)=1-P(\overline{C})=1-\frac{k_{\overline{C}}}{n}=1-\frac{1}{10}=\frac{9}{10}.$$

应特别注意的是，为了便于问题的解决，样本空间可以做不同的设计，但必须满足等可能性的要求. 例 3 若视白球间是无区别的，黄球间也是无区别的，则样本空间

$$S=\{(白,白),(白,黄),(黄,白),(黄,黄)\}.$$

在这个样本空间中，基本事件的发生不是等可能的，因此不能用古典概型来计算事件的概率.

例 4 （抽签问题）　一袋中有 a 个白球和 b 个红球，依次将球从中取出，每次取 1 个，取出后不放回，求第 $k(1\leqslant k\leqslant a+b)$ 次取出白球的概率.

解　方法一　假设球是编号的，试验为从袋中取 k 次球，则基本事件总数 n 就是从 $a+b$ 个编号的球中选出 k 个球进行排列的排列个数，即 $n=\mathrm{A}_{a+b}^{k}$.

设 A 表示第 k 次取出白球的事件，则 A 的发生相当于从 a 个白球中选出 1 个放在第 k 个位置上，再从剩余的 $a+b-1$ 个球中任选 $k-1$ 个球放在前面 $k-1$ 个位置上. 由乘法原理，可得 $k_A=\mathrm{A}_a^1\mathrm{A}_{a+b-1}^{k-1}$，从而

$$\begin{aligned}P(A)&=\frac{\mathrm{A}_a^1\mathrm{A}_{a+b-1}^{k-1}}{\mathrm{A}_{a+b}^{k}}\\&=\frac{a(a+b-1)(a+b-2)\cdots(a+b-k+1)}{(a+b)(a+b-1)(a+b-2)\cdots(a+b-k+1)}\\&=\frac{a}{a+b}.\end{aligned}$$

方法二　设试验为将取出的 $a+b$ 个编号的球依次排列在 $a+b$ 个位置上，则有

$$n=(a+b)!,\quad k_A=(a+b-1)!a,$$

于是

$$P(A)=\frac{(a+b-1)!a}{(a+b)!}=\frac{a}{a+b}.$$

例 4 是求第 k 次取出白球的概率，然而结果却与 k 无关，即与取球的次序无关，取出白球的概率总是 $\frac{a}{a+b}$. 这一结果表明，在进行与此类似的抽签活动时，中签的概率与抽签的先后次序无关，机会是均等的(称为抽签原则).

若将例 4 改为放回抽样，即每次取出 1 个球并记录其颜色后，再将其放回袋中. 如此接连摸取，求第 k 次取出白球的概率.

设从袋中取出 k 个球为一基本事件，则基本事件总数为 $(a+b)^k$，第 k 次取出白球的事件 A 所包含的基本事件数为 $(a+b)^{k-1}a$，于是

$$P(A)=\frac{(a+b)^{k-1}a}{(a+b)^k}=\frac{a}{a+b}.$$

例 5 某批产品中有 a 件正品，b 件次品，从中用放回和不放回两种抽样方式抽取 $n(n\leqslant a+b)$ 件产品，问：其中恰有 $k(k\leqslant b)$ 件次品的概率是多少？

解 (1) 放回抽样.

从 $a+b$ 件产品中有放回地抽取 n 件产品，所有可能的取法有 $(a+b)^n$ 种. 取出的 n 件产品中有 k 件次品，它们可以出现在不同的位置，所有可能的取法有 C_n^k 种. 对于取定的一种位置，由于任取 1 件正品有 a 种可能，任取 1 件次品有 b 种可能，因此有 $a^{n-k}b^k$ 种可能. 于是，取出的 n 件产品中恰有 k 件次品的可能取法共有 $C_n^k a^{n-k}b^k$ 种，故所求概率为

$$P_1=\frac{C_n^k a^{n-k}b^k}{(a+b)^n}=C_n^k\left(\frac{a}{a+b}\right)^{n-k}\left(\frac{b}{a+b}\right)^k.$$

(2) 不放回抽样.

从 $a+b$ 件产品中不放回地抽取 n 件（不计次序）产品的所有可能取法有 C_{a+b}^n 种. 在 a 件正品中不放回地抽取 $n-k$ 件的所有可能取法有 C_a^{n-k} 种，在 b 件次品中不放回地抽取 k 件的所有可能取法有 C_b^k 种，于是取出的 n 件产品中恰有 k 件次品的所有可能取法有 $C_a^{n-k}C_b^k$ 种. 故所求概率为

$$P_2=\frac{C_a^{n-k}C_b^k}{C_{a+b}^n}.$$

上式称为**超几何分布的概率公式.**

例 6 **(分球入盒问题)** 设有 n 个颜色各不相同的球，每个球都以概率 $\frac{1}{N}$ 落在 N $(n\leqslant N)$ 个盒子中的每一个盒子里，且每个盒子能容纳的球数是没有限制的. 试求下列事件的概率：

$A=\{$某个指定的盒子中没有球$\}$，

$B=\{n$ 个指定的盒子中各有 1 个球$\}$，

$C=\{$恰有 n 个盒子中各有 1 个球$\}$，

$D=\{$某个指定的盒子中恰有 m 个球$(m\leqslant n)\}$.

解 因为每个球落在盒子中的可能均有 N 种，所以基本事件总数为 N^n. 而事件 A,B,C,D 所包含的基本事件数分别为

$$k_A=(N-1)^n,\quad k_B=n!,\quad k_C=C_N^n\cdot n!,\quad k_D=C_n^m\cdot(N-1)^{n-m},$$

于是所求概率为

$$P(A)=\frac{k_A}{N^n}=\frac{(N-1)^n}{N^n}=\left(1-\frac{1}{N}\right)^n,$$

$$P(B)=\frac{k_B}{N^n}=\frac{n!}{N^n},$$

$$P(C)=\frac{k_C}{N^n}=\frac{C_N^n\cdot n!}{N^n}=\frac{A_N^n}{N^n},$$

$$P(D)=\frac{k_D}{N^n}=\frac{C_n^m\cdot(N-1)^{n-m}}{N^n}.$$

上述问题称为分球入盒问题.有许多实际问题可以归结为分球入盒问题,但必须分清问题中的"球"与"盒".

例如,某公司有$n(n\leqslant 365)$个人,设每人的生日在一年365天中任一天的可能性是相同的,试求下列事件的概率:

$A=\{n$ 个人的生日均不相同$\}$;

$B=\{$至少有2个人生日相同$\}$.

在上述问题中,可视n个人的生日为n个"球",365天为365个"盒子",从而归结为分球入盒问题.故所求概率为

$$P(A)=\frac{A_{365}^{n}}{365^{n}},\quad P(B)=1-P(A)=1-\frac{A_{365}^{n}}{365^{n}}.$$

当$n=64$时,$P(B)\approx 0.997$,即至少有2个人生日相同的事件的概率非常接近1,几乎是一个必然事件了.

例7　从1～2 000中任意取1个整数,求取到的整数能被6或8整除的概率.

解　设A表示事件取到的整数能被6整除,B表示事件取到的整数能被8整除,则AB表示事件取到的整数能同时被6和8整除(被24整除).由$333<\frac{2\,000}{6}<334$,$\frac{2\,000}{8}=250$,$83<\frac{2\,000}{24}<84$,得$k_A=333$,$k_B=250$,$k_{AB}=83$.又已知基本事件总数$n=2\,000$,于是所求概率为

$$\begin{aligned}P(A\cup B)&=P(A)+P(B)-P(AB)\\&=\frac{333}{2\,000}+\frac{250}{2\,000}-\frac{83}{2\,000}=\frac{1}{4}.\end{aligned}$$

例8　从0,1,2,…,9共10个数字中随机有放回地接连取4个数字,并按其出现的先后顺序排成一列.试求下列事件的概率:

(1) $A_1=\{4$个数字排成1个偶数$\}$;

(2) $A_2=\{4$个数字排成1个四位数$\}$;

(3) $A_3=\{4$个数字中0恰好出现2次$\}$;

(4) $A_4=\{4$个数字中0至少出现1次$\}$.

解　因为是放回抽样,所以样本空间中含10^4个基本事件.

(1) 若要使4个数字组成偶数,则只需末位数字为偶数即可,这有5种可能,即末位数字可取0,2,4,6,8.而前三位数字是任意的,有10^3种取法,于是A_1共含有5×10^3个基本事件,从而

$$P(A_1)=\frac{5\times10^3}{10^4}=0.5.$$

(2) 若要使4个数字组成1个四位数,则只需第一位数字不是0即可,而后三位数字是任意的.于是,A_2共含有9×10^3个基本事件,从而

$$P(A_2)=\frac{9\times10^3}{10^4}=0.9.$$

(3) 若要使数字 0 恰好出现 2 次，则只需某两个数字为 0，另两个数字不为 0 即可. 于是，A_3 共含有 $C_4^2 \cdot 9^2$ 个基本事件，从而

$$P(A_3)=\frac{C_4^2 \cdot 9^2}{10^4}=0.048\ 6.$$

(4) 若要使 4 个数字中不包含 0，则共有 9^4 种不同取法. 于是，事件 $\overline{A}_4$ 的概率为 $\frac{9^4}{10^4}$，从而

$$P(A_4)=1-P(\overline{A}_4)=1-\frac{9^4}{10^4}=0.343\ 9.$$

人们在长期的实践中总结得到：概率很小的事件在一次试验中实际上几乎是不可能发生的(称为**实际推断原理**).

例 9 某接待站在某一周曾接待过 12 次来访，已知这 12 次接待都是在星期二和星期四进行的，问：是否可以推断接待时间是有规定的？

解 假设接待站的接待时间没有规定，而来访者在一周的任一天中去接待站是等可能的，那么这 12 次接待都发生在星期二或星期四的概率为 $2^{12}/7^{12} \approx 0.000\ 000\ 3$. 现在概率很小的事件在一次试验中竟然发生了，因此有理由怀疑假设的正确性，从而推断接待站不是每天都接待来访者，即认为其接待时间是有规定的.

四、几何概型

下面介绍几何概型，它与古典概型的区别在于样本空间中样本点的总数不是有限多个，而是无限多个，因此不能像求古典概型的概率那样来求几何概型的概率.

设试验具有以下特点：

(1) 样本空间 S 是一个几何区域，记这个区域的度量为 $\mu(S)$；

(2) 若事件 A 为样本空间 S 中的一个区域，向 S 内任意投掷一个点，该点落在 S 内任一点处都是等可能的，则点落在区域 A 内的可能性与 $\mu(A)$ 成正比，与 A 的位置和形状无关，则称此试验为**几何概型**.

在几何概型中，事件 A 的概率可用下列公式计算：

$$P(A)=\frac{\mu(A)}{\mu(S)}.$$

注 当 S 为区间时，$\mu(S)$ 表示区间的长度；当 S 为平面区域时，$\mu(S)$ 表示平面区域的面积；当 S 为空间区域时，$\mu(S)$ 表示空间区域的体积.

例 10 已知在一片表面积为 $5\times 10^4\ \mathrm{km}^2$ 的海域里，有一个表面积达 $40\ \mathrm{km}^2$ 的大陆架上储藏着石油. 假设在这片海域里随意选定一点钻探，问：钻到石油的概率是多少？

解 由于选点的随机性，可以认为这片海域中各点被选中的可能性是一样的，因此这是一个几何概型. 所以，所求概率为

$$\frac{40}{5\times 10^4}=0.000\ 8.$$

例 11 (**会面问题**) 两人相约晚上 7 点到 8 点在某地会面，先到者等候另一人至多

20 min,超时就离开,试求这两人能会面的概率.

解　以 x,y 分别表示晚上 7 点后这两人到达的时刻(单位:min),则他们能会面的充要条件为

$$|x-y|\leqslant 20.$$

这是一个几何概型,样本点的全体是边长为 60 的正方形,两人能会面的点的全体为区域 $|x-y|\leqslant 20$(见图 1－2 中阴影部分).所以,所求概率为

$$\frac{60^2-40^2}{60^2}=\frac{5}{9}.$$

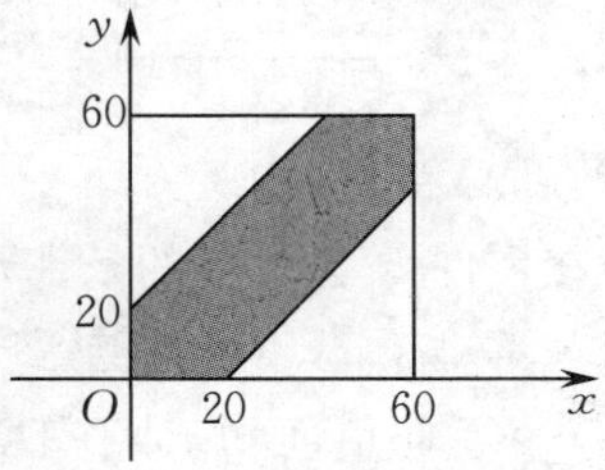

图 1－2

§1.3　条件概率与全概率公式

一、条件概率

到目前为止,我们考虑的都是事件 A 的概率 $P(A)$.但在实际问题中,我们往往还要考虑另外一类概率,即在已知事件 B 发生的条件下,求事件 A 发生的概率.此类概率我们称之为条件概率,记为 $P(A|B)$.一般情况下,$P(A)$ 与 $P(A|B)$ 是不相等的.下面先看一个例子.

例 1　已知一个班级中有 80 名男生和 20 名女生,通过英语六级的有 60 名,其中有 14 名女生.现在从班级名册中任意点一个名,求:

(1) 点到的学生英语通过六级的概率 $P(A)$;

(2) 点到的学生是女生的概率 $P(B)$;

(3) 点到的学生既是女生,又通过英语六级的概率 $P(AB)$;

(4) 如果发现点到的学生是女生,其通过英语六级的概率 p.

解　(1) $P(A)=\frac{60}{100}=0.6.$

(2) $P(B)=\frac{20}{100}=0.2.$

(3) $P(AB)=\frac{14}{100}=0.14.$

(4) 在 20 名女生中有 14 名通过英语六级,因此 $p=\frac{14}{20}=0.7.$

p 是在事件 B 已经发生的条件下,事件 A 发生的概率,称为事件 A 在事件 B 已发生的条件下的条件概率,记为 $P(A|B)$,即 $p=P(A|B)=0.7$.相应地,称 $P(A)$ 为无条件概率.我们发现

$$P(A|B)=\frac{14}{20}=\frac{14/100}{20/100}=\frac{P(AB)}{P(B)}.$$

受到上述具体事例的启发，我们给出条件概率的定义如下.

定义 1.3.1 设 A,B 是样本空间 S 中的任意两个事件，且 $P(B)>0$，称

$$P(A|B)=\frac{P(AB)}{P(B)} \tag{1.3}$$

为在事件 B 已发生的条件下事件 A 发生的**条件概率**.

不难验证，条件概率满足概率的下列 3 条性质：

(1) 非负性　对于任意事件 A，有 $P(A|B)\geqslant 0$；

(2) 规范性　对于必然事件 S，有 $P(S|B)=1$；

(3) 可列可加性　对于任意可列多个两两互不相容的事件 $A_1,A_2,\cdots$，有

$$P\left(\bigcup_{i=1}^{\infty}A_i\,\Big|\,B\right)=\sum_{i=1}^{\infty}P(A_i|B).$$

证明　(1) 由 $P(B)>0,P(AB)\geqslant 0$，得

$$P(A|B)=\frac{P(AB)}{P(B)}\geqslant 0.$$

(2) $P(S|B)=\dfrac{P(SB)}{P(B)}=\dfrac{P(B)}{P(B)}=1.$

(3) $P\left(\bigcup\limits_{i=1}^{\infty}A_i\,\Big|\,B\right)=\dfrac{P\left(\left(\bigcup\limits_{i=1}^{\infty}A_i\right)B\right)}{P(B)}=\dfrac{P\left(\bigcup\limits_{i=1}^{\infty}A_iB\right)}{P(B)}.$

由于事件 $A_1,A_2,\cdots$ 两两互不相容，因此事件 $A_1B,A_2B,\cdots$ 也两两互不相容，于是有

$$\begin{aligned}P\left(\bigcup_{i=1}^{\infty}A_i\,\Big|\,B\right)&=\frac{P\left(\bigcup\limits_{i=1}^{\infty}A_iB\right)}{P(B)}=\frac{1}{P(B)}\sum_{i=1}^{\infty}P(A_iB)\\&=\sum_{i=1}^{\infty}\frac{P(A_iB)}{P(B)}=\sum_{i=1}^{\infty}P(A_i|B).\end{aligned}$$

注　条件概率也满足概率的其他性质.

计算条件概率通常有以下两种方法：

(1) 在原样本空间中用定义式 $P(A|B)=\dfrac{P(AB)}{P(B)}$ 计算；

(2) 在缩小的样本空间中用 $P(A|B)=\dfrac{\text{事件 }AB\text{ 的样本点个数}}{\text{事件 }B\text{ 的样本点个数}}$ 直接计算.

例 2　设袋中有 7 个红球，3 个白球，从中任取两次，每次取 1 个球且不放回. 令事件 $A=\{$第一次取到红球$\}$，事件 $B=\{$第二次取到红球$\}$，试求 $P(A|B)$.

解　方法一　由抽签原则可知 $P(B)=\dfrac{7}{10}$，又 $P(AB)=\dfrac{7}{10}\times\dfrac{6}{9}=\dfrac{7}{15}$，所以

$$P(A|B)=\frac{P(AB)}{P(B)}=\frac{2}{3}.$$

方法二　在缩小的样本空间中直接计算. 因第一次取到红球，袋中剩余 9 个球，其中 6

个红球，故

$$P(A|B)=\frac{6}{9}=\frac{2}{3}.$$

二、乘法公式

假设 A,B 是任意两个事件，根据条件概率的定义可得：

若 $P(A)>0$，则有

$$P(AB)=P(A)P(B|A);\tag{1.4}$$

若 $P(B)>0$，则有

$$P(AB)=P(B)P(A|B).\tag{1.5}$$

上述两个公式称为**概率的乘法公式**.

上述乘法公式可以推广到任意多个事件的情形. 对于 n 个事件 $A_1,A_2,\cdots,A_n$，当 $P(A_1A_2\cdots A_{n-1})>0$ 时，有

$$P(A_1A_2\cdots A_n)=P(A_1)P(A_2|A_1)P(A_3|A_1A_2)\cdots P(A_n|A_1A_2\cdots A_{n-1}).\tag{1.6}$$

例 3　假设一批产品的合格率为 95%，在合格品中有 80% 是优质品，求这批产品的优质率.

解　设事件 $A=\{$从这批产品中任取一件，其为合格品$\}$，事件 $B=\{$从这批产品中任取一件，其为优质品$\}$. 依题意，有 $P(A)=0.95$，$P(B|A)=0.8$. 由于 $B\subset A$，因此 $AB=B$，应用乘法公式有

$$P(B)=P(AB)=P(A)P(B|A)=0.95\times0.8=0.76.$$

故这批产品的优质率为 76%.

例 4　设 A,B 是两个事件，且 $P(A)=P(B)=0.4$，$P(A\cup B)=0.5$，求 $P(A|B)$，$P(A-B)$，$P(A|\overline{B})$.

解　由 $P(A\cup B)=P(A)+P(B)-P(AB)$，可得

$$P(AB)=P(A)+P(B)-P(A\cup B)=0.4+0.4-0.5=0.3.$$

故

$$P(A|B)=\frac{P(AB)}{P(B)}=\frac{0.3}{0.4}=0.75,$$

$$P(A-B)=P(A)-P(AB)=0.4-0.3=0.1,$$

$$P(A|\overline{B})=\frac{P(A\overline{B})}{P(\overline{B})}=\frac{P(A-B)}{1-P(B)}=\frac{0.1}{0.6}\approx0.17.$$

注　对于任意两个事件 A,B，只要 $P(B)>0$，一定有 $P(A|B)+P(\overline{A}|B)=1$. 但是，即使 $P(B)$，$P(\overline{B})$ 均大于零，$P(A|B)+P(A|\overline{B})$ 也不一定等于 1. 因此，如果认为 $P(A|\overline{B})=1-P(A|B)=0.25$，则是错误的.

例 5　有一张演唱会的票，6 个人都想要，他们用依次抓阄的方法分配这张票，求第 3 个人得到票的概率.

解　设事件 $A_i=\{$第 i 个人得到票$\}$ $(i=1,2,\cdots,6)$. 显然，第 1 个人得到票的概率为

$$P(A_1)=\frac{1}{6};$$

第 2 个人得到票的概率为

$$P(A_2)=P(\overline{A}_1A_2)=P(\overline{A}_1)P(A_2|\overline{A}_1)=\frac{5}{6}\times\frac{1}{5}=\frac{1}{6}.$$

类似可以求出第 3,4,5,6 个人得到票的概率均为$\frac{1}{6}$.

此例实际上是抽签问题.

三、全概率公式与贝叶斯公式

1. 全概率公式

例 6 假设 10 张彩票中有 3 张是中奖彩票,甲、乙两人先后各买一张,分别计算他们中奖的概率.

解 记事件 A,B 分别表示甲、乙两人中奖. 易知

$$P(A)=\frac{3}{10}.$$

事件 B 可以写成两个互不相容的事件 AB 与 $\overline{A}B$ 的和,应用概率的有限可加性与乘法公式,有

$$\begin{aligned}P(B)&=P(AB)+P(\overline{A}B)\\&=P(A)P(B|A)+P(\overline{A})P(B|\overline{A})\\&=\frac{3}{10}\times\frac{2}{9}+\frac{7}{10}\times\frac{3}{9}=\frac{3}{10}.\end{aligned}$$

从例 6 我们发现,有些事件概率的计算比较简单,可以直接用古典概率的计算公式得到,如 $P(A)$. 而有些事件比较复杂,直接计算其概率比较困难,如事件 B,需要先将它分解为较简单的两个互不相容事件 AB 与 $\overline{A}B$ 的和,再结合概率的性质及有关公式计算出概率 $P(B)$. 总结以上方法,我们可以得到一个计算较复杂事件的概率的重要公式.

定理 1.3.1 **设试验 E 的样本空间为 S,B 为 E 的一个事件,$A_1,A_2,\cdots,A_n$ 为 S 的一个完备事件组,且 $P(A_i)>0(i=1,2,\cdots,n)$,则**

$$P(B)=\sum_{i=1}^{n}P(A_i)P(B|A_i). \tag{1.7}$$

(1.7) 式称为**全概率公式**.

证明 由于 $A_1,A_2,\cdots,A_n$ 为 S 的一个完备事件组,因此 $A_1\cup A_2\cup\cdots\cup A_n=S$,且 $A_1,A_2,\cdots,A_n$ 两两互不相容,从而 $A_1B,A_2B,\cdots,A_nB$ 也两两互不相容. 应用概率的有限可加性及乘法公式,得

$$\begin{aligned}P(B)&=P(SB)=P\Big(\Big(\bigcup_{i=1}^{n}A_i\Big)B\Big)=P\Big(\bigcup_{i=1}^{n}A_iB\Big)\\&=\sum_{i=1}^{n}P(A_iB)=\sum_{i=1}^{n}P(A_i)P(B|A_i).\end{aligned}$$

例 7 在 10 张彩票中,有 1 张是大奖彩票,2 张是纪念奖彩票,7 张是无奖彩票. 甲、乙两人先后各取一张,求乙抽到纪念奖彩票的概率.

解 记事件B表示乙抽到纪念奖彩票，事件A_1,A_2,A_3分别表示甲抽到大奖彩票、纪念奖彩票与无奖彩票. 易见，事件A_1,A_2,A_3构成一个完备事件组，且

$$P(A_1)=\frac{1}{10},\quad P(A_2)=\frac{1}{5},\quad P(A_3)=\frac{7}{10},$$

$$P(B|A_1)=\frac{2}{9},\quad P(B|A_2)=\frac{1}{9},\quad P(B|A_3)=\frac{2}{9}.$$

应用全概率公式，得

$$P(B)=\sum_{i=1}^{3}P(A_i)P(B|A_i)=\frac{1}{10}\times\frac{2}{9}+\frac{1}{5}\times\frac{1}{9}+\frac{7}{10}\times\frac{2}{9}=0.2.$$

例 8 设有甲、乙两个盒子，甲盒中有 7 个红球、3 个白球，乙盒中有 5 个红球、6 个白球. 先从甲盒中任取两球放入乙盒中，再从乙盒中任取一球，试求从乙盒中取出的是红球的概率.

解 设事件$A_i(i=0,1,2)$表示甲盒中任取的两球中有i个红球，事件B表示从乙盒中取出的是红球. 由全概率公式，得

$$\begin{aligned}P(B)&=P(A_0)P(B|A_0)+P(A_1)P(B|A_1)+P(A_2)P(B|A_2)\\&=\frac{C_3^2}{C_{10}^2}\times\frac{5}{13}+\frac{C_7^1C_3^1}{C_{10}^2}\times\frac{6}{13}+\frac{C_7^2}{C_{10}^2}\times\frac{7}{13}=\frac{32}{65}.\end{aligned}$$

2. 贝叶斯公式

例 9 设有甲、乙两个盒子，甲盒中有 7 个红球、3 个白球，乙盒中有 5 个红球、6 个白球. 先从甲盒中任取两球放入乙盒中，再从乙盒中任取一球. 若已知从乙盒中取出的是红球，试求从甲盒中取出的是一个红球、一个白球的概率.

解 设事件$A_i(i=0,1,2)$表示甲盒中任取的两球中有i个红球，事件B表示从乙盒中取出的是红球. 由例 8 知$P(B)=\frac{32}{65}$，于是所求概率为

$$P(A_1|B)=\frac{P(A_1B)}{P(B)}=\frac{P(A_1)P(B|A_1)}{P(B)}=\frac{14/65}{32/65}=\frac{7}{16}.$$

注 此例与例 8 不同，它是已知结果发生，求引起这种结果的一个原因的概率有多大，且求的是条件概率.

由例 9 中条件概率$P(A_1|B)$的计算受到启发，得到计算概率的另一个重要公式.

定理 1.3.2 **设试验E的样本空间为S，B为E的一个事件，$A_1,A_2,\cdots,A_n$为S的一个完备事件组，且$P(B)>0,P(A_i)>0(i=1,2,\cdots,n)$，则**

$$P(A_i|B)=\frac{P(A_i)P(B|A_i)}{\sum_{j=1}^{n}P(A_j)P(B|A_j)}\quad(i=1,2,\cdots,n).\tag{1.8}$$

(1.8) 式称为**贝叶斯**(Bayes) **公式.**

证明 由条件概率的定义及全概率公式，得

$$P(A_i|B)=\frac{P(A_iB)}{P(B)}=\frac{P(A_i)P(B|A_i)}{\sum_{j=1}^{n}P(A_j)P(B|A_j)}\quad(i=1,2,\cdots,n).$$

例 10 用 3 台机床加工同一种零件,各机床加工零件的数量比是 5 : 3 : 2,合格率分别为 0.94,0.90,0.95.

(1) 求 3 台机床加工的全部零件的合格率;

(2) 若从全部零件中任取 1 件,发现它是合格品,分析哪台机床加工它的可能性最大.

解 从全部零件中任取 1 件,记事件 B 表示取到的零件是合格品,事件 A_i 表示取到的零件是由第 $i(i=1,2,3)$ 台机床加工的. 易知 A_1,A_2,A_3 构成一个完备事件组,且依题意,得

$$P(A_1)=\frac{5}{5+3+2}=0.5,\quad P(A_2)=\frac{3}{5+3+2}=0.3,\quad P(A_3)=\frac{2}{5+3+2}=0.2,$$

$$P(B|A_1)=0.94,\quad P(B|A_2)=0.90,\quad P(B|A_3)=0.95.$$

(1) 由全概率公式,可得

$$P(B)=\sum_{i=1}^{3}P(A_i)P(B|A_i)=0.5\times0.94+0.3\times0.90+0.2\times0.95=0.93.$$

(2) 由贝叶斯公式,可得

$$P(A_1|B)=\frac{P(A_1)P(B|A_1)}{P(B)}=\frac{0.5\times0.94}{0.93}=\frac{47}{93},$$

$$P(A_2|B)=\frac{P(A_2)P(B|A_2)}{P(B)}=\frac{0.3\times0.90}{0.93}=\frac{27}{93},$$

$$P(A_3|B)=\frac{P(A_3)P(B|A_3)}{P(B)}=\frac{0.2\times0.95}{0.93}=\frac{19}{93}.$$

从计算结果可以看出,从全部零件中取到 1 件合格品,其由第 1 台机床加工的可能性最大.

贝叶斯公式在概率论和数理统计中有着多方面的应用. 假定 $A_1,A_2,\cdots,A_n$ 是导致试验结果的原因,则 $P(A_i)(i=1,2,\cdots,n)$ 称为先验概率,它们反映了各种原因发生的可能性大小,一般是以往经验的总结,在试验之前是已知的. 如果试验产生了结果 B,这个信息将有助于探讨结果发生的原因. 条件概率 $P(A_i|B)(i=1,2,\cdots,n)$ 称为后验概率,它们反映了各种原因对这个结果的贡献.

例 11 发报台分别以概率 0.6 和 0.4 发出信号"•"和"-". 由于通信设备受到干扰,当发出信号"•"时,收报台收到信号"•"和"-"的概率分别为 0.8 和 0.2;而当发出信号"-"时,收报台收到信号"-"和"•"的概率分别为 0.9 和 0.1. 如果收报台收到信号"•",求发报台没发错信号的概率.

解 设事件 A 表示发报台发出信号"•",$\overline{A}$ 表示发报台发出信号"-",B 表示收报台收到信号"•". 依题意,有

$$P(A)=0.6,\quad P(\overline{A})=0.4,$$

$$P(B|A)=0.8,\quad P(B|\overline{A})=0.1.$$

由贝叶斯公式得所求概率为

$$P(A|B)=\frac{P(A)P(B|A)}{P(A)P(B|A)+P(\overline{A})P(B|\overline{A})}$$
$$=\frac{0.6\times0.8}{0.6\times0.8+0.4\times0.1}\approx0.923.$$

§1.4 事件的独立性与伯努利试验

一、事件的独立性

一般来说,无条件概率 $P(A)$ 与条件概率 $P(A|B)[P(B)>0]$ 是不相等的,即事件 B 的发生对事件 A 的发生是有影响的. 但在有些时候,事件 B 的发生对事件 A 的发生没有影响,即有 $P(A)=P(A|B)$. 这时的乘法公式可写为 $P(AB)=P(A)P(B)$. 类似地,若 $P(B)=P(B|A)[P(A)>0]$,即事件 A 的发生不影响事件 B 的发生,则有 $P(AB)=P(A)P(B)$. 由此可见,如果 $P(A)$,$P(B)$ 均大于零,当 A,B 两个事件中任何一个事件的发生都不影响另一个事件的发生时,必有等式 $P(AB)=P(A)P(B)$ 成立. 受此启发,我们给出事件的独立性的定义.

定义 1.4.1　设两个事件 A,B 满足

$$P(AB)=P(A)P(B),$$

则称事件 A 与 B **相互独立**,简称 A 与 B **独立**.

注　用上述等式定义事件 A 与 B 的相互独立并不要求 $P(A)>0$ 与 $P(B)>0$.

定理 1.4.1　**设事件 A 与 B 满足 $P(A)>0$,$P(B)>0$.**

(1) 若事件 A 与 B 相互独立,则 $AB\neq\varnothing$;

(2) 若 $AB=\varnothing$,则事件 A 与 B 必不相互独立.

证明　(1) 因为事件 A 与 B 相互独立,且 $P(A)>0$,$P(B)>0$,所以

$$P(AB)=P(A)P(B)>0,$$

从而 $AB\neq\varnothing$.

(2) 命题(1) 的逆否命题即为命题(2),故命题(2) 也成立.

该定理说明两个概率大于零的事件如果是相互独立的,那么它们一定不是互不相容的. 其逆否命题也成立,即互不相容的两个概率大于零的事件不可能相互独立.

定理 1.4.2　**设 A,B 是两个事件,$P(A)>0$,则 A 与 B 相互独立的充要条件是**

$$P(B|A)=P(B).$$

定理 1.4.2 的正确性是显然的.

定理 1.4.3　**设 A 与 B 是两个事件,则在四对事件 A 与 B,$\overline{A}$ 与 B,A 与 $\overline{B}$,$\overline{A}$ 与 $\overline{B}$ 中,只要有一对事件相互独立,那么另外三对事件也分别是相互独立的.**

证明 假设事件A与B相互独立，则$P(AB)=P(A)P(B)$. 下面证明事件$\overline{A}$与B也相互独立. 因

$$P(\overline{A}B)=P(B)-P(AB)=P(B)-P(A)P(B)$$
$$=P(B)[1-P(A)]=P(\overline{A})P(B),$$

故由定义 1.4.1 知，事件$\overline{A}$与B相互独立.

类似地可以证明，事件A与$\overline{B}$，$\overline{A}$与$\overline{B}$也相互独立(留给读者自己完成).

定义 1.4.2 设A,B,C是三个事件，若其满足

$$P(AB)=P(A)P(B),$$
$$P(AC)=P(A)P(C),$$
$$P(BC)=P(B)P(C),$$

则称这三个事件**两两相互独立**.

定义 1.4.3 设A,B,C是三个事件，若其满足

$$P(AB)=P(A)P(B),$$
$$P(AC)=P(A)P(C),$$
$$P(BC)=P(B)P(C),$$
$$P(ABC)=P(A)P(B)P(C),$$

则称这三个事件**相互独立**.

例 1 将 1 枚硬币独立地抛掷两次，记事件$A_1=\{$第一次出现正面$\}$，$A_2=\{$第二次出现反面$\}$，$A_3=\{$正反面各出现一次$\}$，试判断：

(1) 事件A_1,A_2,A_3是否两两相互独立；

(2) 事件A_1,A_2,A_3是否相互独立.

解 (1) 由于

$$P(A_1)=P(A_2)=\frac{1}{2},\quad P(A_3)=\frac{2}{4}=\frac{1}{2},$$

且

$$P(A_1A_2)=P(A_1A_3)=P(A_2A_3)=\frac{1}{4}=P(A_1)P(A_2)=P(A_1)P(A_3)=P(A_2)(A_3),$$

因此事件A_1,A_2,A_3两两相互独立.

(2) 由于

$$P(A_1A_2A_3)=\frac{1}{4}\neq\frac{1}{8}=P(A_1)P(A_2)P(A_3),$$

因此事件A_1,A_2,A_3不相互独立.

定义 1.4.4 在n个事件$A_1,A_2,\cdots,A_n$中，如果它们中的任意$k(2\leqslant k\leqslant n)$个事件$A_{i_1},A_{i_2},\cdots,A_{i_k}(1\leqslant i_1<i_2<\cdots<i_k\leqslant n)$，都满足

$$P(A_{i_1}A_{i_2}\cdots A_{i_k})=P(A_{i_1})P(A_{i_2})\cdots P(A_{i_k}),$$

则称这n个事件$A_1,A_2,\cdots,A_n$**相互独立**.

下面不加证明地给出几个推论.

推论 1　如果 n 个事件 $A_1,A_2,\cdots,A_n$ 相互独立，则

(1) 它们中任意 $k(2\leqslant k\leqslant n)$ 个事件 $A_{i_1},A_{i_2},\cdots,A_{i_k}(1\leqslant i_1<i_2<\cdots<i_k\leqslant n)$ 仍是相互独立的；

(2) $P(A_1A_2\cdots A_n)=P(A_1)P(A_2)\cdots P(A_n)$.

推论 2　如果 n 个事件 $A_1,A_2,\cdots,A_n$ 相互独立，则将它们中任意一部分事件换成各自的对立事件后所得的 n 个事件仍是相互独立的.

推论 3　如果 n 个事件 $A_1,A_2,\cdots,A_n$ 相互独立，则有

$$P\left(\bigcup_{i=1}^{n}A_i\right)=1-P(\overline{A}_1)P(\overline{A}_2)\cdots P(\overline{A}_n)=1-\prod_{i=1}^{n}P(\overline{A}_i). \tag{1.9}$$

例 2　甲、乙两名围棋手进行三盘两胜制的争夺赛，据以往战绩，每盘甲战胜乙的概率是 0.6，求甲获胜的概率(假设各盘比赛胜负互不影响).

解　记事件 $A_i(i=1,2,3)$ 表示第 i 盘比赛中甲战胜乙，事件 A 表示甲获胜，则事件 A_1，A_2，A_3 相互独立，且 $P(A_1)=P(A_2)=P(A_3)=0.6$. 又事件 A_1A_2，$A_1\overline{A}_2A_3$，$\overline{A}_1A_2A_3$ 两两互不相容，其和为 A，故由概率的有限可加性，可得

$$\begin{aligned}P(A)&=P(A_1A_2\cup A_1\overline{A}_2A_3\cup\overline{A}_1A_2A_3)\\&=P(A_1A_2)+P(A_1\overline{A}_2A_3)+P(\overline{A}_1A_2A_3)\\&=P(A_1)P(A_2)+P(A_1)P(\overline{A}_2)P(A_3)+P(\overline{A}_1)P(A_2)P(A_3)\\&=0.6^2+0.6^2\times0.4+0.6^2\times0.4=0.648.\end{aligned}$$

例 3　假设一条线路中有 n 个电阻，每个电阻断路的概率都是 $p(0<p<1)$，分别计算 n 个电阻并联和串联时该线路断路的概率(假设各电阻是否断路互不影响).

解　记事件 $A_i(i=1,2,\cdots,n)$ 表示第 i 个电阻断路，事件 A 表示该线路断路，则事件 $A_1,A_2,\cdots,A_n$ 相互独立，且 $P(A_i)=p$.

当 n 个电阻并联时，只有当所有电阻全断路时，该线路才会断路，因此所求概率为

$$P(A)=P(A_1A_2\cdots A_n)=P(A_1)P(A_2)\cdots P(A_n)=p^n.$$

当 n 个电阻串联时，只要有一个电阻断路，就会使该线路断路，由(1.9)式，有

$$P(A)=P\left(\bigcup_{i=1}^{n}A_i\right)=1-\prod_{i=1}^{n}P(\overline{A}_i)=1-(1-p)^n.$$

例 4　甲、乙、丙三人在不同位置同时向某一个目标进行一次射击. 假设他们每次射击的命中率分别是 0.6，0.7，0.8，求下列事件的概率：

(1) 恰好有一人击中目标；

(2) 至少有一人击中目标；

(3) 恰好有两人击中目标.

解　记事件 A，B，C 分别表示甲、乙、丙击中目标，事件 $A_i(i=0,1,2,3)$ 表示恰有 i 人击中目标. 依题意，事件 A_0，A_1，A_2，A_3 构成一个完备事件组，且事件 A，B，C 相互独立，$P(A)=0.6$，$P(B)=0.7$，$P(C)=0.8$.

(1) $P(A_1)=P(A\overline{B}\,\overline{C})+P(\overline{A}B\overline{C})+P(\overline{A}\,\overline{B}C)$

$$=P(A)P(\overline{B})P(\overline{C})+P(\overline{A})P(B)P(\overline{C})+P(\overline{A})P(\overline{B})P(C)$$
$$=0.6\times0.3\times0.2+0.4\times0.7\times0.2+0.4\times0.3\times0.8=0.188.$$

(2) 先计算 $P(A_0)$：

$$P(A_0)=P(\overline{A}\,\overline{B}\,\overline{C})=P(\overline{A})P(\overline{B})P(\overline{C})=0.4\times0.3\times0.2=0.024,$$

故所求概率为

$$P(A_1\cup A_2\cup A_3)=P(\overline{A_0})=1-P(A_0)=0.976.$$

(3) 先计算 $P(A_3)$：

$$P(A_3)=P(ABC)=P(A)P(B)P(C)=0.6\times0.7\times0.8=0.336,$$

故所求概率为

$$P(A_2)=1-P(A_0)-P(A_1)-P(A_3)$$
$$=1-0.024-0.188-0.336=0.452.$$

注 例 4 第(3) 问也可以由 $A_2=AB\overline{C}\cup A\overline{B}C\cup\overline{A}BC$ 直接计算 $P(A_2)$.

例 5 某种仪器上装有大、中、小 3 个不同功率的灯泡，已知当 3 个灯泡完好时，仪器发生故障的概率仅为 1%；当烧坏其中 1 个灯泡时，仪器发生故障的概率为 25%；当烧坏其中 2 个或 3 个灯泡时，仪器发生故障的概率分别为 65% 与 90%. 设每个灯泡被烧坏与否互不影响，并且它们被烧坏的概率分别为 0.1，0.2，0.3，求仪器发生故障的概率.

解 记事件 $A_i\ (i=0,1,2,3)$ 表示仪器上 3 个灯泡中有 i 个灯泡被烧坏，事件 B 表示仪器发生故障. 易见，事件 A_0,A_1,A_2,A_3 构成一个完备事件组，并且有

$$P(B|A_0)=0.01,\quad P(B|A_1)=0.25,\quad P(B|A_2)=0.65,\quad P(B|A_3)=0.90.$$

由于各灯泡被烧坏与否相互独立，因此有

$$P(A_0)=0.9\times0.8\times0.7=0.504,$$
$$P(A_1)=0.1\times0.8\times0.7+0.9\times0.2\times0.7+0.9\times0.8\times0.3=0.398,$$
$$P(A_3)=0.1\times0.2\times0.3=0.006,$$
$$P(A_2)=1-P(A_0)-P(A_1)-P(A_3)=0.092.$$

应用全概率公式得所求概率为

$$P(B)=\sum_{i=0}^{3}P(A_i)P(B|A_i)$$
$$=0.504\times0.01+0.398\times0.25+0.092\times0.65+0.006\times0.90=0.169\,74.$$

二、伯努利试验

随机现象的统计规律性要从大量的试验中分析得出. 在相同条件下进行重复试验，是一种非常重要的概率模型.

若试验 E 只有两个可能的结果：A 与 $\overline{A}$，则称 E 为**伯努利**(Bernoulli) **试验**. 设 $P(A)=p\ (0<p<1)$，则 $P(\overline{A})=1-p$. 将试验 E 独立地重复进行 n 次，则称这一串重复的独立试验为 **n 重伯努利试验**.

这里，"重复" 是指每次试验在相同的条件下进行，在每次试验中 $P(A)=p$ 保持不变；

“独立”是指各次试验的结果互不影响，即若以 $C_i(i=1,2,\cdots,n)$ 表示第 i 次试验的结果，C_i 为 A 或 $\overline{A}$，则

$$P(C_1C_2\cdots C_n)=P(C_1)P(C_2)\cdots P(C_n).$$

例如，抛硬币试验中只有出现正面和反面两个结果，如果将硬币连抛 n 次就是 n 重伯努利试验；某人连续独立射击 400 次是 400 重伯努利试验(结果只有击中和未击中). 又如，已知 100 件产品中有 5 件次品，从中随机抽取 20 件，若采用放回抽样，则每次抽到次品的概率都是 5%，各次试验相互独立，这就是 20 重伯努利试验；若采用不放回抽样，虽然每次抽到次品的概率都是 5%，但各次试验不是相互独立的，这就不是伯努利试验.

定理 1.4.4　**设事件 A 在每次试验中发生的概率都是 $p(0<p<1)$，事件 B_k 表示在 n 重伯努利试验中事件 A 恰好发生 k 次，则事件 B_k 发生的概率为**

$$P(B_k)=C_n^k p^k q^{n-k}\quad(k=0,1,2,\cdots,n),\tag{1.10}$$

其中 $q=1-p$.

(1.10) 式称为**伯努利公式**.

证明　在 n 重伯努利试验中，事件 A 发生 k 次共有 C_n^k 种方式. 由于各次试验是相互独立的，因此事件 A 在指定的 k 次试验中发生，在其他 $n-k$ 次试验中不发生的概率为

$$\overbrace{pp\cdots p}^{k}\overbrace{(1-p)(1-p)\cdots(1-p)}^{n-k}=p^k(1-p)^{n-k}.$$

又因为各种不同方式所对应的这 C_n^k 个事件是互不相容的，所以由概率的有限可加性，事件 B_k 发生的概率为

$$P(B_k)=C_n^k p^k(1-p)^{n-k}\quad(k=0,1,2,\cdots,n).$$

例 6　某学生参加英语期末考试，考题均为单项选择题，且每题有 4 个选项. 该学生准备随意答题(每题任选一个选项). 若考题数量为 5 道，求该学生能及格(至少做对 3 道)的概率. 如果考题数量分别变成 10 道与 20 道，该学生能及格(至少做对 6 道与 12 道)的概率又是多少?

解　由题意知，该学生做一道选择题相当于做一次伯努利试验. 如果只有 5 道考题，那么该学生及格的概率为

$$C_5^3\left(\frac{1}{4}\right)^3\left(\frac{3}{4}\right)^2+C_5^4\left(\frac{1}{4}\right)^4\left(\frac{3}{4}\right)^1+C_5^5\left(\frac{1}{4}\right)^5\left(\frac{3}{4}\right)^0\approx 0.103\,5.$$

当考题数量为 10 道时，该学生及格的概率为

$$\sum_{k=6}^{10}C_{10}^k\left(\frac{1}{4}\right)^k\left(\frac{3}{4}\right)^{10-k}\approx 0.01.$$

当考题数量为 20 道时，该学生及格的概率为

$$\sum_{k=12}^{20}C_{20}^k\left(\frac{1}{4}\right)^k\left(\frac{3}{4}\right)^{20-k}\approx 0.000\,9.$$

例 7　一本 500 页的书共有 500 个印刷错误，每个印刷错误等可能地出现在每一页上(假设每一页的印刷符号都超过 500 个). 求指定的一页上至少有 3 个印刷错误的概率 a.

解　由于每个印刷错误都可能出现在指定的一页上，其概率 $p=\frac{1}{500}=0.002$，也可能不出现在指定的一页上，其概率 $q=1-p$，并且可以认为各个印刷错误是否出现在该指定页上是相互独立的，因此这是一个 500 重伯努利试验. 利用伯努利公式，有

$$a=1-P(B_0\cup B_1\cup B_2)=1-[P(B_0)+P(B_1)+P(B_2)]$$

$$=1-\sum_{k=0}^{2}P(B_k)=1-\sum_{k=0}^{2}\mathrm{C}_{500}^{k}\times 0.002^{k}\times 0.998^{500-k}\approx 0.0801.$$

数学家简介

伯努利

习　题　一

1. 写出下列随机试验的样本空间：

(1) 抛掷一颗匀称的骰子，观察前后两次出现的点数之和；

(2) 在单位圆上任取两点，观察这两点间的距离；

(3) 生产产品直到有 5 件正品，记录生产产品的总件数；

(4) 观察某医院一天内前来就诊的人数.

2. 设 A,B,C 为三个事件，用 A,B,C 的运算式表示下列事件：

(1) A 与 C 都发生而 B 不发生；

(2) A 发生且 B 与 C 中至少有 1 个不发生；

(3) A,B,C 中恰有 1 个发生；

(4) A,B,C 中至少有 1 个发生；

(5) A,B,C 中不多于 1 个发生；

(6) A,B,C 中恰有 2 个发生；

(7) A,B,C 中至少有 2 个发生；

(8) A,B,C 中不多于 2 个发生.

3. 用维恩图说明下列等式成立：

(1) $A\cup B=(A-AB)\cup B$，且等式右边两个事件互不相容；

(2) $A\cup B=(A-B)\cup(B-A)\cup(AB)$；

(3) $(A\cup B)C=(AC)\cup(BC)$；

(4) $(AB)\cup C=(A\cup C)(B\cup C)$.

4. 设 A,B 为两个事件，则事件 A,B 中至少发生一个与事件 A,B 中至多发生一个是否为对立事件？

5. 设 A,B 为两个事件，按从小到大的次序排列 $P(A),P(A\cup B),P(AB),P(A)+P(B)$，并说明理由.

6. 设 A,B,C 为三个事件，且 $P(A)=P(B)=P(C)=\frac{1}{4}$，$P(AB)=0$，$P(AC)=\frac{1}{8}$，$P(BC)=\frac{1}{6}$，求事件 A,B,C 中至少有一个发生的概率.

7. 设 A,B 为两个事件，计算下列各题：

(1) 已知 $P(A)=0.5$，$P(B)=0.3$，$P(A\cup B)=0.6$，求 $P(A\overline{B})$；

(2) 已知 $P(A)=0.8$，$P(A-B)=0.4$，求 $P(\overline{AB})$；

(3) 已知 $P(AB)=P(\overline{A}\,\overline{B})$，$P(A)=0.3$，求 $P(B)$.

8. 一批灯泡有 40 只，其中 3 只是坏的，从中任取 5 只检查. 问：

(1) 5 只都是好的概率是多少？

(2) 有 2 只是坏的概率是多少？

9. 两副纸牌各有 52 张(不含大小王)，从每一副中任取 1 张，求至少有 1 张是红桃 A 的概率.

10. 从标号为 $1\sim15$ 的试验田中任取 3 块，求：

(1) 最小标号为 5 的概率；

(2) 最大标号为 5 的概率.

11. 某市有 2 万辆自行车，其牌照号码从 00001 到 20000，求市内偶然遇到的一辆自行车，其牌照号码中有数字 8 的概率.

12. 从 5 双不同的鞋子中任取 4 只，问：这 4 只鞋子中至少有 2 只配成一双的概率是多少？

13. 用 13 个字母 A,A,A,C,E,H,I,I,M,M,N,T,T 玩拼字游戏，已知字母的各种排列是随机的，求恰好组成 MATHEMATICIAN 一词的概率.

14. 一盒中有 $2n$ 个黑球和 $2n$ 个白球，将盒中的球任意地分成个数相等的两组，求每组中黑球、白球个数相等的概率.

15. $n(n>3)$ 个学生随机地围绕圆桌而坐，求下列事件的概率：

(1) 甲、乙两人坐在一起，且乙在甲的左边；

(2) 甲、乙、丙三人坐在一起；

(3) 如果 n 个学生并排坐在长桌的一边，求上述事件的概率.

16. 已知 $P(\overline{A})=0.3$，$P(B)=0.4$，$P(A\overline{B})=0.5$，求 $P(B\mid(A\cup\overline{B}))$.

17. 已知 $P(A)=0.6$，$P(B)=0.4$，$P(A\mid B)=0.5$，求 $P(A\cup B)$，$P(\overline{A}\cup B)$.

18. 设 $P(A)>0$，$P(B)>0$，证明：若 $P(A\mid B)>P(A)$，则 $P(B\mid A)>P(B)$.

19. 设 $P(B)>0$，证明：$P(A\mid B)\geqslant 1-\frac{P(\overline{A})}{P(B)}$.

20. 一批产品共 20 件，其中有 5 件是次品，其余为正品. 现从这 20 件产品中不放回地任意抽取 3 次，每次只取 1 件，求下列事件的概率：

(1) 在第一次、第二次取到正品的条件下，第三次取到次品；

(2) 第三次才取到次品；

(3) 第三次取到次品.

21. (1) 甲袋中有2个白球，1个黑球，乙袋中有1个白球，2个黑球. 现从甲袋中任取1个球放入乙袋中，再从乙袋中任取1个球，求此球为白球的概率.

(2) 第一个盒子中装有5个红球，4个白球，第二个盒子中装有4个红球，5个白球. 现从第一个盒子中任取2个球放入第二个盒子中，然后从第二个盒子中任取1个球，求取到白球的概率.

22. 已知5%的男人和0.25%的女人是色盲. 现随机地挑选1个人，恰好为色盲，问：此人为男人的概率是多少？(假设男人、女人各占一半.)

23. 某人乘坐火车、轮船、汽车、飞机的概率分别是0.3，0.2，0.1，0.4. 如果他乘坐火车、轮船、汽车，那么迟到的概率分别是$\frac{1}{4}$，$\frac{1}{3}$，$\frac{1}{12}$，而乘坐飞机不会迟到. 已知他迟到了，问：他乘坐火车的概率是多少？

24. 在某工厂里有甲、乙、丙三台机器生产螺丝钉，它们的产量各占25%，35%，40%，并且在各自的产品里，不合格品各占5%，4%，2%. 现从该工厂的产品中任取1颗螺丝钉，恰好是不合格品，求此不合格品分别是甲、乙、丙机器生产的概率.

25. 有两箱同种类的零件. 第一箱中装有50个零件，其中10个是一等品；第二箱中装有30个零件，其中18个是一等品. 现从两箱中任意挑出一箱，然后从该箱中取零件两次，每次任取1个，取后不放回，求下列事件的概率：

(1) 第一次取到的零件是一等品；

(2) 第一次取到的零件是一等品的条件下，第二次取到的也是一等品.

26. 某人下午5点下班，之后乘坐地铁或汽车回家，他乘坐这两种交通工具到家的时间及概率如表1-2所示.

表1-2

到家时间	5:35～5:39	5:40～5:44	5:45～5:49	5:50～5:54	迟于5:54
乘坐地铁到家的概率	0.10	0.25	0.45	0.15	0.05
乘坐汽车到家的概率	0.30	0.35	0.20	0.10	0.05

某日他抛掷一枚硬币来决定是乘坐地铁还是乘坐汽车，结果他是5:47到家的，试求他乘坐地铁回家的概率.

27. 已知一批产品中96%是合格品，检查产品时，一个合格品被误认为是次品的概率是0.02，一个次品被误认为是合格品的概率是0.05，求检查后被认为是合格品的产品确实是合格品的概率.

28. 图1-3中1，2，3，4，5，6表示继电器接点. 假设每一个继电器接点闭合的概率均为$p(0<p<1)$，且各继电器接点闭合与否相互独立，分别求图1-3(a)，(b)中L到R是通路的概率.

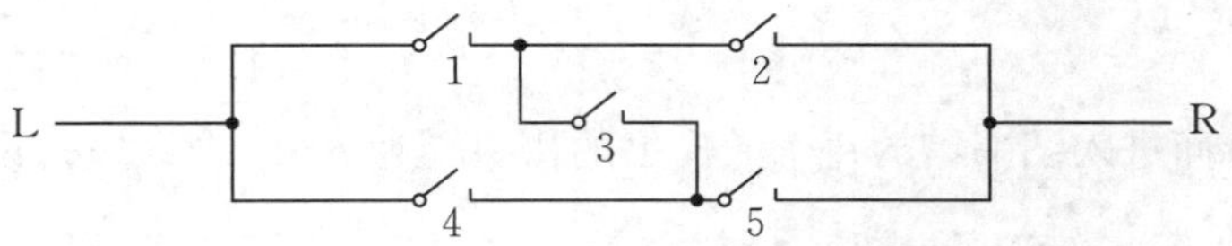

(a)

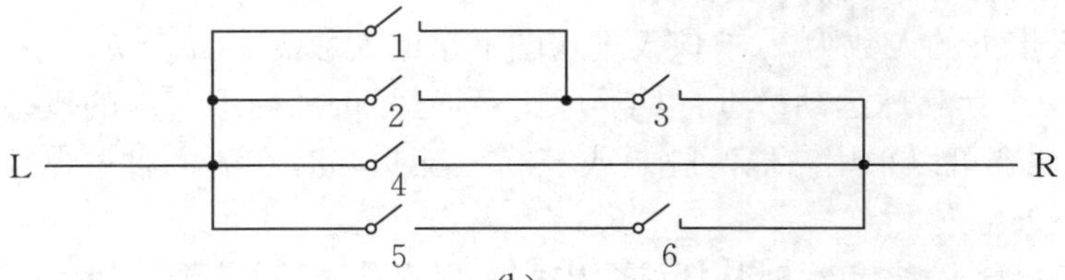

(b)

图 1－3

29. 三个人独立地去破译一个密码，他们能译出的概率分别是$\frac{1}{5}$，$\frac{1}{3}$，$\frac{1}{4}$，问：此密码能被译出的概率是多少？

30. 某人决定去甲、乙、丙三国之一旅游. 这三国此季节内下雨的概率分别为$\frac{1}{2}$，$\frac{2}{3}$，$\frac{1}{2}$，他去这三国旅游的概率分别为$\frac{1}{4}$，$\frac{1}{4}$，$\frac{1}{2}$. 请根据这些信息求他旅游时下雨的概率.

31. 根据以往的临床记录可知，癌症患者对某种试验呈阳性反应的概率为 0.95，非癌症患者对该试验呈阳性反应的概率为 0.01. 现抽取若干试验者进行试验，已知试验者患有癌症的概率为 0.005，若某试验者对试验呈阳性反应，求此人患有癌症的概率.

32. 仓库中有一批共 10 箱同一规格的产品，其中 2 箱由甲厂生产，3 箱由乙厂生产，5 箱由丙厂生产，三厂产品的合格率分别为 85％，80％ 和 90％.

(1) 求这批产品的合格率；

(2) 从这 10 箱中任取 1 箱，再从该箱中任取 1 件产品，若此产品为合格品，问：此产品由甲、乙、丙三厂生产的概率各是多少？

33. 已知在每次试验中事件 A 发生的概率均为 0.3. 在进行 4 次独立的试验时，若事件 A 发生不少于 2 次，则事件 B 发生的概率为 1；若事件 A 发生 1 次，则事件 B 发生的概率为 0.6；若事件 A 不发生，则事件 B 也不发生. 求事件 B 发生的概率.

34. 甲、乙、丙 3 个人独立地向同一飞盘射击，设他们击中的概率分别是 0.4，0.5，0.7. 若只有 1 个人击中，则飞盘被击落的概率为 0.2；若有 2 个人击中，则飞盘被击落的概率是 0.6；若 3 个人都击中，则飞盘一定被击落. 求飞盘被击落的概率.

35. 一盒中放有 12 个羽毛球，其中有 9 个是新的. 某人第一次从盒中任取 3 个来用，用后仍放回盒中，第二次再从盒中任取 3 个，已知第二次取出的球都是新球，求第一次取出的都是新球的概率.

36. 某工厂生产的电灯泡的使用寿命在 1 000 h 以上的概率为 0.2. 现从该工厂生产的电灯泡中任意选出 3 只，求这 3 只电灯泡中最多有 1 只用不到 1 000 h 的概率.

37. 设事件 A_n 表示每天进入图书馆的人数为 n $(n=0,1,2,\cdots)$，且

$$P(A_n)=\frac{\lambda^n}{n!}e^{-\lambda},$$

其中$\lambda>0$为常数.而进入图书馆的每个人借书的概率均为$p(0<p<1)$,设每个人是否借书相互独立.

(1) 求某天恰有k个人借书的概率;

(2) 若某天借书的人数为k,求该天进入图书馆的人数为$n(n\geqslant k)$的概率.

38. 甲、乙两个乒乓球运动员进行乒乓球比赛,已知每一局甲获胜的概率为0.6,乙获胜的概率为0.4,比赛可以采用三局两胜制或五局三胜制,问:在哪一种赛制下甲获胜的可能性更大?

39. 某人有2盒火柴,点火时从任一盒中取一根火柴,经过若干时间后,发现其中的一盒火柴已经用完.已知最初两盒中各有n根火柴,求这时另一盒中还有$r(r\leqslant n)$根火柴的概率.

40. 已知某种疾病患者的痊愈率为25%,为试验某种新药是否有效,把它给10名患者服用,并规定至少有4名患者痊愈则认为新药有效,否则认为新药无效.求:

(1) 虽然新药有效,且把痊愈率提高到35%,但通过试验被否定的概率;

(2) 新药完全无效,但通过试验被认为有效的概率.

第二章

随机变量及其分布

在第一章中，我们研究了随机事件及其概率，并用样本空间的子集表示随机事件. 但是，样本空间是一个一般的集合，不便于用微积分等数学工具来处理. 本章首先引入随机变量，将样本点数量化，然后利用随机变量来研究随机现象，以便借助微积分等数学工具来揭示随机现象的统计规律性.

§2.1 随机变量

在一些随机试验中,试验的结果本身可以由数量来表示.

例 1 抛掷两颗骰子,观察它们出现的点数之和.这个试验共有11个结果,其样本空间为 $S=\{2,3,\cdots,12\}$.

例 2 将一枚硬币抛掷3次,观察正面出现的总次数.这个试验共有4个结果,其样本空间为 $S=\{0,1,2,3\}$.

有时,虽然试验的结果与数量没有直接联系,但是也可以用数量表示.

例 3 任意抛掷一枚硬币,观察正反面出现的情况.这个试验有2个结果,其样本空间为 $S=\{H,T\}$,其中 H 表示正面,T 表示反面.我们引入变量

$$X=\begin{cases}0, & T\text{ 出现},\\ 1, & H\text{ 出现}.\end{cases}$$

这样,此试验的结果也数量化了.

一般来说,我们可以在样本空间与实数集之间建立一种对应,这种对应关系实际定义了样本空间 S 上的映射,通常记作 $X=X(e), e\in S$.

定义 2.1.1 设随机试验 E 的样本空间为 $S=\{e\}$,$X=X(e)$ 是定义在样本空间 S 上的映射,则称 $X=X(e)$ 为**随机变量**.

随机变量的取值依试验的结果而定,在试验之前不能预知它取什么值,而试验的各个结果的出现有一定的概率,因而随机变量的取值也有一定的概率.今后,我们常用大写字母 $X,Y,Z,\cdots$ 来表示随机变量.

随机变量的引入使得我们能用随机变量来表示随机事件.例如,若在例2中引入随机变量 X 表示正面出现的总次数,则 $\{X=2\}$ 表示事件出现2次正面,$\{X\geqslant 2\}$ 表示事件至少出现2次正面.

§2.2 离散型随机变量及其分布律

如果一个随机变量只可能取有限多个或可列多个值,那么称这种随机变量为**离散型随机变量**.例如,§2.1的例子都是离散型随机变量.又如,某城市的电话交换台一昼夜收到的呼叫次数也是离散型随机变量.

对于一个离散型随机变量,我们需要知道它的所有可能取值以及取每个值的概率.

设离散型随机变量 X 的所有可能取值为 $x_k(k=1,2,\cdots)$.若 X 取各个值的概率为

$$P\{X=x_k\}=p_k,\quad k=1,2,\cdots, \tag{2.1}$$

则称(2.1)式为离散型随机变量 X 的**分布律或概率分布**.

由概率的定义，p_k 满足如下两条性质：

(1) $p_k \geqslant 0(k=1,2,\cdots)$;

(2) $\sum\limits_{k=1}^{\infty} p_k = 1$.

反之，满足上述两条性质的数列 $\{p_k\}$ 也可以作为某一离散型随机变量的分布律. 离散型随机变量的分布律也可以用表格的形式来直观地表示，如表 2-1 所示.

表 2-1

X	x_1	x_2	$\cdots$	x_n	$\cdots$
P	p_1	p_2	$\cdots$	p_n	$\cdots$

例 1　抛掷一枚硬币，设 X 为一次投掷中正面出现的次数，则其分布律如表 2-2 所示.

表 2-2

X	0	1
P	$\frac{1}{2}$	$\frac{1}{2}$

例 2　设离散型随机变量 X 的分布律为 $P\{X=k\}=a\dfrac{\lambda^k}{k!}$($\lambda>0$ 为常数；$k=0,1,2,\cdots$)，求常数 a 的值.

解　由离散型随机变量的分布律的性质知 $\sum\limits_{k=0}^{\infty} P\{X=k\}=1$，于是

$$\sum_{k=0}^{\infty} a\frac{\lambda^k}{k!} = a\mathrm{e}^{\lambda} = 1,$$

故

$$a = \mathrm{e}^{-\lambda}.$$

例 3　设一汽车在开往目的地的道路上需要经过 4 组信号灯，每组信号灯均以概率 p 禁止汽车通过. 以 X 表示汽车首次停下时它已通过的信号灯组数(设各组信号灯的工作是相互独立的)，求：(1) X 的分布律；(2) $P\{X\leqslant 2\}$.

解　(1) 记事件 $A_i(i=1,2,3,4)$ 表示第 i 组信号灯禁止汽车通过，则事件 A_1,A_2,A_3,A_4 相互独立，且 $P(A_i)=p$. X 的所有可能取值为 0,1,2,3,4，依题意，有

$$P\{X=0\}=P(A_1)=p,$$
$$P\{X=1\}=P(\overline{A}_1A_2)=P(\overline{A}_1)P(A_2)=(1-p)p.$$

以此类推，可得

$$P\{X=2\}=(1-p)^2p,$$
$$P\{X=3\}=(1-p)^3p,$$
$$P\{X=4\}=(1-p)^4,$$

故 X 的分布律如表 2-3 所示.

表 2-3

X	0	1	2	3	4
P	p	$(1-p)p$	$(1-p)^2p$	$(1-p)^3p$	$(1-p)^4$

(2) $P\{X\leqslant 2\}=P\{X=0\}+P\{X=1\}+P\{X=2\}=p+(1-p)p+(1-p)^2p$.

下面介绍几种常用的离散型随机变量及其分布律.

1. (0-1) 分布

如果随机变量 X 只可能取 0 和 1 两个值,且其分布律为

$$P\{X=k\}=p^k(1-p)^{1-k} \quad (k=0,1;0<p<1),$$

则称 X 服从以 p 为参数的(0-1) **分布或两点分布**.

(0-1) 分布的分布律也可以用表格形式来表示(见表 2-4).

表 2-4

X	0	1
P	$1-p$	p

凡是样本空间仅有两个样本点构成的试验都可以用服从(0-1) 分布的随机变量来描述. 例如,检查产品质量是否合格,前面讨论的抛硬币的试验都可以用服从(0-1) 分布的随机变量来描述.

2. 二项分布

二项分布是伯努利试验下的一种分布. 在伯努利试验中,如果事件 A 发生的概率为 $P(A)=p(0<p<1)$,以 X 表示 n 重伯努利试验中事件 A 发生的次数,则 X 是一个随机变量,它的所有可能取值为 $0,1,2,\cdots,n$. 由伯努利公式,在 n 重伯努利试验中事件 A 发生 k 次的概率为

$$P\{X=k\}=C_n^kp^k(1-p)^{n-k} \quad (k=0,1,2,\cdots,n),$$

或写成表格的形式(见表 2-5).

表 2-5

X	0	1	2	$\cdots$	k	$\cdots$	n
P	$(1-p)^n$	$C_n^1p(1-p)^{n-1}$	$C_n^2p^2(1-p)^{n-2}$	$\cdots$	$C_n^kp^k(1-p)^{n-k}$	$\cdots$	p^n

显然

$$P\{X=k\}\geqslant 0 \quad (k=0,1,2,\cdots,n),$$

且

$$\sum_{k=0}^{n}P\{X=k\}=\sum_{k=0}^{n}C_n^kp^k(1-p)^{n-k}=[p+(1-p)]^n=1.$$

注意到 $C_n^kp^k(1-p)^{n-k}$ 刚好是二项式 $[p+(1-p)]^n$ 的展开式中出现 p^k 的那一项,为此我们称上述随机变量 X 服从参数为 n,p 的**二项分布**,记为 $X\sim B(n,p)$.

特别地,当 $n=1$ 时,随机变量 X 的分布律为 $P\{X=k\}=p^k(1-p)^{1-k}(k=0,1)$,这就是(0-1) 分布的分布律.

例 4 设某人每次射击的命中率为 0.001. 今进行 n 次独立射击,以 X 表示 n 次射击

中命中的次数,求他至少命中一次的概率.

解　将一次射击看成一次伯努利试验,那么 X 服从参数为 $n,p=0.001$ 的二项分布,即 $X\sim B(n,0.001)$,于是其分布律为

$$P\{X=k\}=C_n^k\times 0.001^k\times 0.999^{n-k}\quad (k=0,1,2,\cdots,n).$$

故所求概率为

$$P\{X\geqslant 1\}=1-P\{X=0\}=1-0.999^n.$$

表 2 - 6 列出了一些具体的 n 值对应的概率.

表 2 - 6

n	1 000	2 000	3 000	4 000	5 000
$P\{X\geqslant 1\}$	0.632	0.865	0.950	0.982	0.993

表 2 - 6 表明,尽管每次射击的命中率很低,但如果射击 5 000 次,则命中目标几乎是可以肯定的事. 这也告诉我们不能轻视小概率事件. 尽管小概率事件在一次试验中不太可能发生,但经过大量独立重复试验,它几乎肯定会发生.

例 5　在多重伯努利试验中,设每次试验成功的概率为 p,试验进行到成功与失败均出现时停止,求试验次数的分布律.

解　设 X 表示试验次数,则 X 的所有可能取值为 $2,3,\cdots$. 当 $X=k$ 时,表示前面 $k-1$ 次试验失败,第 k 次试验成功,或者前面 $k-1$ 次试验成功,第 k 次试验失败,于是 X 的分布律为

$$P\{X=k\}=(1-p)^{k-1}p+p^{k-1}(1-p),\quad k=2,3,\cdots.$$

例 6　假设一厂家生产的每台仪器以概率 0.7 可以直接出厂,以概率 0.3 需要进一步调试,经调试后以概率 0.8 可以出厂,以概率 0.2 定为不合格品不能出厂. 现该厂家新生产了 $n(n\geqslant 2)$ 台仪器(假设每台仪器的生产过程相互独立),求:

(1) 这 n 台仪器全部能出厂的概率 α;

(2) 其中恰好有 2 台不能出厂的概率 β;

(3) 其中至少有 2 台不能出厂的概率 θ.

解　对于新生产的每台仪器,记事件 $A=\{$仪器需要进一步调试$\}$,$B=\{$仪器能出厂$\}$,$AB=\{$仪器经调试后能出厂$\}$. 由题意知

$$B=\overline{A}\cup AB,\quad P(A)=0.3,\quad P(B\mid A)=0.8,$$

故

$$P(AB)=P(A)P(B\mid A)=0.3\times 0.8=0.24.$$

又事件 $\overline{A}$ 与 AB 互不相容,则

$$P(B)=P(\overline{A})+P(AB)=0.7+0.24=0.94.$$

设 X 为该厂家新生产的 n 台仪器中能出厂的台数,则 X 服从二项分布 $B(n,0.94)$. 因此

(1) $\alpha=P\{X=n\}=0.94^n$.

(2) $\beta=P\{X=n-2\}=C_n^2\times 0.94^{n-2}\times 0.06^2$.

(3) $\theta=P\{X\leqslant n-2\}=1-P\{X=n-1\}-P\{X=n\}$
$=1-n\times 0.94^{n-1}\times 0.06-0.94^n$.

3. 泊松分布

设随机变量 X 的所有可能取值为 $0,1,2,\cdots$，且其分布律为

$$P\{X=k\}=\frac{e^{-\lambda}\lambda^k}{k!},\quad k=0,1,2,\cdots,$$

其中 $\lambda>0$ 是常数，则称 X 服从参数为 λ 的**泊松**(Poisson) **分布**，记为 $X\sim\pi(\lambda)$. 易知

$$P\{X=k\}=\frac{e^{-\lambda}\lambda^k}{k!}\geqslant 0,\quad k=0,1,2,\cdots,$$

$$\sum_{k=0}^{\infty}P\{X=k\}=\sum_{k=0}^{\infty}\frac{e^{-\lambda}\lambda^k}{k!}=e^{-\lambda}\sum_{k=0}^{\infty}\frac{\lambda^k}{k!}=e^{-\lambda}\cdot e^{\lambda}=1.$$

泊松分布也是概率论中的一种重要分布. 服从泊松分布的随机变量很常见. 例如，某交通路口中午 1 h 内汽车的流量，我国一年内发生的 3 级以上地震的次数，公共汽车站等候的乘客数，等等，都可以用泊松分布来描述.

例 7 已知某热线电话平台每分钟接到的来电次数 $X\sim\pi(3)$，求：

(1) 每分钟接到的来电次数不超过 5 次的概率；

(2) 每分钟接到的来电次数超过 10 次的概率.

解 (1) $P\{X\leqslant 5\}=\sum\limits_{k=0}^{5}\frac{e^{-3}3^k}{k!}\approx 0.916.$

(2) $P\{X>10\}=1-P\{X\leqslant 10\}=1-\sum\limits_{k=0}^{10}\frac{e^{-3}3^k}{k!}\approx 0.000\,292.$

§2.3 随机变量的分布函数

上一节我们研究了离散型随机变量，其分布律可以完整地描述它的统计规律性. 为了从数学上统一地对随机变量进行研究，我们对离散型和非离散型的随机变量统一引入分布函数的概念.

定义 2.3.1 设 X 是一个随机变量，x 是任意实数，称函数

$$F(x)=P\{X\leqslant x\},\quad -\infty<x<+\infty$$

为随机变量 X 的**分布函数**，且称 X 服从 $F(x)$，记为 $X\sim F(x)$.

若把 X 看成数轴上随机点的坐标，则分布函数 $F(x)$ 在点 x 处的函数值就是 X 落在区间 $(-\infty,x]$ 内的概率.

若已知随机变量 X 的分布函数，则不难得到 X 落在任意区间 $(x_1,x_2]$ 内的概率为

$$P\{x_1<X\leqslant x_2\}=P\{X\leqslant x_2\}-P\{X\leqslant x_1\}=F(x_2)-F(x_1).$$

定理 2.3.1 **任一随机变量 X 的分布函数 $F(x)$ 具有如下性质：**

(1) $F(x)$ **为单调不减函数，即若** $x_1<x_2$，**则有** $F(x_1)\leqslant F(x_2)$；

(2) $F(-\infty)=\lim\limits_{x\to-\infty}F(x)=0, F(+\infty)=\lim\limits_{x\to+\infty}F(x)=1$；

(3) $F(x)$ **是右连续的，即对任意实数** x**，有** $F(x+0)=F(x)$.

注　如果一个函数满足上述三条性质，那么此函数一定可作为某个随机变量的分布函数. 因此，这三条基本性质可作为判断某个函数是否为分布函数的充要条件.

利用随机变量 X 的分布函数可以方便地计算有关 X 的各种事件的概率. 例如，对任意的实数 a 与 b，有

$$P\{X=a\}=F(a)-F(a-0),$$
$$P\{X>b\}=1-F(b),$$
$$P\{a<X<b\}=F(b-0)-F(a).$$

例 1　说明下列函数中哪些可以作为随机变量的分布函数：

(1) $F(x)=\dfrac{1}{1+x^2}$；

(2) $F(x)=\dfrac{3}{4}+\dfrac{1}{2\pi}\arctan x$；

(3) $F(x)=\dfrac{2}{\pi}\arctan x+1$；

(4) $F(x)=\begin{cases}0, & x\leqslant 0,\\ \dfrac{x}{1+x}, & x>0.\end{cases}$

解　(1) 由于 $F(+\infty)=0\neq 1$，因此原函数不可以作为随机变量的分布函数.

(2) 由于 $F(-\infty)=\dfrac{1}{2}\neq 0$，因此原函数不可以作为随机变量的分布函数.

(3) 由于 $F(+\infty)=2\neq 1$，因此原函数不可以作为随机变量的分布函数.

(4) 由于 $F(x)$ 为单调递增的连续函数，且 $F(-\infty)=0$，$F(+\infty)=1$，因此原函数可以作为随机变量的分布函数.

例 2　设随机变量 X 的分布函数为

$$F(x)=A+B\arctan x,\quad -\infty<x<+\infty,$$

试求：

(1) 系数 A 和 B 的值；

(2) X 落在区间 $(-1,1]$ 内的概率.

解　(1) 由分布函数的性质知

$$\lim_{x\to-\infty}F(x)=A-\frac{\pi}{2}B=0,\quad \lim_{x\to+\infty}F(x)=A+\frac{\pi}{2}B=1,$$

由此解得 $A=\dfrac{1}{2}$，$B=\dfrac{1}{\pi}$. 故 $F(x)=\dfrac{1}{2}+\dfrac{1}{\pi}\arctan x$，$-\infty<x<+\infty$.

(2) $P\{-1<X\leqslant 1\}=F(1)-F(-1)=\dfrac{1}{2}$.

一般地，若 X 是一个离散型随机变量，其分布律为

$$P\{X=x_k\}=p_k,\quad k=1,2,\cdots,$$

由概率的可列可加性，可得离散型随机变量 X 的分布函数为

$$F(x)=P\{X\leqslant x\}=\sum_{x_k\leqslant x}P\{X=x_k\}=\sum_{x_k\leqslant x}p_k. \tag{2.2}$$

这里 $\sum_{x_k\leqslant x}p_k$ 是对所有满足 $x_k\leqslant x$ 的 p_k 求和.

例 3 设随机变量 X 的分布律如表 2-7 所示,求:(1) X 的分布函数 $F(x)$;(2) $P\{X\leqslant 0\}$,$P\left\{-\frac{1}{2}<X\leqslant\frac{1}{4}\right\}$,$P\{0\leqslant X\leqslant 1\}$.

表 2-7

X	-1	0	1
P	0.5	0.2	0.3

解 (1) 由(2.2)式得

$$F(x)=\begin{cases}0, & x<-1,\\ 0.5, & -1\leqslant x<0,\\ 0.5+0.2=0.7, & 0\leqslant x<1,\\ 0.5+0.2+0.3=1, & x\geqslant 1.\end{cases}$$

它的图形如图 2-1 所示,这是一个右连续的阶梯函数,在点 $x=-1,0,1$ 处分别有跳跃值 0.5,0.2,0.3.

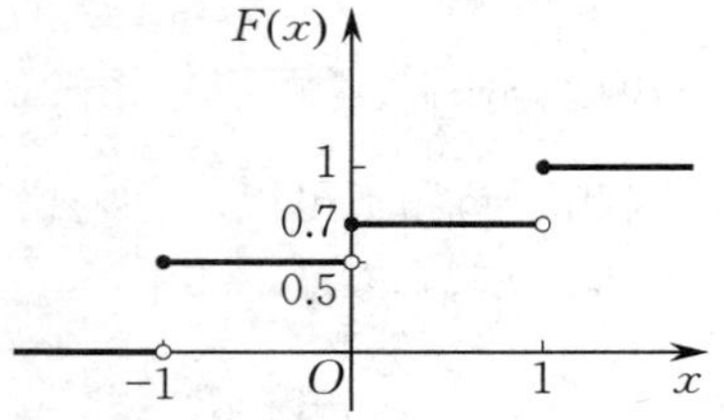

图 2-1

(2) $P\{X\leqslant 0\}=F(0)=0.7$,

$P\left\{-\frac{1}{2}<X\leqslant\frac{1}{4}\right\}=F\left(\frac{1}{4}\right)-F\left(-\frac{1}{2}\right)=0.7-0.5=0.2$,

$P\{0\leqslant X\leqslant 1\}=F(1)-F(0-0)=1-0.5=0.5$.

注 离散型随机变量的分布函数一般为阶梯函数,且在每个间断点处仅右连续.

例 4 设离散型随机变量 X 的分布函数为

$$F(x)=\begin{cases}0, & x<-1,\\ 0.4, & -1\leqslant x<1,\\ 0.8, & 1\leqslant x<3,\\ 1, & x\geqslant 3,\end{cases}$$

求 X 的分布律.

解 在分布函数 $F(x)$ 的间断点处,有

$$P\{X=-1\}=F(-1)-F(-1-0)=0.4-0=0.4,$$
$$P\{X=1\}=F(1)-F(1-0)=0.8-0.4=0.4,$$
$$P\{X=3\}=F(3)-F(3-0)=1-0.8=0.2,$$

故离散型随机变量 X 的分布律如表 2-8 所示.

表 2-8

X	-1	1	3
P	0.4	0.4	0.2

注　若分布函数为阶梯函数,则对应的随机变量一定是离散型的,且随机变量的所有可能取值就是全部间断点.

§2.4　连续型随机变量

对于非离散型随机变量,其所有可能取值不能一一列出,也就不可能用表格的形式(分布律)来研究它的统计规律性,为此我们引入下面的定义.

定义 2.4.1　设随机变量 X 的分布函数为 $F(x)$,如果存在非负可积函数 $f(x)$,使得对于任意实数 x,有

$$F(x)=\int_{-\infty}^{x} f(t)\mathrm{d}t,\quad -\infty<x<+\infty,$$

则称 X 为**连续型随机变量**,其中函数 $f(x)$ 称为 X 的**概率密度函数**,简称**概率密度**或**密度函数**.

概率密度 $f(x)$ 的基本性质如下:

(1) $f(x)\geqslant 0$;

(2) $\int_{-\infty}^{+\infty} f(x)\mathrm{d}x=1$;

(3) 对于任意实数 $a,b(a<b)$,有 $P\{a<X\leqslant b\}=F(b)-F(a)=\int_{a}^{b} f(x)\mathrm{d}x$;

(4) 在 $f(x)$ 的连续点 x 处,有 $F'(x)=f(x)$.

例 1　设随机变量 X 的概率密度为

$$f(x)=\begin{cases}\lambda \mathrm{e}^{-3x}, & x\geqslant 0,\\ 0, & x<0,\end{cases}$$

试确定常数 λ 的值,并求 X 的分布函数 $F(x)$ 及 $P\{-0.1<X\leqslant 0.1\}$.

解　由概率密度的性质,有 $\int_{-\infty}^{+\infty} f(x)\mathrm{d}x=1$,即

$$\int_{0}^{+\infty} \lambda \mathrm{e}^{-3x}\mathrm{d}x=\frac{\lambda}{3}=1,$$

由此解得 $\lambda=3$,从而

$$f(x)=\begin{cases}3\mathrm{e}^{-3x}, & x \geqslant 0,\\ 0, & x<0.\end{cases}$$

当 $x<0$ 时，

$$F(x)=\int_{-\infty}^{x} f(t)\mathrm{d}t=0;$$

当 $x \geqslant 0$ 时，

$$F(x)=\int_{-\infty}^{x} f(t)\mathrm{d}t=\int_{-\infty}^{0} 0\mathrm{d}t+\int_{0}^{x} 3\mathrm{e}^{-3t}\mathrm{d}t=-\mathrm{e}^{-3x}\Big|_{0}^{x}=1-\mathrm{e}^{-3x}.$$

故随机变量 X 的分布函数为

$$F(x)=\begin{cases}1-\mathrm{e}^{-3x}, & x \geqslant 0,\\ 0, & x<0,\end{cases}$$

从而

$$P\{-0.1<X \leqslant 0.1\}=F(0.1)-F(-0.1)=1-\mathrm{e}^{-0.3} \approx 0.259.$$

例 2 设随机变量 X 的概率密度为

$$f(x)=\begin{cases}x, & 0 \leqslant x<1,\\ 2-x, & 1 \leqslant x<2,\\ 0, & \text{其他},\end{cases}$$

求 X 的分布函数 $F(x)$.

解 当 $x<0$ 时，

$$F(x)=\int_{-\infty}^{x} f(t)\mathrm{d}t=0;$$

当 $0 \leqslant x<1$ 时，

$$F(x)=\int_{-\infty}^{x} f(t)\mathrm{d}t=\int_{-\infty}^{0} 0\mathrm{d}t+\int_{0}^{x} t\mathrm{d}t=\frac{x^{2}}{2};$$

当 $1 \leqslant x<2$ 时，

$$F(x)=\int_{-\infty}^{x} f(t)\mathrm{d}t=\int_{-\infty}^{0} 0\mathrm{d}t+\int_{0}^{1} t\mathrm{d}t+\int_{1}^{x}(2-t)\mathrm{d}t=-\frac{x^{2}}{2}+2x-1;$$

当 $x \geqslant 2$ 时，

$$F(x)=\int_{-\infty}^{x} f(t)\mathrm{d}t=\int_{-\infty}^{0} 0\mathrm{d}t+\int_{0}^{1} t\mathrm{d}t+\int_{1}^{2}(2-t)\mathrm{d}t+\int_{2}^{x} 0\mathrm{d}t=1.$$

故随机变量 X 的分布函数为

$$F(x)=\begin{cases}0, & x<0,\\ \dfrac{x^{2}}{2}, & 0 \leqslant x<1,\\ -\dfrac{x^{2}}{2}+2x-1, & 1 \leqslant x<2,\\ 1, & x \geqslant 2.\end{cases}$$

关于离散型和连续型随机变量的概率分布，我们总结如下：

(1) 若 X 为离散型随机变量，其分布律为 $P\{X=x_k\}=p_k(k=1,2,\cdots)$，则

$$P\{a<X\leqslant b\}=\sum_{a<x_k\leqslant b}p_k;$$

若 X 为连续型随机变量，其概率密度为 $f(x)$，则

$$P\{a<X\leqslant b\}=\int_a^b f(x)\mathrm{d}x.$$

(2) 离散型随机变量的分布函数是右连续的阶梯函数，连续型随机变量的分布函数是连续函数.

(3) 离散型随机变量在其可能取值的点的概率不为 0；连续型随机变量在任何一点 a 的概率都为 0，即 $P\{X=a\}=0$. 事实上，由 $F(x)$ 的连续性，有

$$P\{X=a\}=F(a)-F(a-0)=F(a)-F(a)=0.$$

(4) 连续型随机变量在计算概率时不计较单点值，从而有

$$P\{a<X\leqslant b\}=P\{a\leqslant X\leqslant b\}=P\{a<X<b\}=P\{a\leqslant X<b\};$$

离散型随机变量在计算概率时要“点点计较”.

下面介绍几种常用的连续型随机变量及其分布.

1. 均匀分布

若连续型随机变量 X 的概率密度为

$$f(x)=\begin{cases}\dfrac{1}{b-a}, & a<x<b,\\ 0, & \text{其他},\end{cases}$$

则称 X 在区间 (a,b) 上服从**均匀分布**，记为 $X\sim U(a,b)$. 容易得到其分布函数为

$$F(x)=\begin{cases}0, & x<a,\\ \dfrac{x-a}{b-a}, & a\leqslant x<b,\\ 1, & x\geqslant b.\end{cases}$$

$f(x)$ 及 $F(x)$ 的图形分别如图 2-2 和图 2-3 所示.

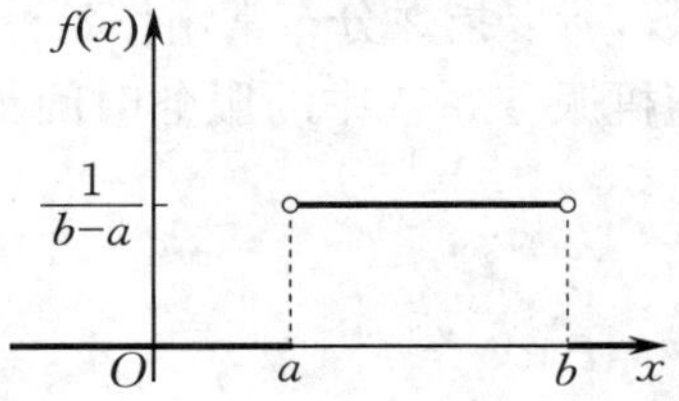

图 2-2

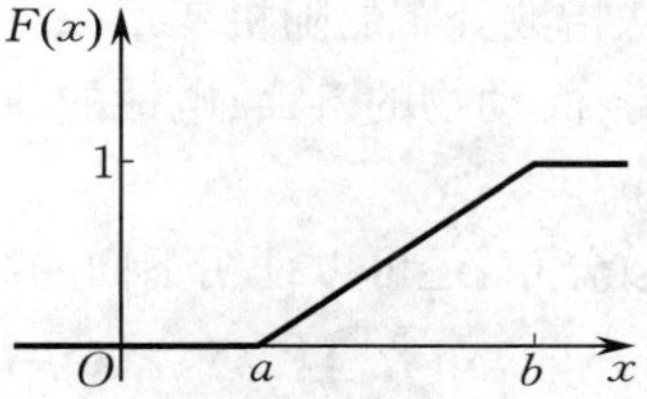

图 2-3

例 3　设随机变量 X 在区间 $(2,6)$ 上服从均匀分布，现对 X 进行 3 次独立观察，试求至少有 2 次观测值大于 3 的概率.

解　由题意得随机变量 X 的概率密度为

$$f(x)=\begin{cases}\dfrac{1}{4}, & 2<x<6,\\ 0, & \text{其他}.\end{cases}$$

设每次观察中观测值大于 3 的概率为 p，则

$$p=P\{X>3\}=\int_{3}^{+\infty} f(x)\mathrm{d}x=\int_{3}^{6} \frac{1}{4}\mathrm{d}x=\frac{3}{4}.$$

以 Y 表示 3 次独立观察中观测值大于 3 的次数，则 $Y\sim B\left(3,\frac{3}{4}\right)$. 故所求概率为

$$\begin{aligned}P\{Y\geqslant 2\}&=1-P\{Y<2\}=1-P\{Y=0\}-P\{Y=1\}\\&=1-\left(\frac{1}{4}\right)^{3}-C_{3}^{1}\times\frac{3}{4}\times\left(\frac{1}{4}\right)^{2}=\frac{27}{32}.\end{aligned}$$

2. 指数分布

若连续型随机变量 X 的概率密度为

$$f(x)=\begin{cases}\frac{1}{\theta}\mathrm{e}^{-\frac{x}{\theta}}, & x>0,\\0, & x\leqslant 0,\end{cases}$$

其中 $\theta>0$ 为常数，则称 X 服从参数为 θ 的**指数分布**，记为 $X\sim e(\theta)$. 容易得到其分布函数为

$$F(x)=\begin{cases}1-\mathrm{e}^{-\frac{x}{\theta}}, & x>0,\\0, & x\leqslant 0.\end{cases}$$

图 2-4 中画出了 $\theta=1$ 和 $\theta=2$ 时 $f(x)$ 的图形.

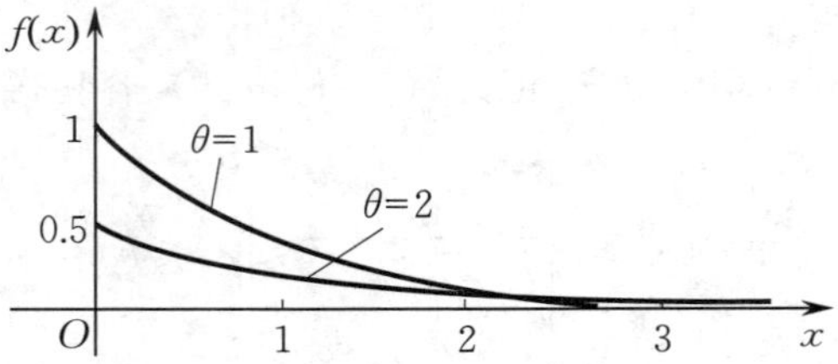

图 2-4

因为服从指数分布的随机变量只可能取正实数，所以指数分布常用作各种寿命分布，如电子元件的寿命、动物的寿命、电话的通话时间、随机服务系统中的服务时间等都可以假定服从指数分布.

对于指数分布，还可以证明下面的结果（$s,t>0$）：

$$P\{X>s+t\mid X>s\}=P\{X>t\}.$$

事实上，有

$$\begin{aligned}P\{X>s+t\mid X>s\}&=\frac{P\{X>s+t\text{ 且 }X>s\}}{P\{X>s\}}=\frac{P\{X>s+t\}}{P\{X>s\}}\\&=\frac{1-F(s+t)}{1-F(s)}=\frac{\mathrm{e}^{-\frac{1}{\theta}(s+t)}}{\mathrm{e}^{-\frac{1}{\theta}s}}=\mathrm{e}^{-\frac{1}{\theta}t}\\&=P\{X>t\}.\end{aligned}$$

这是指数分布特有的性质，称为**无记忆性**，即假设 X 是某元件的寿命，已知该元件已使用了 s h，它总共能使用至少 $(s+t)$h 的条件概率，与从开始使用时算起至少使用 t h 的概率相等.

也就是说，元件对它已使用过 s h 没有记忆.

例 4　设某元件的寿命(单位:h)X 服从指数分布，其概率密度为

$$f(x)=\begin{cases}\lambda e^{-\lambda x}, & x>0,\\ 0, & x\leqslant 0.\end{cases}$$

若已知该元件的寿命小于 2 000 h 的条件下，其寿命小于 1 000 h 的概率为 $\frac{2}{3}$，试求该元件的寿命大于 3 000 h 的概率.

解　由已知得

$$P\{X<1\,000 \mid X<2\,000\}=\frac{P\{X<1\,000\}}{P\{X<2\,000\}}=\frac{1-e^{-1\,000\lambda}}{1-e^{-2\,000\lambda}}=\frac{2}{3},$$

解得 $e^{-1\,000\lambda}=\frac{1}{2}$. 于是，该元件的寿命大于 3 000 h 的概率为

$$P\{X>3\,000\}=1-P\{X\leqslant 3\,000\}=e^{-3\,000\lambda}=(e^{-1\,000\lambda})^3=\frac{1}{8}.$$

3. 正态分布

若连续型随机变量 X 的概率密度为

$$f(x)=\frac{1}{\sqrt{2\pi}\sigma}e^{-\frac{(x-\mu)^2}{2\sigma^2}},\quad -\infty<x<+\infty,$$

其中 $\mu,\sigma(\sigma>0)$ 为常数，则称 X 服从参数为 μ,σ^2 的**正态分布**，记为 $X\sim N(\mu,\sigma^2)$.

$f(x)$ 的图形是一条中间高、两边低、关于直线 $x=\mu$ 对称的曲线，曲线在点 $x=\mu\pm\sigma$ 处有拐点，以 x 轴为渐近线，即有 $\lim\limits_{x\to\infty}f(x)=0$. μ 是正态分布随机变量 X 的中心，在点 $x=\mu$ 附近 X 取值的可能性大，在两侧取值的可能性小.

图 2-5 和图 2-6 中给出了 μ 和 σ 变化时，正态分布的概率密度曲线的变化情况.

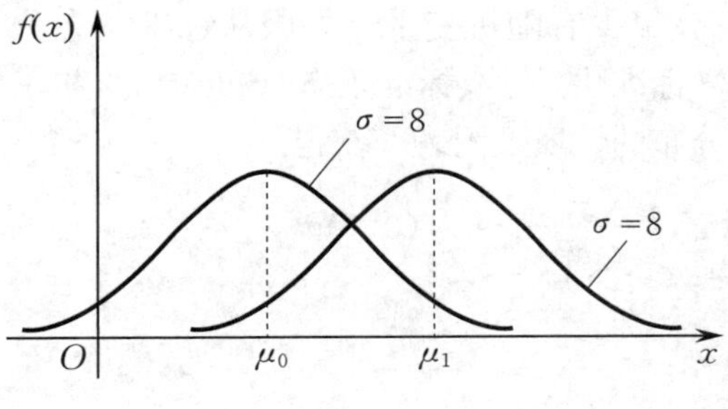

图 2-5

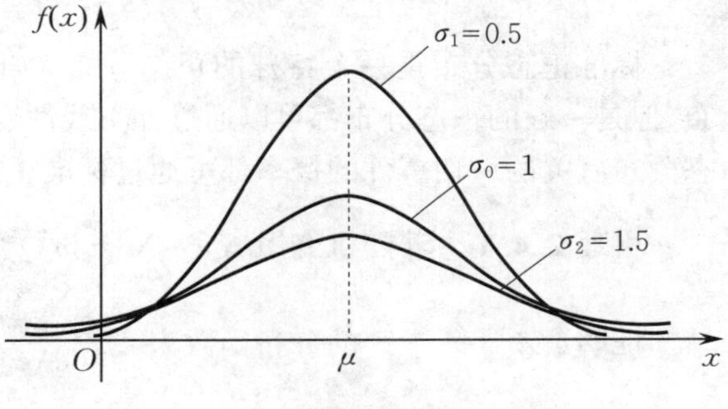

图 2-6

从图 2-5 中可以看出：如果固定 σ 值，变动 μ 值，则图形只是沿着 x 轴平移，却不改变其形状. 因此，称 μ 为位置参数.

从图 2-6 中可以看出：如果固定 μ 值，变动 σ 值，则图形的位置不变，只是 σ 越小，曲线图形越高而瘦；σ 越大，曲线图形越矮而胖. 因此，称 σ 为形状参数.

正态分布的分布函数为

$$F(x)=\frac{1}{\sqrt{2\pi}\sigma}\int_{-\infty}^{x} e^{-\frac{(t-\mu)^2}{2\sigma^2}} dt, \quad -\infty < x < +\infty.$$

特别地，当 $\mu=0,\sigma=1$ 时，称随机变量 X 服从**标准正态分布**，记为 $X \sim N(0,1)$. 通常标准正态分布的概率密度记为 $\varphi(x)$，分布函数记为 $\Phi(x)$，即

$$\varphi(x)=\frac{1}{\sqrt{2\pi}} e^{-\frac{x^2}{2}}, \quad -\infty < x < +\infty,$$

$$\Phi(x)=\frac{1}{\sqrt{2\pi}}\int_{-\infty}^{x} e^{-\frac{t^2}{2}} dt, \quad -\infty < x < +\infty.$$

由于 $\Phi(x)$ 的计算比较复杂，因此为了方便，在附表 2 中给出了当 $x>0$ 时 $\Phi(x)$ 的部分值. 标准正态分布的概率密度的图形关于直线 $x=0$ 对称，于是有

$$\Phi(-x)=1-\Phi(x).$$

例 5 设随机变量 $X \sim N(0,1)$，利用附表 2 求下列概率：

(1) $P\{X \leqslant 1.3\}$；

(2) $P\{X > 1.3\}$；

(3) $P\{X < -1.3\}$；

(4) $P\{0 < X \leqslant 1.5\}$；

(5) $P\{|X| \leqslant 1.52\}$.

解 (1) $P\{X \leqslant 1.3\}=\Phi(1.3)=0.9032$.

(2) $P\{X > 1.3\}=1-\Phi(1.3)=0.0968$.

(3) $P\{X < -1.3\}=\Phi(-1.3)=1-\Phi(1.3)=0.0968$.

(4) $P\{0 < X \leqslant 1.5\}=\Phi(1.5)-\Phi(0)=0.9332-0.5=0.4332$.

(5)
$$\begin{aligned} P\{|X| \leqslant 1.52\} &= P\{-1.52 \leqslant X \leqslant 1.52\}=\Phi(1.52)-\Phi(-1.52) \\ &=\Phi(1.52)-[1-\Phi(1.52)]=2\Phi(1.52)-1 \\ &=2\times 0.9357-1=0.8714. \end{aligned}$$

标准正态分布是一个特殊的正态分布. 实际上，很少有随机变量恰好服从标准正态分布，但是一般的正态分布都可以通过如下线性变换(标准化) 化成标准正态分布. 因此，与正态分布有关的一切事件的概率都可通过标准正态分布的性质及附表 2 获得.

引理 2.4.1 **若随机变量** $X \sim N(\mu,\sigma^2)$，**则** $Z=\frac{X-\mu}{\sigma} \sim N(0,1)$.

证明 $Z=\frac{X-\mu}{\sigma}$ 的分布函数为

$$P\{Z \leqslant z\}=P\left\{\frac{X-\mu}{\sigma} \leqslant z\right\}=P\{X \leqslant \sigma z+\mu\}=\frac{1}{\sqrt{2\pi}\sigma}\int_{-\infty}^{\sigma z+\mu} e^{-\frac{(x-\mu)^2}{2\sigma^2}} dx.$$

令 $t=\frac{x-\mu}{\sigma}$，得

$$P\{Z \leqslant z\}=\frac{1}{\sqrt{2\pi}}\int_{-\infty}^{z} e^{-\frac{t^2}{2}} dt=\Phi(z),$$

故

$$Z=\frac{X-\mu}{\sigma}\sim N(0,1).$$

由此引理,我们得到一般正态分布的概率计算公式.若随机变量 $X\sim N(\mu,\sigma^2)$,则

$$P\{X\leqslant c\}=\Phi\left(\frac{c-\mu}{\sigma}\right),$$

$$P\{a<X\leqslant b\}=\Phi\left(\frac{b-\mu}{\sigma}\right)-\Phi\left(\frac{a-\mu}{\sigma}\right).$$

例 6　设随机变量 $X\sim N(1,4)$,试求:

(1) $P\{1.2<X\leqslant 3\}$;

(2) $P\{X\leqslant 0\}$;

(3) $P\{|X|>1\}$;

(4) 常数 a 的值,使得 $P\{X\leqslant a\}=0.9505$.

解　(1) $P\{1.2<X\leqslant 3\}=\Phi\left(\frac{3-1}{2}\right)-\Phi\left(\frac{1.2-1}{2}\right)=\Phi(1)-\Phi(0.1)$

$$=0.8413-0.5398=0.3015.$$

(2) $P\{X\leqslant 0\}=\Phi\left(\frac{0-1}{2}\right)=\Phi(-0.5)=1-\Phi(0.5)=1-0.6915=0.3085.$

(3) $P\{|X|>1\}=1-P\{|X|\leqslant 1\}=1-P\{-1\leqslant X\leqslant 1\}$

$$=1-P\left\{\frac{-1-1}{2}\leqslant\frac{X-1}{2}\leqslant\frac{1-1}{2}\right\}=1-\Phi(0)+\Phi(-1)$$

$$=2-\Phi(0)-\Phi(1)=2-0.5-0.8413=0.6587.$$

(4) $P\{X\leqslant a\}=\Phi\left(\frac{a-1}{2}\right)=0.9505.$

查附表 2 得 $\Phi(1.65)=0.9505$,故

$$\frac{a-1}{2}=1.65,$$

解得 $a=4.3$.

4. 伽马分布

若随机变量 X 的概率密度为

$$f(x)=\begin{cases}\dfrac{\beta^\alpha}{\Gamma(\alpha)}x^{\alpha-1}e^{-\beta x}, & x>0,\\ 0, & x\leqslant 0,\end{cases}$$

其中 $\alpha>0,\beta>0$ 为常数,$\Gamma(x)=\int_0^{+\infty}t^{x-1}e^{-t}dt\ (x>0)$,则称 X 服从参数为 α,β 的**伽马分布**,记为 $X\sim\Gamma(\alpha,\beta)$.

§2.5 随机变量的函数的分布

一般说来,如果 $y=g(x)$ 是定义在实数集上的一个函数,X 是一个随机变量,那么 $Y=g(X)$ 作为 X 的函数,同样也是一个随机变量.在实际问题中,往往会遇到要求随机变量的函数的分布问题.例如,设地震时房屋的倒塌数是 X,函数 $y=g(x)$ 反映了房屋倒塌数 X 与带来的经济损失 Y 之间的函数关系,我们希望通过已知的 X 的分布求出 $Y=g(X)$ 的分布.

下面分别讨论离散型和连续型两种随机变量的函数的分布.

一、离散型随机变量的函数的分布

下面通过一个例子来说明如何求离散型随机变量的函数的分布.

例 1 设离散型随机变量 X 的分布律如表 2-9 所示,求:(1) $Y=X^3$ 的分布律;(2) $Y=X^2$ 的分布律.

表 2-9

X	-1	0	1
P	0.2	0.3	0.5

解 (1) $Y=X^3$ 的所有可能取值为 $-1,0,1$,且有

$$P\{Y=-1\}=P\{X^3=-1\}=P\{X=-1\}=0.2,$$

$$P\{Y=0\}=P\{X^3=0\}=P\{X=0\}=0.3,$$

$$P\{Y=1\}=P\{X^3=1\}=P\{X=1\}=0.5.$$

故 $Y=X^3$ 的分布律如表 2-10 所示.

表 2-10

$Y=X^3$	-1	0	1
P	0.2	0.3	0.5

(2) $Y=X^2$ 的所有可能取值为 0,1,且有

$$P\{Y=0\}=P\{X^2=0\}=P\{X=0\}=0.3,$$

$$P\{Y=1\}=P\{X^2=1\}=P\{X=1\}+P\{X=-1\}=0.7.$$

故 $Y=X^2$ 的分布律如表 2-11 所示.

表 2-11

$Y=X^2$	0	1
P	0.3	0.7

一般地,设离散型随机变量 X 的分布律如表 2-12 所示,$y=g(x)$ 为已知函数,则 $Y=g(X)$ 的所有可能取值为 $g(x_1),g(x_2),\cdots,g(x_n),\cdots$.若 $g(x_i)(i=1,2,\cdots)$ 的值全不相

等，则 $Y=g(X)$ 的分布律如表 2-13 所示. 若 $g(x_i)$ 中有相等的值，则应把 $g(x_i)$ 相等的那些概率合并相加，作为 Y 取可能值 $g(x_i)$ 的概率，这样即可得到 $Y=g(X)$ 的分布律.

表 2-12

X	x_1	x_2	…	x_n	…
P	p_1	p_2	…	p_n	…

表 2-13

$Y=g(X)$	$g(x_1)$	$g(x_2)$	…	$g(x_n)$	…
P	p_1	p_2	…	p_n	…

二、连续型随机变量的函数的分布

对于连续型随机变量 X，我们分情况讨论 $Y=g(X)$ 的分布.

1. $g(x)$ 严格单调

定理 2.5.1 **设连续型随机变量 X 的概率密度为 $f_X(x)$，$y=g(x)$ 是处处可导的严格单调函数[$g'(x)>0$ 或 $g'(x)<0$]，则 $Y=g(X)$ 是连续型随机变量，且 Y 的概率密度为**

$$f_Y(y)=\begin{cases} f_X[h(y)]\,|h'(y)|, & \alpha<y<\beta, \\ 0, & \text{其他}, \end{cases}$$

其中 $x=h(y)$ 是 $y=g(x)$ 的反函数，α 是 $y=g(x)$ 的最小值，β 是 $y=g(x)$ 的最大值.

证明 设 $Y=g(X)$ 的分布函数为 $F_Y(y)$，$y=g(x)$ 为严格单调递增函数，则它的反函数 $x=h(y)$ 也是严格单调递增函数，且 $h'(y)>0$. 记 α 是函数 $y=g(x)$ 的最小值，β 是 $y=g(x)$ 的最大值，则 $y=g(x)$ 仅在区间 (α,β) 内取值. 于是当 $y\leqslant\alpha$ 时，有

$$F_Y(y)=P\{Y\leqslant y\}=0;$$

当 $y\geqslant\beta$ 时，有

$$F_Y(y)=P\{Y\leqslant y\}=1;$$

当 $\alpha<y<\beta$ 时，有

$$F_Y(y)=P\{Y\leqslant y\}=P\{g(X)\leqslant y\}=P\{X\leqslant h(y)\}=\int_{-\infty}^{h(y)} f_X(x)\mathrm{d}x.$$

将 $F_Y(y)$ 关于 y 求导数，得 Y 的概率密度为

$$f_Y(y)=F'_Y(y)=\begin{cases} f_X[h(y)]\,h'(y), & \alpha<y<\beta, \\ 0, & \text{其他}. \end{cases}$$

$y=g(x)$ 为单调递减函数的情况可以同样证明，此时有

$$f_Y(y)=F'_Y(y)=\begin{cases} f_X[h(y)]\,[-h'(y)], & \alpha<y<\beta, \\ 0, & \text{其他}. \end{cases}$$

综上，有

$$f_Y(y)=\begin{cases} f_X[h(y)]\,|h'(y)|, & \alpha<y<\beta, \\ 0, & \text{其他}. \end{cases}$$

利用定理 2.5.1,我们可以证明一个很有用的结论.

定理 2.5.2 **设随机变量 X 服从正态分布 $N(\mu,\sigma^2)$,则当 $a\neq 0$ 时,X 的线性函数**

$$Y=aX+b\sim N(a\mu+b,a^2\sigma^2),$$

即 Y 也服从正态分布.

证明 依题意,随机变量 X 的概率密度为

$$f_X(x)=\frac{1}{\sqrt{2\pi}\sigma}e^{-\frac{(x-\mu)^2}{2\sigma^2}},\quad -\infty<x<+\infty.$$

函数 $y=ax+b(a\neq 0)$ 的反函数为 $x=h(y)=\dfrac{y-b}{a}$,且 $|h'(y)|=\dfrac{1}{|a|}$. 由定理 2.5.1,即得 Y 的概率密度为

$$\begin{aligned} f_Y(y)&=f_X\left(\frac{y-b}{a}\right)\cdot\frac{1}{|a|}=\frac{1}{\sqrt{2\pi}\sigma}e^{-\frac{\left(\frac{y-b}{a}-\mu\right)^2}{2\sigma^2}}\cdot\frac{1}{|a|} \\ &=\frac{1}{\sqrt{2\pi}\,|a|\,\sigma}e^{-\frac{[y-(a\mu+b)]^2}{2a^2\sigma^2}}\quad(-\infty<y<+\infty). \end{aligned}$$

故 Y 也服从正态分布,且 $Y\sim N(a\mu+b,a^2\sigma^2)$.

例 2 (1) 若随机变量 $X\sim N(10,2^2)$,则 $2X+5\sim N(25,4^2)$.

(2) 若随机变量 $X\sim N(0,2^2)$,则 $-X\sim N(0,2^2)$.

2. $g(x)$ 为其他形式

以上定理在使用时的确很方便,但函数 $g(x)$ 严格单调、处处可导的条件太严格,有些场合无法满足,如 $Y=X^2$. 对无法满足定理条件的情况,可以先计算 $Y=g(X)$ 的分布函数,然后用求导的方法求出 Y 的概率密度. 下面通过两个例子来说明此方法.

例 3 设随机变量 X 的概率密度为

$$f_X(x)=\begin{cases} 1-|x|, & -1<x<1, \\ 0, & \text{其他}, \end{cases}$$

求 $Y=X^2+1$ 的分布函数与概率密度.

解 当 X 取值 $(-1,1)$ 时,相应的 Y 的取值为 $[1,2)$,于是当 $y<1$ 时,有

$$F_Y(y)=0;$$

当 $y\geqslant 2$ 时,有

$$F_Y(y)=1;$$

当 $1\leqslant y<2$ 时,有

$$F_Y(y)=P\{Y\leqslant y\}=P\{X^2+1\leqslant y\}=P\{-\sqrt{y-1}\leqslant X\leqslant\sqrt{y-1}\}$$
$$=\int_{-\sqrt{y-1}}^{\sqrt{y-1}}(1-|x|)\mathrm{d}x=2\int_0^{\sqrt{y-1}}(1-x)\mathrm{d}x=2\sqrt{y-1}-y+1.$$

故 Y 的分布函数为

$$F_Y(y)=\begin{cases}0, & y<1,\\ 2\sqrt{y-1}-y+1, & 1\leqslant y<2,\\ 1, & y\geqslant 2.\end{cases}$$

将 $F_Y(y)$ 关于 y 求导数,得 Y 的概率密度为

$$f_Y(y)=\begin{cases}\dfrac{1}{\sqrt{y-1}}-1, & 1<y<2,\\ 0, & \text{其他}.\end{cases}$$

例 4　设随机变量 X 具有概率密度 $f_X(x)$ 与分布函数 $F_X(x)$,求 $Y=X^2$ 的概率密度.

解　因 $y=x^2\geqslant 0$,故当 $y<0$ 时,有 $F_Y(y)=0$;当 $y\geqslant 0$ 时,有

$$F_Y(y)=P\{Y\leqslant y\}=P\{X^2\leqslant y\}=P\{-\sqrt{y}\leqslant X\leqslant\sqrt{y}\}=F_X(\sqrt{y})-F_X(-\sqrt{y}).$$

故 Y 的分布函数为

$$F_Y(y)=\begin{cases}F_X(\sqrt{y})-F_X(-\sqrt{y}), & y\geqslant 0,\\ 0, & y<0.\end{cases}$$

将 $F_Y(y)$ 关于 y 求导数,得 Y 的概率密度为

$$f_Y(y)=\begin{cases}\dfrac{1}{2\sqrt{y}}[f_X(\sqrt{y})+f_X(-\sqrt{y})], & y>0,\\ 0, & y\leqslant 0.\end{cases}$$

例 5　设随机变量 X 服从参数为 4 的指数分布,试求 $Y=\min\{2,X\}$ 的分布函数.

解　当 X 取值 $(0,+\infty)$ 时,相应的 Y 的取值为 $(0,2]$,于是当 $y\leqslant 0$ 时,有 $F_Y(y)=0$;当 $y>2$ 时,有 $F_Y(y)=1$;当 $0<y\leqslant 2$ 时,有

$$F_Y(y)=P\{Y\leqslant y\}=P\{\min\{2,X\}\leqslant y\}$$
$$=P\{X\leqslant y\}=\int_0^y\frac{1}{4}\mathrm{e}^{-\frac{x}{4}}\mathrm{d}x=1-\mathrm{e}^{-\frac{y}{4}}.$$

故 Y 的分布函数为

$$F_Y(y)=\begin{cases}0, & y\leqslant 0,\\ 1-\mathrm{e}^{-\frac{y}{4}}, & 0<y\leqslant 2,\\ 1, & y>2.\end{cases}$$

注　例 5 中的随机变量 Y 既不是连续型随机变量,也不是离散型随机变量,我们将此类随机变量称为混合型随机变量.混合型随机变量既没有概率密度,也没有分布律,但是有分布函数,所以对这类随机变量我们只能通过分布函数去研究.

二维码 数学家简介 泊松

习 题 二

1. 一口袋中有5个球,编号分别为1,2,3,4,5. 现从中任取3个,以 X 表示取出的3个球中的最大号码.

(1) 求 X 的分布律;

(2) 写出 X 的分布函数,并作图.

2. 一颗骰子抛掷两次,以 X 表示两次抛掷中骰子出现的最小点数,求:

(1) X 的分布律;

(2) X 的分布函数.

3. 已知离散型随机变量 X 的分布律分别为:

(1) $P\{X=i\}=a\cdot 2^i, i=1,2,\cdots,100$;

(2) $P\{X=i\}=2a^i,\ i=1,2,\cdots$,

求常数 a 的值.

4. 设随机变量 X 的分布函数为

$$F(x)=\begin{cases}0, & x<-5,\\ 0.2, & -5\leqslant x<-2,\\ 0.3, & -2\leqslant x<0,\\ 0.5, & 0\leqslant x<2,\\ 1, & x\geqslant 2,\end{cases}$$

求 X 的分布律及 $P\{-3<X\leqslant 0\}$.

5. 一批产品共10件,其中7件正品,3件次品,每次从中任取1件,求下面两种情形下,取到正品所需抽取次数 X 的分布律:

(1) 每次抽取后放回;

(2) 每次抽取后不放回.

6. 一幢大楼装有5个同类型的供水设备. 调查表明,在任一时刻每个设备被使用的概率均为0.1,问:

(1) 在同一时刻恰有2个设备被使用的概率是多少?

(2) 在同一时刻至少有3个设备被使用的概率是多少?

(3) 在同一时刻至多有3个设备被使用的概率是多少?

7. 甲、乙两人比赛投篮,他们每次投中的概率分别是0.6和0.7. 今各投3次,求:

(1) 两人投中次数相等的概率;

(2) 甲比乙投中次数多的概率.

8. 某实验室有12台电脑,各台电脑开机与关机是相互独立的. 如果每台电脑开机时间占工作时间的$\frac{3}{4}$,试求在工作时间内任一时刻关机的电脑台数超过 2 台的概率.

9. 已知每天到炼油厂的油船数(单位:条)X 服从参数为 2 的泊松分布,而港口的设备只有 3 台,最多只能为 3 条油船服务. 如果一天中到达该港口的油船超过 3 条,超出的油船必须转向另一港口.

(1) 求某天到达该港口的油船必须转向另一港口的概率;

(2) 问:设备增加到多少台,才能使每天到达该港口的油船有 90% 可以得到服务?

10. 已知一电话交换台每分钟收到的呼唤次数服从参数为 4 的泊松分布,求:

(1) 该电话交换台某分钟恰好收到 8 次呼唤的概率;

(2) 该电话交换台某分钟收到的呼唤次数大于 10 次的概率.

11. 设随机变量 X 的分布函数为

$$F(x)=\begin{cases}0, & x\leqslant 0,\\ Ax^2, & 0<x\leqslant 1,\\ 1, & x>1,\end{cases}$$

求:(1) 常数 A 的值;(2) $P\{0.5<X\leqslant 0.8\}$.

12. 设随机变量 X 的分布函数分别如下,判断它是否为连续型随机变量,如果是,则求其概率密度:

(1) $F(x)=\begin{cases}0, & x\leqslant 0,\\ x^2, & 0<x\leqslant 1,\\ 1, & x>1;\end{cases}$

(2) $F(x)=\begin{cases}0, & x\leqslant 0,\\ \frac{1}{2}x^2, & 0<x\leqslant 1,\\ 1, & x>1.\end{cases}$

13. 设随机变量 X 的概率密度为

$$f(x)=\begin{cases}2\left(1-\frac{1}{x^2}\right), & 1\leqslant x\leqslant 2,\\ 0, & \text{其他},\end{cases}$$

求 X 的分布函数 $F(x)$.

14. 设随机变量 X 的概率密度为

$$f(x)=\begin{cases}A\sin x, & 0<x\leqslant \pi,\\ 0, & \text{其他},\end{cases}$$

求:(1) 常数 A 的值;(2) X 的分布函数 $F(x)$;(3) X 落在区间 $\left[-\frac{\pi}{4},\frac{\pi}{4}\right]$ 上的概率.

15. 设某种电子管的使用寿命(单位:h)X 具有以下概率密度:

$$f(x)=\begin{cases}\frac{300}{x^2}, & x>300,\\ 0, & \text{其他}.\end{cases}$$

现有一大批这种电子管(设它们损坏与否相互独立),从中任取 6 只,求:

(1) 这种电子管的使用寿命不少于 500 h 的概率;

(2) 其中至少有 4 只的使用寿命不少于 500 h 的概率.

16. 设随机变量 X 服从区间(0,5)上的均匀分布,求方程 $x^2+2Xx+4X-3=0$ 有实根的概率.

17. 设随机变量 $X\sim N(3,2^2)$.

(1) 求 $P\{2<X\leqslant 5\}$,$P\{-4<X\leqslant 10\}$,$P\{|X|>2\}$,$P\{X>3\}$;

(2) 确定常数 c 的值,使得 $P\{X>c\}=P\{X\leqslant c\}$;

(3) 若常数 d 满足 $P\{X>d\}\geqslant 0.9$,问:d 至多为多少?

18. 已知某地区农民的年收入(单位:元)服从正态分布 $N(5\ 000,\ 200^2)$.

(1) 求该地区农民的年收入在 5 000 ~ 5 200 元间人数的百分比.

(2) 若已知该地区农民的年收入在$(5\ 000-a,5\ 000+a)$内的概率不小于 0.95,则 a 至少为多大?

(3) 求该地区的 3 个农民中至少有一个年收入在 5 000 ~ 5 200 元间的概率.

19. 某工厂生产产品的尺寸的偏差(单位:mm)$X\sim N(0.2,5)$,已知产品尺寸与规定尺寸相差不超过 3 mm 则为合格品,求:

(1) X 的概率密度;

(2) 该工厂生产的 5 件产品的合格率不小于 80% 的概率.

20. 已知随机变量 X 的分布律如表 2 - 14 所示,求 $Y=(X-2)^2$ 的分布律.

表 2 - 14

X	0	1	2	3	4	5
P	$\frac{1}{12}$	$\frac{1}{6}$	$\frac{1}{3}$	$\frac{1}{12}$	$\frac{2}{9}$	$\frac{1}{9}$

21. 设随机变量 X 在区间(0,1)上服从均匀分布,求:

(1) $Y=\mathrm{e}^X$ 的概率密度;

(2) $Y=-2\ln X$ 的概率密度.

22. 设随机变量 $X\sim N(0,1)$,求:

(1) $Y=\mathrm{e}^X$ 的概率密度;

(2) $Y=2X^2+1$ 的概率密度;

(3) $Y=|X|$ 的概率密度.

第三章

多维随机变量及其分布

前面我们研究的是一个随机变量的情形，但在实际问题中，有许多随机事件仅用一个随机变量来描述是不够的，需要同时用多个随机变量来描述. 例如，打靶时弹着点的位置必须用两个随机变量（横坐标和纵坐标）来描述，飞机在空中的位置要用三个随机变量（横坐标、纵坐标和竖坐标）来描述. 这些随机变量之间通常是有联系的，要作为一个整体加以研究，为此本章引入多维随机变量的概念. 本章主要讨论二维随机变量取值的统计规律性，有关内容及结论可以类推到 $n(n \geqslant 3)$ 维.

§3.1 二维随机变量的联合分布与边缘分布

一、二维随机变量的联合分布函数及其性质

定义 3.1.1 设 E 是一个随机试验，它的样本空间为 $S=\{e\}$，$X(e)$，$Y(e)$ 是定义在 S 上的两个随机变量，则称由这两者构成的向量 (X,Y) 为定义在 S 上的**二维随机向量**或**二维随机变量**.

二维随机变量 (X,Y) 的性质不仅与随机变量 X，Y 自身的分布有关，还依赖于这两个随机变量间的相互关系，因此要将 (X,Y) 作为一个整体来研究. 下面给出二维随机变量的分布函数的概念.

定义 3.1.2 设 (X,Y) 是二维随机变量，对于任意实数 x，y，称二元函数

$$F(x,y)=P\{X\leqslant x,Y\leqslant y\}$$

为 (X,Y) 的**联合分布函数**.

若把二维随机变量 (X,Y) 看作平面上随机点的坐标，则联合分布函数 $F(x,y)$ 在点 (x,y) 处的函数值就是随机点 (X,Y) 落在以点 (x,y) 为顶点的左下方无穷矩形区域（见图 3-1）内的概率.

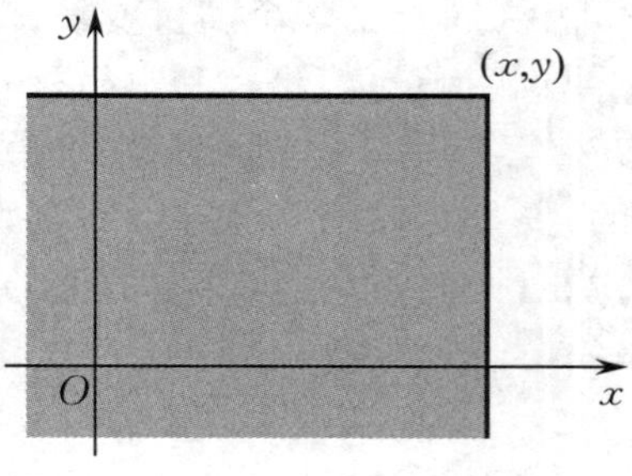

图 3-1

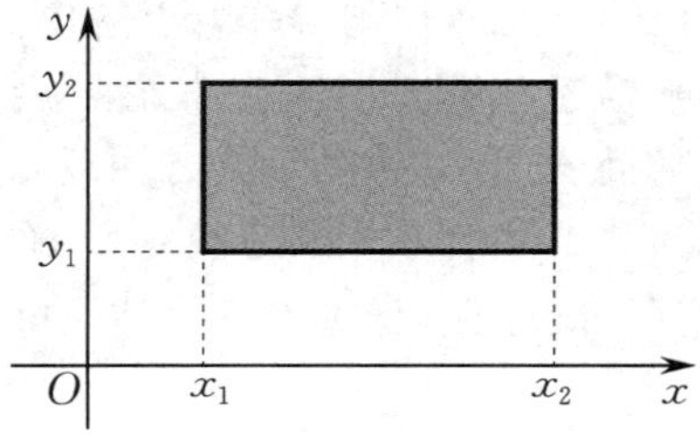

图 3-2

由上述几何解释，借助图 3-2，容易得出随机点 (X,Y) 落在矩形区域 $\{x_1<X\leqslant x_2,y_1<Y\leqslant y_2\}$ 内的概率为

$$P\{x_1<X\leqslant x_2,y_1<Y\leqslant y_2\}=F(x_2,y_2)-F(x_1,y_2)-F(x_2,y_1)+F(x_1,y_1).$$

定理 3.1.1 **二维随机变量 (X,Y) 的联合分布函数 $F(x,y)$ 具有以下性质：**

(1) $F(x,y)$ 关于 x，y 都是单调不减函数，即对于任意固定的 y，当 $x_2>x_1$ 时，有 $F(x_2,y)\geqslant F(x_1,y)$；对于任意固定的 x，当 $y_2>y_1$ 时，有 $F(x,y_2)\geqslant F(x,y_1)$.

(2) $F(-\infty,-\infty)=\lim\limits_{\substack{x\to-\infty\\y\to-\infty}}F(x,y)=0$，

$F(-\infty,y)=\lim\limits_{x\to-\infty}F(x,y)=0$，

$F(x,-\infty)=\lim\limits_{y\to-\infty}F(x,y)=0$，

$$F(+\infty,+\infty)=\lim_{\substack{x\to+\infty\\ y\to+\infty}}F(x,y)=1.$$

(3) $F(x,y)$ **关于** x,y **都是右连续的，即**

$$F(x+0,y)=F(x,y),\quad F(x,y+0)=F(x,y).$$

(4) **对于任意实数** $x_1<x_2,y_1<y_2$，**有**

$$F(x_2,y_2)-F(x_1,y_2)-F(x_2,y_1)+F(x_1,y_1)\geqslant 0.$$

例 1　设二维随机变量(X,Y)的联合分布函数为

$$F(x,y)=A(B+\arctan x)(C+\arctan y)\quad (x,y\in\mathbf{R}),$$

求常数A,B,C的值.

解　由联合分布函数的性质知

$$F(-\infty,y)=0,\quad F(x,-\infty)=0,\quad F(+\infty,+\infty)=1,$$

由此得方程组

$$\begin{cases}A\left(B-\dfrac{\pi}{2}\right)(C+\arctan y)=0,\\ A(B+\arctan x)\left(C-\dfrac{\pi}{2}\right)=0,\\ A\left(B+\dfrac{\pi}{2}\right)\left(C+\dfrac{\pi}{2}\right)=1,\end{cases}$$

解得$A=\dfrac{1}{\pi^2},B=\dfrac{\pi}{2},C=\dfrac{\pi}{2}$.

二、二维随机变量的边缘分布函数

若给定二维随机变量(X,Y)的联合分布函数$F(x,y)$，则一维随机变量X,Y的分布函数$F_X(x),F_Y(y)$也随之确定. 事实上，有

$$\begin{aligned}F_X(x)&=P\{X\leqslant x\}=P\{X\leqslant x,Y<+\infty\}\\&=\lim_{y\to+\infty}P\{X\leqslant x,Y\leqslant y\}=\lim_{y\to+\infty}F(x,y)\\&=F(x,+\infty),\end{aligned}$$

即

$$F_X(x)=F(x,+\infty).$$

同理可得

$$F_Y(y)=F(+\infty,y).$$

分别称$F_X(x),F_Y(y)$为二维随机变量(X,Y)关于X和关于Y的**边缘分布函数**.

例如，在例 1 中，关于X的边缘分布函数为

$$F_X(x)=F(x,+\infty)=\frac{1}{\pi}\left(\frac{\pi}{2}+\arctan x\right),\quad x\in\mathbf{R},$$

关于Y的边缘分布函数为

$$F_Y(y)=F(+\infty,y)=\frac{1}{\pi}\left(\frac{\pi}{2}+\arctan y\right),\quad y\in\mathbf{R}.$$

三、二维随机变量的独立性

二维随机变量(X,Y)不是两个随机变量X与Y的简单组合，而应该把它们看作一个整体，其联合分布函数$F(x,y)$不仅说明了X,Y作为一维随机变量具有统计规律性(边缘分布)，而且还蕴含着X与Y之间在统计规律性方面的联系. X与Y的取值有时会相互影响，但有时会毫无影响. 例如，一个人的身高X与体重Y通常会相互影响，但与收入Z一般无影响. 当两个随机变量的取值互不影响时，就称它们是相互独立的. 具体地，有以下定义.

定义 3.1.3 设(X,Y)是二维随机变量. 若对于任意实数x,y，有

$$P\{X \leqslant x, Y \leqslant y\} = P\{X \leqslant x\}P\{Y \leqslant y\},$$

即

$$F(x,y) = F_X(x)F_Y(y),$$

则称随机变量X与Y**相互独立**.

可以验证，例1中随机变量X与Y是相互独立的.

应当注意，在实际应用中，两个随机变量是否独立，一般并不是由上述数学公式来判断，而是由实际问题本身来判断. 如果两个随机变量之间没有影响或影响很弱时，就可以认为它们是相互独立的.

两个随机变量的相关概念不难推广到n个随机变量的情形. n维随机变量$(X_1,X_2,\cdots,X_n)$的**联合分布函数**定义为

$$F(x_1,x_2,\cdots,x_n) = P\{X_1 \leqslant x_1, X_2 \leqslant x_2, \cdots, X_n \leqslant x_n\},$$

边缘分布函数定义为

$$F_{X_1}(x) = F(x,+\infty,\cdots,+\infty),$$

$$F_{X_2}(x) = F(+\infty,x,\cdots,+\infty),$$

$$\cdots\cdots$$

$$F_{X_n}(x) = F(+\infty,+\infty,\cdots,x).$$

若对于任意实数$x_1,x_2,\cdots,x_n$，都有

$$F(x_1,x_2,\cdots,x_n) = F_{X_1}(x_1)F_{X_2}(x_2)\cdots F_{X_n}(x_n),$$

则称随机变量$X_1,X_2,\cdots,X_n$ **相互独立**.

关于随机变量的函数的相互独立性，有以下常用结论.

定理 3.1.2 **设$X_1,X_2,\cdots,X_n$是相互独立的随机变量，$f_i(x)\ (i=1,2,\cdots,n)$为$\mathbf{R}$上的连续函数，则随机变量的函数$f_1(X_1),f_2(X_2),\cdots,f_n(X_n)$也是相互独立的.**

例 2 设二维随机变量(X,Y)的联合分布函数为

$$F(x,y)=\begin{cases}(1-\mathrm{e}^{-x})y, & x \geqslant 0, 0 \leqslant y \leqslant 1,\\ 1-\mathrm{e}^{-x}, & x \geqslant 0, y > 1,\\ 0, & \text{其他},\end{cases}$$

证明：X与Y相互独立.

证明 X的边缘分布函数为

$$F_X(x)=F(x,+\infty)=\begin{cases}1-\mathrm{e}^{-x}, & x\geqslant 0,\\ 0, & \text{其他},\end{cases}$$

Y 的边缘分布函数为

$$F_Y(y)=F(+\infty,y)=\begin{cases}y, & 0\leqslant y\leqslant 1,\\ 1, & y>1,\\ 0, & \text{其他}.\end{cases}$$

因为

$$F(x,y)=F_X(x)F_Y(y),$$

所以随机变量 X 与 Y 相互独立.

§3.2 二维离散型随机变量

一、二维离散型随机变量及其联合分布律

定义 3.2.1　若二维随机变量(X,Y)的所有可能取值只有有限多对或可列无限多对，则称(X,Y)为**二维离散型随机变量**，并称 $P\{X=x_i,Y=y_j\}=p_{ij}\ (i,j=1,2,\cdots)$ 为二维离散型随机变量(X,Y)的**联合分布律**.

二维离散型随机变量(X,Y)的联合分布律通常以表格形式给出(见表 3-1).

表 3-1

X	Y				
	y_1	y_2	$\cdots$	y_j	$\cdots$
x_1	p_{11}	p_{12}	$\cdots$	p_{1j}	$\cdots$
x_2	p_{21}	p_{22}	$\cdots$	p_{2j}	$\cdots$
$\vdots$	$\vdots$	$\vdots$		$\vdots$	
x_i	p_{i1}	p_{i2}	$\cdots$	p_{ij}	$\cdots$
$\vdots$	$\vdots$	$\vdots$		$\vdots$	

二维离散型随机变量的联合分布律的基本性质如下：

(1) $p_{ij}\geqslant 0\ (i,j=1,2,\cdots)$；

(2) $\sum\limits_{i=1}^{\infty}\sum\limits_{j=1}^{\infty}p_{ij}=1$.

二维离散型随机变量(X,Y)的联合分布函数 $F(x,y)$ 可通过其联合分布律求出，即有

$$F(x,y)=\sum_{x_i\leqslant x}\sum_{y_j\leqslant y}P\{X=x_i,Y=y_j\}=\sum_{x_i\leqslant x}\sum_{y_j\leqslant y}p_{ij},$$

其中 $\sum\limits_{x_i\leqslant x}\sum\limits_{y_j\leqslant y}p_{ij}$ 是对一切满足 $x_i\leqslant x,y_j\leqslant y$ 的 p_{ij} 求和.

例 1 一口袋中装有 5 个球,其中 4 个红球,1 个白球,采用无放回抽样,连续取球两次,每次任取 1 个球.设随机变量

$$X=\begin{cases}1, & \text{第一次取到红球},\\ 0, & \text{第一次取到白球},\end{cases}\quad Y=\begin{cases}1, & \text{第二次取到红球},\\ 0, & \text{第二次取到白球},\end{cases}$$

试求:(1) (X,Y) 的联合分布律;(2) $P\{X\geqslant Y\}$;(3) (X,Y) 的联合分布函数.

解 (1) 因为

$$P\{X=0,Y=0\}=P\{X=0\}P\{Y=0\mid X=0\}=\frac{1}{5}\times 0=0,$$

$$P\{X=0,Y=1\}=P\{X=0\}P\{Y=1\mid X=0\}=\frac{1}{5}\times 1=\frac{1}{5},$$

$$P\{X=1,Y=0\}=P\{X=1\}P\{Y=0\mid X=1\}=\frac{4}{5}\times\frac{1}{4}=\frac{1}{5},$$

$$P\{X=1,Y=1\}=P\{X=1\}P\{Y=1\mid X=1\}=\frac{4}{5}\times\frac{3}{4}=\frac{3}{5},$$

所以 (X,Y) 的联合分布律如表 3-2 所示.

表 3-2

X	Y	
	0	1
0	0	$\frac{1}{5}$
1	$\frac{1}{5}$	$\frac{3}{5}$

(2) $$P\{X\geqslant Y\}=P\{X=0,Y=0\}+P\{X=1,Y=0\}+P\{X=1,Y=1\}=0+\frac{1}{5}+\frac{3}{5}=\frac{4}{5}.$$

(3) $$F(x,y)=\begin{cases}0, & x<0 \text{ 或 } y<0 \text{ 或 } 0\leqslant x<1,0\leqslant y<1,\\ 0.2, & 0\leqslant x<1,y\geqslant 1 \text{ 或 } x\geqslant 1,0\leqslant y<1,\\ 1, & x\geqslant 1,y\geqslant 1.\end{cases}$$

二、二维离散型随机变量的边缘分布律

由二维离散型随机变量 (X,Y) 的联合分布律可求出随机变量 X 与 Y 的分布律,即有

$$\begin{aligned}P\{X=x_i\}&=P\{X=x_i,Y<+\infty\}\\&=P\{X=x_i,Y=y_1\}+P\{X=x_i,Y=y_2\}+\cdots+P\{X=x_i,Y=y_j\}+\cdots\\&=\sum_{j=1}^{\infty}p_{ij}\quad(i=1,2,\cdots).\end{aligned}$$

同理可得

$$P\{Y=y_j\}=P\{X<+\infty,Y=y_j\}=\sum_{i=1}^{\infty}p_{ij}\quad(j=1,2,\cdots).$$

记

$$P\{X=x_i\}=\sum_{j=1}^{\infty}p_{ij}=p_{i\cdot}\quad(i=1,2,\cdots),$$

$$P\{Y=y_j\}=\sum_{i=1}^{\infty}p_{ij}=p_{\cdot j}\quad(j=1,2,\cdots),$$

分别称 $p_{i\cdot}$ 和 $p_{\cdot j}$ 为 (X,Y) 关于 X 和关于 Y 的**边缘分布律**.

例 2　设二维离散型随机变量 (X,Y) 的联合分布律如表 3-3 所示，试求 (X,Y) 关于 X 和关于 Y 的边缘分布律.

表 3-3

X	Y		
	0	1	4
1	$\frac{1}{12}$	0	$\frac{1}{12}$
2	$\frac{1}{6}$	$\frac{1}{12}$	0
3	0	$\frac{1}{12}$	$\frac{1}{6}$
5	$\frac{1}{12}$	$\frac{1}{6}$	$\frac{1}{12}$

解　显然，表 3-3 中第 $i(i=1,2,3,4)$ 行各数之和为 $P\{X=x_i\}=p_{i\cdot}$，第 $j(j=1,2,3)$ 列各数之和为 $P\{Y=y_j\}=p_{\cdot j}$，则不难得到二维离散型随机变量 (X,Y) 关于 X 和关于 Y 的边缘分布律. 我们将结果分别写在表 3-3 的右侧与下侧，如表 3-4 所示.

表 3-4

X	Y			$p_{i\cdot}$
	0	1	4	
1	$\frac{1}{12}$	0	$\frac{1}{12}$	$\frac{1}{6}$
2	$\frac{1}{6}$	$\frac{1}{12}$	0	$\frac{1}{4}$
3	0	$\frac{1}{12}$	$\frac{1}{6}$	$\frac{1}{4}$
5	$\frac{1}{12}$	$\frac{1}{6}$	$\frac{1}{12}$	$\frac{1}{3}$
$p_{\cdot j}$	$\frac{1}{3}$	$\frac{1}{3}$	$\frac{1}{3}$	1

三、二维离散型随机变量的条件分布律

定义 3.2.2　设二维离散型随机变量 (X,Y) 的联合分布律为

$$P\{X=x_i,Y=y_j\}=p_{ij}\quad(i,j=1,2,\cdots),$$

(X,Y) 关于 X 和关于 Y 的边缘分布律分别为 $P\{X=x_i\}=p_{i\cdot}$ 和 $P\{Y=y_j\}=p_{\cdot j}$. 对于固定的 j，若 $P\{Y=y_j\}=p_{\cdot j}>0$，则称

$$P\{X=x_i \mid Y=y_j\}=\frac{P\{X=x_i,Y=y_j\}}{P\{Y=y_j\}}=\frac{p_{ij}}{p_{\cdot j}} \quad (i=1,2,\cdots)$$

为在 $Y=y_j$ 的条件下 X 的**条件分布律**；对于固定的 i，若 $P\{X=x_i\}=p_{i\cdot}>0$，则称

$$P\{Y=y_j \mid X=x_i\}=\frac{P\{X=x_i,Y=y_j\}}{P\{X=x_i\}}=\frac{p_{ij}}{p_{i\cdot}} \quad (j=1,2,\cdots)$$

为在 $X=x_i$ 的条件下 Y 的**条件分布律**.

例 3　设二维离散型随机变量 (X,Y) 的联合分布律如表 3-5 所示，试求在 $X=2$ 的条件下 Y 的条件分布律.

表 3-5

X	Y		$p_{i\cdot}$
	0	1	
1	$\frac{9}{25}$	$\frac{6}{25}$	$\frac{3}{5}$
2	$\frac{6}{25}$	$\frac{4}{25}$	$\frac{2}{5}$
$p_{\cdot j}$	$\frac{3}{5}$	$\frac{2}{5}$	1

解　$$P\{Y=0 \mid X=2\}=\frac{P\{X=2,Y=0\}}{P\{X=2\}}=\frac{6/25}{2/5}=\frac{3}{5},$$

$$P\{Y=1 \mid X=2\}=\frac{P\{X=2,Y=1\}}{P\{X=2\}}=\frac{4/25}{2/5}=\frac{2}{5}.$$

四、二维离散型随机变量的独立性

定理 3.2.1　**设 (X,Y) 为二维离散型随机变量，则 X 与 Y 相互独立的充要条件是对于任意的 i,j，都有**

$$P\{X=x_i,Y=y_j\}=P\{X=x_i\}P\{Y=y_j\}.$$

容易看出，例 1 和例 2 中的随机变量 X 与 Y 不相互独立，例 3 中的随机变量 X 与 Y 相互独立.

§3.3 二维连续型随机变量

一、二维连续型随机变量及其联合概率密度函数

定义 3.3.1　设 $F(x,y)$ 为二维随机变量 (X,Y) 的联合分布函数. 若存在一个

非负二元可积函数 $f(x,y)$，使得对于任意实数 x,y，都有

$$F(x,y)=\int_{-\infty}^{x}\int_{-\infty}^{y} f(u,v)\mathrm{d}u\mathrm{d}v,$$

则称(X,Y)为**二维连续型随机变量**，并称 $f(x,y)$ 为(X,Y)的**联合概率密度函数**，简称**联合概率密度**或**联合密度函数**.

联合概率密度 $f(x,y)$ 具有以下性质：

(1) $f(x,y)\geqslant 0$；

(2) $\int_{-\infty}^{+\infty}\int_{-\infty}^{+\infty} f(x,y)\mathrm{d}x\mathrm{d}y=1$；

(3) 若 $f(x,y)$ 在点(x,y)处连续，则有

$$\frac{\partial^2 F(x,y)}{\partial x\partial y}=f(x,y),$$

其中 $F(x,y)$ 为(X,Y)的联合分布函数；

(4) 点(X,Y)落在平面区域 D 内的概率为

$$P\{(X,Y)\in D\}=\iint_D f(x,y)\mathrm{d}x\mathrm{d}y,$$

其几何意义为以曲面 $f(x,y)$ 为顶、平面区域 D 为底的曲顶柱体的体积.

二、二维连续型随机变量的边缘概率密度函数

由二维连续型随机变量(X,Y)的联合概率密度 $f(x,y)$，我们不难求得随机变量 X 和 Y 的概率密度 $f_X(x)$ 和 $f_Y(y)$. 因为

$$F_X(x)=F(x,+\infty)=\int_{-\infty}^{x}\left[\int_{-\infty}^{+\infty} f(u,v)\mathrm{d}v\right]\mathrm{d}u,$$

所以

$$f_X(x)=\int_{-\infty}^{+\infty} f(x,y)\mathrm{d}y.$$

同理可得

$$f_Y(y)=\int_{-\infty}^{+\infty} f(x,y)\mathrm{d}x.$$

分别称 $f_X(x)$ 和 $f_Y(y)$ 为二维连续型随机变量(X,Y)关于 X 和关于 Y 的**边缘概率密度函数**，简称**边缘概率密度**或**边缘密度函数**.

例 1　设二维随机变量(X,Y)的联合概率密度为

$$f(x,y)=\begin{cases} kxy, & 0<x<1,0<y<1,\\ 0, & \text{其他}, \end{cases}$$

求：

(1) 常数 k 的值；

(2) $P\left\{0<X<\frac{1}{2},\frac{1}{4}<Y<1\right\}$ 及 $P\{X<Y\}$；

(3) 关于 X 和关于 Y 的边缘概率密度.

解 (1) 由 $\int_{-\infty}^{+\infty}\int_{-\infty}^{+\infty} f(x,y)\mathrm{d}x\mathrm{d}y=1$,得

$$\int_0^1\int_0^1 kxy\mathrm{d}x\mathrm{d}y=k\int_0^1 x\mathrm{d}x\int_0^1 y\mathrm{d}y=\frac{k}{4}=1,$$

故 $k=4$.

(2) 将(X,Y)看作平面上随机点的坐标,则有

$$\left\{0<X<\frac{1}{2},\frac{1}{4}<Y<1\right\}=\{(X,Y)\in G_1\},\ \{X<Y\}=\{(X,Y)\in G_2\},$$

其中平面区域 G_1 和 G_2 分别如图 3-3 和图 3-4 所示.

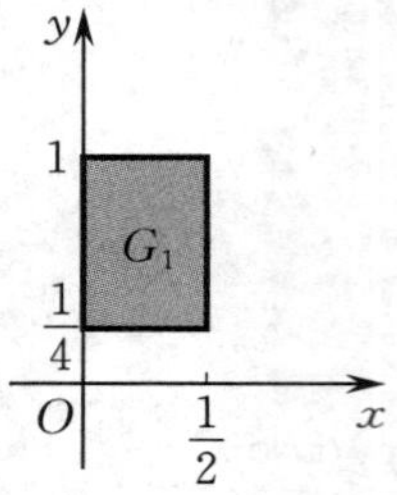

图 3-3

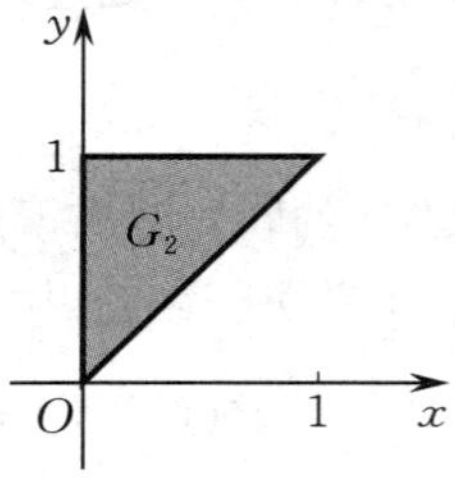

图 3-4

于是

$$P\left\{0<X<\frac{1}{2},\frac{1}{4}<Y<1\right\}=P\{(X,Y)\in G_1\}=\iint_{G_1} f(x,y)\mathrm{d}x\mathrm{d}y$$

$$=\int_0^{\frac{1}{2}}\left(\int_{\frac{1}{4}}^1 4xy\mathrm{d}y\right)\mathrm{d}x=\int_0^{\frac{1}{2}}\frac{15}{8}x\mathrm{d}x=\frac{15}{64},$$

$$P\{X<Y\}=P\{(X,Y)\in G_2\}=\iint_{G_2} f(x,y)\mathrm{d}x\mathrm{d}y$$

$$=\int_0^1\left(\int_x^1 4xy\mathrm{d}y\right)\mathrm{d}x=\int_0^1(2x-2x^3)\mathrm{d}x=\frac{1}{2}.$$

(3) 关于 X 的边缘概率密度为

$$f_X(x)=\int_{-\infty}^{+\infty} f(x,y)\mathrm{d}y.$$

当 $x\leqslant 0$ 或 $x\geqslant 1$ 时,$f_X(x)=0$;当 $0<x<1$ 时,

$$f_X(x)=\int_0^1 4xy\mathrm{d}y=2x.$$

故

$$f_X(x)=\begin{cases}2x, & 0<x<1,\\ 0, & \text{其他}.\end{cases}$$

同理可得,关于 Y 的边缘概率密度为

$$f_Y(y)=\begin{cases}2y, & 0<y<1,\\ 0, & \text{其他}.\end{cases}$$

三、常用二维连续型随机变量及其分布

1. 二维均匀分布

设 D 为平面有界区域，其面积为 $S(D)$. 若二维随机变量 (X,Y) 的联合概率密度为

$$f(x,y)=\begin{cases}\dfrac{1}{S(D)}, & (x,y)\in D,\\ 0, & \text{其他},\end{cases}$$

则称 (X,Y) 服从 D 上的**二维均匀分布**，记为 $(X,Y)\sim U(D)$.

例 2　设 D 为平面上以原点为圆心、r 为半径的圆，(X,Y) 服从 D 上的二维均匀分布，则其联合概率密度为

$$f(x,y)=\begin{cases}\dfrac{1}{\pi r^2}, & x^2+y^2\leqslant r^2,\\ 0, & x^2+y^2>r^2.\end{cases}$$

2. 二维正态分布

若二维随机变量 (X,Y) 的联合概率密度为

$$f(x,y)=\frac{1}{2\pi\sigma_1\sigma_2\sqrt{1-\rho^2}}\exp\left\{-\frac{1}{2(1-\rho^2)}\left[\frac{(x-\mu_1)^2}{\sigma_1^2}-\frac{2\rho(x-\mu_1)(y-\mu_2)}{\sigma_1\sigma_2}+\frac{(y-\mu_2)^2}{\sigma_2^2}\right]\right\},\quad -\infty<x,y<+\infty,$$

其中 $\mu_1,\mu_2,\sigma_1,\sigma_2,\rho$ 均为常数，且 $\sigma_1,\sigma_2>0,-1\leqslant\rho\leqslant 1$，则称 (X,Y) 服从参数为 $\mu_1,\mu_2,\sigma_1^2,\sigma_2^2,\rho$ 的**二维正态分布**，记为 $(X,Y)\sim N(\mu_1,\mu_2,\sigma_1^2,\sigma_2^2,\rho)$.

二维正态分布的联合概率密度的图形如图 3－5 所示，其形状像一顶中心点在点 (μ_1,μ_2) 处、等高线是椭圆、四周无限延伸的草帽.

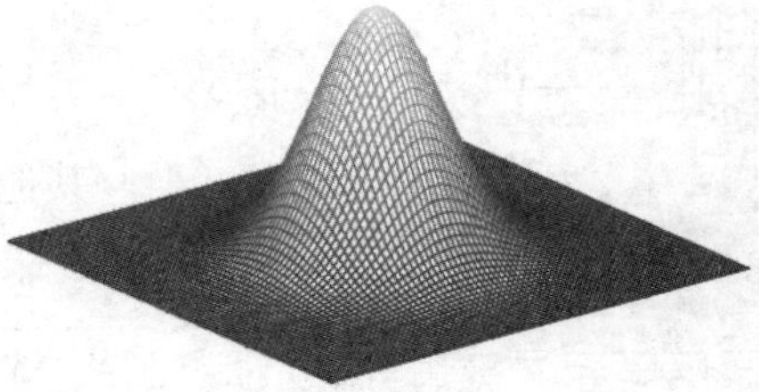

图 3－5

四、二维连续型随机变量的条件分布

设二维连续型随机变量 (X,Y) 的联合概率密度为 $f(x,y)$，且 (X,Y) 关于 X 和关于 Y 的边缘概率密度分别为 $f_X(x)$ 和 $f_Y(y)$.

定义 3.3.2 若对于固定的 y,有 $f_Y(y)>0$,则称

$$f_{X|Y}(x\mid y)=\frac{f(x,y)}{f_Y(y)}$$

为在 $Y=y$ 的条件下 X 的**条件概率密度**.

条件概率密度满足以下性质:

(1) 对于固定的 y,有 $f_{X|Y}(x\mid y)=\dfrac{f(x,y)}{f_Y(y)}\geqslant 0$;

(2) $\displaystyle\int_{-\infty}^{+\infty}f_{X|Y}(x\mid y)\mathrm{d}x=\frac{1}{f_Y(y)}\int_{-\infty}^{+\infty}f(x,y)\mathrm{d}x=1$.

定义 3.3.3 若对于固定的 y,有 $f_Y(y)>0$,则称

$$\int_{-\infty}^{x}f_{X|Y}(x\mid y)\mathrm{d}x=\frac{1}{f_Y(y)}\int_{-\infty}^{x}f(x,y)\mathrm{d}x$$

为在 $Y=y$ 的条件下 X 的**条件分布函数**,记为 $P\{X\leqslant x\mid Y=y\}$ 或 $F_{X|Y}(x\mid y)$,即

$$F_{X|Y}(x\mid y)=P\{X\leqslant x\mid Y=y\}=\int_{-\infty}^{x}f_{X|Y}(x\mid y)\mathrm{d}x.$$

类似地,可定义在 $X=x$ 的条件下 Y 的条件概率密度 $f_{Y|X}(y\mid x)=\dfrac{f(x,y)}{f_X(x)}$ 和条件分布函数 $F_{Y|X}(y\mid x)$.

例 3 设二维随机变量 (X,Y) 在圆域 $x^2+y^2<1$ 上服从二维均匀分布,求随机变量 X 的条件概率密度 $f_{X|Y}(x\mid y)$.

解 由题意知,二维随机变量 (X,Y) 具有联合概率密度

$$f(x,y)=\begin{cases}\dfrac{1}{\pi}, & x^2+y^2<1,\\ 0, & x^2+y^2\geqslant 1,\end{cases}$$

则关于 Y 的边缘概率密度为

$$f_Y(y)=\int_{-\infty}^{+\infty}f(x,y)\mathrm{d}x$$

$$=\begin{cases}\dfrac{1}{\pi}\displaystyle\int_{-\sqrt{1-y^2}}^{\sqrt{1-y^2}}\mathrm{d}x=\dfrac{2}{\pi}\sqrt{1-y^2}, & -1<y<1,\\ 0, & \text{其他}.\end{cases}$$

当 $-1<y<1$ 时,有

$$f_{X|Y}(x\mid y)=\begin{cases}\dfrac{1/\pi}{2\sqrt{1-y^2}/\pi}=\dfrac{1}{2\sqrt{1-y^2}}, & -\sqrt{1-y^2}<x<\sqrt{1-y^2},\\ 0, & \text{其他}.\end{cases}$$

关于 X 的条件概率密度中,当 $y=\dfrac{1}{2}$ 时,X 的条件概率密度为

$$f_{X|Y}\left(x\,\middle|\,y=\frac{1}{2}\right)=\begin{cases}\dfrac{\sqrt{3}}{3}, & -\dfrac{\sqrt{3}}{2}<x<\dfrac{\sqrt{3}}{2},\\ 0, & \text{其他}.\end{cases}$$

可见，在 $y=\frac{1}{2}$ 的条件下，随机变量 X 在区间 $\left(-\frac{\sqrt{3}}{2},\frac{\sqrt{3}}{2}\right)$ 上服从均匀分布. 然而，关于 X 的边缘概率密度为

$$f_X(x)=\int_{-\infty}^{+\infty} f(x,y)\mathrm{d}y$$

$$=\begin{cases}\frac{1}{\pi}\int_{-\sqrt{1-x^2}}^{\sqrt{1-x^2}}\mathrm{d}y=\frac{2}{\pi}\sqrt{1-x^2}, & -1<x<1,\\ 0, & \text{其他},\end{cases}$$

故 X 的无条件的边缘概率密度不是均匀分布的概率密度，即 X 不服从均匀分布.

五、二维连续型随机变量的独立性

定理 3.3.1　**设 $f(x,y)$ 和 $f_X(x)$，$f_Y(y)$ 分别是二维连续型随机变量 (X,Y) 的联合概率密度和边缘概率密度，则 X 与 Y 相互独立的充要条件是**

$$f(x,y)=f_X(x)f_Y(y)$$

在平面上几乎处处成立.

注　定理 3.3.1 表明，对两个连续型随机变量而言，其相互独立的充要条件是联合概率密度等于边缘概率密度的乘积. 此外，$f(x,y)=f_X(x)f_Y(y)$ 几乎处处成立是指在除一个面积为零的集合外处处成立.

例 4　设二维随机变量 (X,Y) 的联合概率密度为

$$f(x,y)=\begin{cases}x^2+\frac{xy}{3}, & 0\leqslant x\leqslant 1, 0\leqslant y\leqslant 2,\\ 0, & \text{其他},\end{cases}$$

问：X 与 Y 是否相互独立？

解　易求得关于 X 与关于 Y 的边缘概率密度分别为

$$f_X(x)=\begin{cases}2x^2+\frac{2}{3}x, & 0\leqslant x\leqslant 1,\\ 0, & \text{其他},\end{cases}$$

$$f_Y(y)=\begin{cases}\frac{1}{3}+\frac{y}{6}, & 0\leqslant y\leqslant 2,\\ 0, & \text{其他}.\end{cases}$$

显然 $f(x,y)\neq f_X(x)f_Y(y)$，故 X 与 Y 不相互独立.

例 5　设二维随机变量 (X,Y) 服从二维正态分布，其联合概率密度为

$$f(x,y)=\frac{1}{2\pi\sigma_1\sigma_2\sqrt{1-\rho^2}}\exp\left\{-\frac{1}{2(1-\rho^2)}\left[\frac{(x-\mu_1)^2}{\sigma_1^2}-\frac{2\rho(x-\mu_1)(y-\mu_2)}{\sigma_1\sigma_2}+\frac{(y-\mu_2)^2}{\sigma_2^2}\right]\right\},\quad -\infty<x,y<+\infty,$$

问：X 与 Y 是否相互独立？

解 易求得关于 X 与关于 Y 的边缘概率密度分别为

$$f_X(x)=\frac{1}{\sqrt{2\pi}\sigma_1}e^{-\frac{(x-\mu_1)^2}{2\sigma_1^2}},\quad -\infty<x<+\infty,$$

$$f_Y(y)=\frac{1}{\sqrt{2\pi}\sigma_2}e^{-\frac{(y-\mu_2)^2}{2\sigma_2^2}},\quad -\infty<y<+\infty.$$

显然 $f(x,y)\neq f_X(x)f_Y(y)$,故 X 与 Y 不相互独立.

例5表明,二维正态分布的两个边缘分布都是一维正态分布,且都不依赖于参数 ρ. 当且仅当 $\rho=0$ 时,有 $f(x,y)=f_X(x)f_Y(y)$,即 X 与 Y 相互独立.

值得注意的是,不同的 ρ 值对应不同的二维正态分布,但它们的边缘分布却都是相同的. 这一事实表明,仅已知有关于随机变量 X 和 Y 的边缘分布,一般来说是不能确定 (X,Y) 的联合分布的.

§3.4 两个随机变量的函数的分布

在第二章中,我们讨论了一个随机变量的函数的概率分布问题,即已知 X 的概率分布,求 X 的函数 $Y=g(X)$ 的概率分布. 本节我们将把上述讨论推广到二维随机变量上去,讨论两个随机变量的函数的概率分布问题,即已知二维随机变量 (X,Y) 的联合分布,求 (X,Y) 的函数 $Z=g(X,Y)$ 的概率分布.

我们只就下面几个具体的函数来进行讨论.

一、$Z=X+Y$ 的分布

1. 离散型随机变量的情形

例 1 设二维随机变量 (X,Y) 的联合分布律如表 3-6 所示,求 $X+Y$ 的分布律.

表 3-6

X	Y		
	-1	0	1
0	$\frac{1}{16}$	$\frac{1}{8}$	$\frac{3}{16}$
1	$\frac{5}{16}$	$\frac{3}{16}$	$\frac{1}{8}$

解 由二维随机变量 (X,Y) 的联合分布律容易算得 $X+Y$ 的所有取值情况,如表 3-7 所示.

表 3-7

P	$\frac{1}{16}$	$\frac{1}{8}$	$\frac{3}{16}$	$\frac{5}{16}$	$\frac{3}{16}$	$\frac{1}{8}$
(X,Y)	$(0,-1)$	$(0,0)$	$(0,1)$	$(1,-1)$	$(1,0)$	$(1,1)$
$X+Y$	-1	0	1	0	1	2

整理得 $X+Y$ 的分布律如表 3-8 所示.

表 3-8

$X+Y$	-1	0	1	2
P	$\frac{1}{16}$	$\frac{7}{16}$	$\frac{3}{8}$	$\frac{1}{8}$

2. 连续型随机变量的情形

一般地,二维连续型随机变量 (X,Y) 的函数 $Z=g(X,Y)$ 的分布函数和概率密度分别为

$$F_Z(z)=P\{g(X,Y)\leqslant z\}=\iint\limits_{g(x,y)\leqslant z} f(x,y)\mathrm{d}x\mathrm{d}y,\quad -\infty<z<+\infty,$$

$$f_Z(z)=\frac{\mathrm{d}F_Z(z)}{\mathrm{d}z},\quad -\infty<z<+\infty,$$

其中 $f(x,y)$ 为 (X,Y) 的联合概率密度.

定理 3.4.1　**设 (X,Y) 是二维连续型随机变量,其联合概率密度为 $f(x,y)$,则 $Z=X+Y$ 仍为连续型随机变量,其概率密度为**

$$f_Z(z)=\int_{-\infty}^{+\infty} f(x,z-x)\mathrm{d}x \tag{3.1}$$

或

$$f_Z(z)=\int_{-\infty}^{+\infty} f(z-y,y)\mathrm{d}y. \tag{3.2}$$

证明　设 $Z=X+Y$ 的分布函数为 $F_Z(z)$,则

$$F_Z(z)=P\{X+Y\leqslant z\}=P\{(X,Y)\in D\},$$

其中区域 $D=\{(x,y)\mid x+y\leqslant z\}$,如图 3-6 所示.故

$$F_Z(z)=\iint\limits_D f(x,y)\mathrm{d}x\mathrm{d}y=\int_{-\infty}^{+\infty}\left[\int_{-\infty}^{z-x} f(x,y)\mathrm{d}y\right]\mathrm{d}x.$$

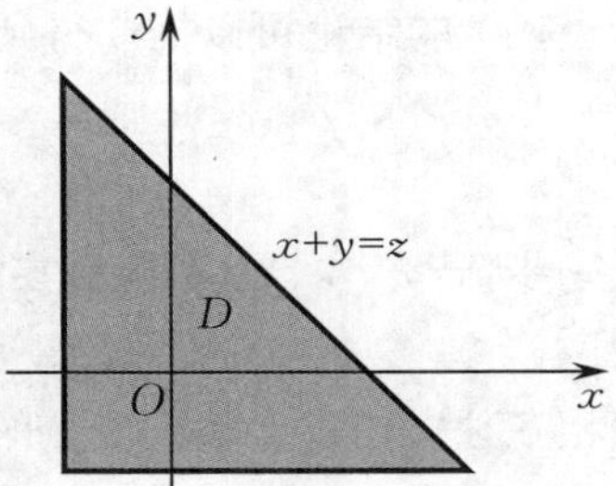

图 3-6

固定 z 和 x,对积分 $\int_{-\infty}^{z-x} f(x,y)\mathrm{d}y$ 做变量替换,令 $y=u-x$,得

$$\int_{-\infty}^{z-x} f(x,y)\mathrm{d}y=\int_{-\infty}^{z} f(x,u-x)\mathrm{d}u.$$

故

$$F_Z(z)=\int_{-\infty}^{+\infty}\left[\int_{-\infty}^{z} f(x,u-x)\mathrm{d}u\right]\mathrm{d}x=\int_{-\infty}^{z}\left[\int_{-\infty}^{+\infty} f(x,u-x)\mathrm{d}x\right]\mathrm{d}u.$$

上式两边对 z 求导,即得(3.1)式.类似可得(3.2)式.

在定理 3.4.1 中，若 X 与 Y 是两个相互独立的连续型随机变量，其概率密度分别为 $f_X(x)$ 和 $f_Y(y)$，则(3.1) 式和(3.2) 式可分别化为

$$f_Z(z)=\int_{-\infty}^{+\infty} f_X(x)f_Y(z-x)\mathrm{d}x \tag{3.3}$$

和

$$f_Z(z)=\int_{-\infty}^{+\infty} f_X(z-y)f_Y(y)\mathrm{d}y. \tag{3.4}$$

这两个公式称为 f_X 和 f_Y 的**卷积公式**，记为 $f_X * f_Y$，即

$$f_X * f_Y=\int_{-\infty}^{+\infty} f_X(x)f_Y(z-x)\mathrm{d}x=\int_{-\infty}^{+\infty} f_X(z-y)f_Y(y)\mathrm{d}y.$$

例 2 设 X 与 Y 是两个相互独立的随机变量，它们都服从标准正态分布 $N(0,1)$，其概率密度分别为

$$f_X(x)=\frac{1}{\sqrt{2\pi}}\mathrm{e}^{-\frac{x^2}{2}},\quad -\infty<x<+\infty,$$

$$f_Y(y)=\frac{1}{\sqrt{2\pi}}\mathrm{e}^{-\frac{y^2}{2}},\quad -\infty<y<+\infty,$$

求 $Z=X+Y$ 的概率密度.

解 由卷积公式，Z 的概率密度为

$$\begin{aligned} f_Z(z)&=\int_{-\infty}^{+\infty} f_X(x)f_Y(z-x)\mathrm{d}x=\frac{1}{2\pi}\int_{-\infty}^{+\infty}\mathrm{e}^{-\frac{x^2}{2}}\mathrm{e}^{-\frac{(z-x)^2}{2}}\mathrm{d}x\\ &=\frac{1}{2\pi}\mathrm{e}^{-\frac{z^2}{4}}\int_{-\infty}^{+\infty}\mathrm{e}^{-\left(x-\frac{z}{2}\right)^2}\mathrm{d}x. \end{aligned}$$

令 $t=x-\dfrac{z}{2}$，得

$$f_Z(z)=\frac{1}{2\pi}\mathrm{e}^{-\frac{z^2}{4}}\int_{-\infty}^{+\infty}\mathrm{e}^{-t^2}\mathrm{d}t=\frac{1}{2\pi}\mathrm{e}^{-\frac{z^2}{4}}\cdot\sqrt{\pi}=\frac{1}{2\sqrt{\pi}}\mathrm{e}^{-\frac{z^2}{4}},$$

于是 $Z\sim N(0,2)$.

例 2 的结论可以推广得到一般的结论. 若随机变量 X_1 与 X_2 相互独立，且 $X_1\sim N(\mu_1,\sigma_1^2)$，$X_2\sim N(\mu_2,\sigma_2^2)$，则 X_1+X_2 仍服从正态分布，且

$$X_1+X_2\sim N(\mu_1+\mu_2,\sigma_1^2+\sigma_2^2).$$

进一步，若 a_1,a_2 为不全为零的常数，则

$$a_1X_1+a_2X_2\sim N(a_1\mu_1+a_2\mu_2,a_1^2\sigma_1^2+a_2^2\sigma_2^2),$$

即相互独立的正态随机变量的线性组合仍是正态随机变量.

例 3 已知相互独立的随机变量 X,Y 的概率密度分别为

$$f_X(x)=\begin{cases}2x, & 0\leqslant x\leqslant 1,\\ 0, & \text{其他},\end{cases}\qquad f_Y(y)=\begin{cases}\mathrm{e}^{-y}, & y>0,\\ 0, & \text{其他},\end{cases}$$

求 $Z=X+Y$ 的概率密度.

解 由卷积公式，Z 的概率密度为

$$f_Z(z)=\int_{-\infty}^{+\infty} f_X(x) f_Y(z-x) \mathrm{d}x.$$

因为

$$f_Y(z-x)=\begin{cases}\mathrm{e}^{-(z-x)}, & z-x>0, \\ 0, & \text{其他}\end{cases}=\begin{cases}\mathrm{e}^{-(z-x)}, & x<z, \\ 0, & \text{其他},\end{cases}$$

所以仅当$\begin{cases}0\leqslant x\leqslant 1, \\ x<z\end{cases}$时,上述积分的被积函数不等于零. 参考图 3-7,即得当 $z\leqslant 0$ 时,

$$f_Z(z)=0;$$

当 $0<z\leqslant 1$ 时,

$$f_Z(z)=\int_0^z 2x \mathrm{e}^{-(z-x)} \mathrm{d}x=2(\mathrm{e}^{-z}+z-1);$$

当 $z>1$ 时,

$$f_Z(z)=\int_0^1 2x \mathrm{e}^{-(z-x)} \mathrm{d}x=2\mathrm{e}^{-z}.$$

故

$$f_Z(z)=\begin{cases}0, & z\leqslant 0, \\ 2(\mathrm{e}^{-z}+z-1), & 0<z\leqslant 1, \\ 2\mathrm{e}^{-z}, & z>1.\end{cases}$$

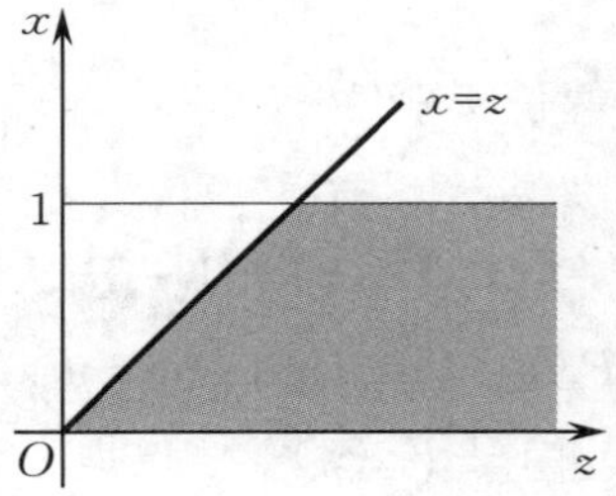

图 3-7

例 4　设离散型随机变量 X 的分布律为 $P\{X=i\}=\frac{1}{3}(i=1,2,3)$,连续型随机变量 $Y\sim U(0,1)$,且 X 与 Y 相互独立,求 $Z=X+Y$ 的概率密度.

解　本例是一个离散型随机变量加上一个连续型随机变量的问题,处理方法与之前不同.

由题意知,Z 的取值范围为$(1,4)$,所以当 $z\leqslant 1$ 时,$F_Z(z)=0$;当 $z\geqslant 4$ 时,$F_Z(z)=1$;当 $1<z<4$ 时,由全概率公式得

$$\begin{aligned}F_Z(z)&=P\{Z\leqslant z\}=P\{X+Y\leqslant z\}=\sum_{i=1}^{3} P\{X=i\} P\{X+Y\leqslant z \mid X=i\} \\ &=\frac{1}{3}\sum_{i=1}^{3} P\{Y\leqslant z-i \mid X=i\}=\frac{1}{3}\sum_{i=1}^{3} P\{Y\leqslant z-i\} \\ &=\frac{1}{3}\left[F_Y(z-1)+F_Y(z-2)+F_Y(z-3)\right],\end{aligned}$$

故

$$f_Z(z)=F'_Z(z)=\frac{1}{3}[f_Y(z-1)+f_Y(z-2)+f_Y(z-3)]=\frac{1}{3}.$$

综上可知，Z 在区间(1,4)上服从均匀分布，其概率密度为

$$f_Z(z)=\begin{cases}\frac{1}{3}, & 1<z<4,\\ 0, & \text{其他}.\end{cases}$$

二、$M=\max\{X,Y\}$，$N=\min\{X,Y\}$ 的分布

设随机变量 X 与 Y 相互独立，它们的分布函数分别为 $F_X(x)$ 和 $F_Y(y)$. 现在来求 $M=\max\{X,Y\}$ 和 $N=\min\{X,Y\}$ 的分布函数 $F_{\max}(z)$ 和 $F_{\min}(z)$.

1. $M=\max\{X,Y\}$ 的分布

由于事件$\{\max\{X,Y\}\leqslant z\}$等价于事件$\{X\leqslant z\}$与$\{Y\leqslant z\}$同时发生，并且 X 与 Y 相互独立，因此有

$$\begin{aligned}F_{\max}(z)&=P\{M\leqslant z\}=P\{X\leqslant z,Y\leqslant z\}\\&=P\{X\leqslant z\}P\{Y\leqslant z\}=F_X(z)F_Y(z).\end{aligned}$$

2. $N=\min\{X,Y\}$ 的分布

由于事件$\{\min\{X,Y\}>z\}$等价于事件$\{X>z\}$与$\{Y>z\}$同时发生，并且 X 与 Y 相互独立，因此有

$$\begin{aligned}F_{\min}(z)&=P\{N\leqslant z\}=1-P\{N>z\}=1-P\{X>z,Y>z\}\\&=1-P\{X>z\}P\{Y>z\}=1-(1-P\{X\leqslant z\})(1-P\{Y\leqslant z\})\\&=1-[1-F_X(z)][1-F_Y(z)].\end{aligned}$$

上述结论可以推广到 $n(n>2)$ 个相互独立的随机变量的情况.

设随机变量 $X_1,X_2,\cdots,X_n$ 相互独立，且分别具有分布函数 $F_{X_1}(x),F_{X_2}(x),\cdots,F_{X_n}(x)$，则 $M=\max\{X_1,X_2,\cdots,X_n\}$ 和 $N=\min\{X_1,X_2,\cdots,X_n\}$ 的分布函数分别为

$$F_{\max}(z)=\prod_{i=1}^{n}F_{X_i}(z)\ ,\quad -\infty<z<+\infty,$$

$$F_{\min}(z)=1-\prod_{i=1}^{n}[1-F_{X_i}(z)],\quad -\infty<z<+\infty.$$

特别地，当随机变量 $X_1,X_2,\cdots,X_n$ 相互独立且具有相同的分布函数 $F(x)$ 时，有

$$F_{\max}(z)=[F(z)]^n,\quad -\infty<z<+\infty,$$

$$F_{\min}(z)=1-[1-F(z)]^n,\quad -\infty<z<+\infty,$$

概率密度分别为

$$f_{\max}(z)=n[F(z)]^{n-1}f(z),$$

$$f_{\min}(z)=n[1-F(z)]^{n-1}f(z).$$

例 5　设随机变量 $X_1,X_2,\cdots,X_n$ 相互独立，且均在区间 $(0,\theta)$ 上服从均匀分布，求 $Y=\max\{X_1,X_2,\cdots,X_n\}$，$Z=\min\{X_1,X_2,\cdots,X_n\}$ 的概率密度 $f_Y(y)$ 及 $f_Z(z)$.

解　由题意知，$X_1,X_2,\cdots,X_n$ 具有相同的概率密度 $f(x)$ 及分布函数 $F(x)$，且

$$f(x)=\begin{cases}\dfrac{1}{\theta}, & 0<x<\theta,\\ 0, & \text{其他},\end{cases}\qquad F(x)=\begin{cases}0, & x\leqslant 0,\\ \dfrac{x}{\theta}, & 0<x<\theta,\\ 1, & x\geqslant\theta.\end{cases}$$

于是

$$f_Y(y)=f_{\max}(y)=n[F(y)]^{n-1}f(y)=\begin{cases}\dfrac{ny^{n-1}}{\theta^n}, & 0<y<\theta,\\ 0, & \text{其他},\end{cases}$$

$$f_Z(z)=f_{\min}(z)=n[1-F(z)]^{n-1}f(z)=\begin{cases}\dfrac{n(\theta-z)^{n-1}}{\theta^n}, & 0<z<\theta,\\ 0, & \text{其他}.\end{cases}$$

三、其他随机变量的函数的分布

下面通过例子介绍几个其他随机变量的函数的分布.

例 6　设二维随机变量 (X,Y) 服从区域 $D=\{(x,y)\mid 0<x<1,0<y<1\}$ 上的均匀分布，试求：

(1) $Z=|X-Y|$ 的概率密度；

(2) $Z=XY$ 的概率密度.

解　(1) 由于 $x\in(0,1)$，$y\in(0,1)$，因此 $z=|x-y|\in[0,1)$. 当 $0<z<1$ 时，

$$\begin{aligned}F_Z(z)&=P\{Z\leqslant z\}=P\{|X-Y|\leqslant z\}\\&=P\{X-z\leqslant Y\leqslant X+z\}=1-(1-z)^2.\end{aligned}$$

故 $Z=|X-Y|$ 的概率密度为

$$f_Z(z)=F'_Z(z)=\begin{cases}2(1-z), & 0<z<1,\\ 0, & \text{其他}.\end{cases}$$

(2) 由于 $x\in(0,1)$，$y\in(0,1)$，因此 $z=xy\in(0,1)$. 当 $0<z<1$ 时，

$$\begin{aligned}F_Z(z)&=P\{Z\leqslant z\}=P\{XY\leqslant z\}\\&=P\left\{Y\leqslant\frac{z}{X}\right\}=1-\int_z^1\mathrm{d}x\int_{\frac{z}{x}}^1\mathrm{d}y\\&=1-\int_z^1\left(1-\frac{z}{x}\right)\mathrm{d}x=z-z\ln z.\end{aligned}$$

故 $Z=XY$ 的概率密度为

$$f_Z(z)=F'_Z(z)=\begin{cases}-\ln z, & 0<z<1,\\ 0, & \text{其他}.\end{cases}$$

例 7 设二维随机变量(X,Y)的联合概率密度为

$$f(x,y)=\begin{cases}1, & 0<x<1,0<y<2x,\\0, & \text{其他},\end{cases}$$

求 $Z=2X-Y$ 的概率密度.

解 由于 $x\in(0,1),y\in(0,2x)$,因此 $z=2x-y\in(0,2)$.当 $0<z<2$ 时,

$$\begin{aligned}F_Z(z)&=P\{Z\leqslant z\}=P\{2X-Y\leqslant z\}\\&=P\{Y\geqslant 2X-z\}=1-\frac{1}{2}\left(1-\frac{z}{2}\right)(2-z).\end{aligned}$$

故 $Z=2X-Y$ 的概率密度为

$$f_Z(z)=F'_Z(z)=\begin{cases}1-\dfrac{z}{2}, & 0<z<2,\\0, & \text{其他}.\end{cases}$$

例 8 设随机变量 X 与 Y 均服从标准正态分布且相互独立,求 $Z=\sqrt{X^2+Y^2}$ 的概率密度.

解 由题意知,Z 的取值范围为$[0,+\infty)$,二维随机变量(X,Y)的联合概率密度为

$$f(x,y)=\frac{1}{2\pi}e^{-\frac{x^2+y^2}{2}},\quad -\infty<x,y<+\infty,$$

在极坐标系下的形式为

$$f(\rho,\theta)=\frac{1}{2\pi}e^{-\frac{\rho^2}{2}},\quad 0\leqslant\theta\leqslant 2\pi,\rho\geqslant 0.$$

当 $z>0$ 时,

$$\begin{aligned}F_Z(z)&=P\{Z\leqslant z\}=P\{\sqrt{X^2+Y^2}\leqslant z\}\\&=\frac{1}{2\pi}\int_0^{2\pi}d\theta\int_0^z e^{-\frac{\rho^2}{2}}\rho\,d\rho=\int_0^z e^{-\frac{\rho^2}{2}}\rho\,d\rho,\end{aligned}$$

故 $Z=\sqrt{X^2+Y^2}$ 的概率密度为

$$f_Z(z)=F'_Z(z)=\begin{cases}ze^{-\frac{z^2}{2}}, & z>0,\\0, & \text{其他}.\end{cases}$$

数学家简介

高斯

习 题 三

1. 8 件产品中有 5 件一等品、2 件二等品、1 件三等品.现从中任取 4 件,记 X 为 4 件产品中的一等品件数,Y 为 4 件产品中的二等品件数,求二维随机变量(X,Y)的联合分布律.

2. 设二维随机变量(X,Y)的联合分布律如表 3-9 所示，求：

(1) $P\{X \neq 0, Y=0\}$；

(2) $P\{X \leqslant 0, Y \leqslant 0\}$；

(3) $P\{XY=0\}$；

(4) $P\{X=Y\}$；

(5) $P\{|X|=|Y|\}$.

表 3-9

X	Y		
	-1	0	2
0	0.1	0.2	0
1	0.3	0.05	0.1
2	0.15	0	0.1

3. 设二维随机变量(X,Y)的所有可能取值为$(0,0)$，$(-1,1)$，$(-1,2)$，$(1,0)$，且取这些值的概率依次为$\frac{1}{6}$，$\frac{1}{3}$，$\frac{1}{12}$，$\frac{5}{12}$，试求关于X和关于Y的边缘分布律.

4. 在第 2 题中求在$Y=0$的条件下X的条件分布律及在$X=0$的条件下Y的条件分布律.

5. 已知二维随机变量(X,Y)的联合分布律及边缘分布律如表 3-10 所示.

(1) 求表 3-10 中p_{11}，p_{12}，p_{13}，p_{22}的值；

(2) 判断X与Y是否相互独立.

表 3-10

X	Y			$p_{i\cdot}$
	-1	0	1	
0	p_{11}	p_{12}	p_{13}	$\frac{1}{2}$
1	0	p_{22}	0	$\frac{1}{2}$
$p_{\cdot j}$	$\frac{1}{4}$	$\frac{1}{2}$	$\frac{1}{4}$	1

6. 设二维随机变量(X,Y)的联合概率密度为

$$f(x,y)=\begin{cases} k(6-x-y), & 0<x<2, 2<y<4, \\ 0, & \text{其他}, \end{cases}$$

试求：

(1) 常数k的值；

(2) $P\{X<1, Y<3\}$；

(3) $P\{X<1.5\}$；

(4) $P\{X+Y<4\}$.

7. 设二维随机变量(X,Y)的联合概率密度为

$$f(x,y)=\begin{cases}6, & 0<x^2<y<x<1,\\ 0, & \text{其他},\end{cases}$$

试求边缘概率密度 $f_X(x)$ 和 $f_Y(y)$.

8. 设二维随机变量 (X,Y) 的联合概率密度为

$$f(x,y)=\begin{cases}e^{-y}, & 0<x<y,\\ 0, & \text{其他},\end{cases}$$

求：

(1) 关于 X 的边缘概率密度；

(2) $P\{X+Y\leqslant 1\}$.

9. 设二维随机变量 (X,Y) 的联合概率密度为

$$f(x,y)=\begin{cases}cx^2y, & x^2<y\leqslant 1,\\ 0, & \text{其他},\end{cases}$$

试求：

(1) 常数 c 的值；

(2) 边缘概率密度 $f_X(x)$.

10. 设二维随机变量 (X,Y) 的联合概率密度为

$$f(x,y)=\begin{cases}ke^{-3x-4y}, & x>0,y>0,\\ 0, & \text{其他},\end{cases}$$

求：

(1) 常数 k 的值；

(2) 条件概率密度 $f_{X|Y}(x\mid y)$ 和 $f_{Y|X}(y\mid x)$.

11. 设区域 D 是由直线 $y=x-1,y=x+1,x=2$ 及坐标轴所围成的区域，二维随机变量 (X,Y) 服从 D 上的二维均匀分布，求条件概率密度 $f_{Y|X}(y\mid x)$ 和 $f_{X|Y}(x\mid y)$.

12. 设二维随机变量 (X,Y) 的联合概率密度为

$$f(x,y)=\begin{cases}4xy, & 0\leqslant x\leqslant 1,0\leqslant y\leqslant 1,\\ 0, & \text{其他},\end{cases}$$

判断 X 与 Y 是否相互独立.

13. 已知 X 与 Y 是两个相互独立的随机变量，且 X 在区间 $(0,1)$ 上服从均匀分布，Y 的概率密度为

$$f_Y(y)=\begin{cases}\dfrac{1}{2}e^{-\frac{y}{2}}, & y\geqslant 0,\\ 0, & y<0,\end{cases}$$

试求：

(1) (X,Y) 的联合概率密度；

(2) 二次方程 $x^2+2Xx+Y=0$ 有实根的概率.

14. 某娱乐场有打靶项目，设弹着点 $A(X,Y)$ 的坐标 X 与 Y 相互独立，且都服从标准正态分布 $N(0,1)$. 现规定点 A 落在区域 $D_1=\{(x,y)\mid x^2+y^2\leqslant 1\}$ 内得 2 分；点 A 落在区域 $D_2=\{(x,y)\mid 1<x^2+y^2\leqslant 4\}$ 内得 1 分；点 A 落在区域 $D_3=\{(x,y)\mid x^2+y^2>4\}$

内得0分. 记 Z 为打靶的得分. 写出二维随机变量 (X,Y) 的联合概率密度，并求 Z 的分布律.

15. 设随机变量 X 服从区间 $(0,1)$ 上的均匀分布，Y 服从区间 $(1,2)$ 上的均匀分布，且 X 与 Y 相互独立，求 $Z=X+Y$ 的概率密度.

16. 设 X 与 Y 是两个相互独立的随机变量，其概率密度分别为

$$f_X(x)=\begin{cases}1, & 0\leqslant x\leqslant 1,\\ 0, & \text{其他},\end{cases}\qquad f_Y(y)=\begin{cases}\mathrm{e}^{-y}, & y\geqslant 0,\\ 0, & y<0,\end{cases}$$

求随机变量 $Z=X+Y$ 的概率密度.

17. 设到火车站购票所需的时间(单位:h) X 是一个随机变量，且具有概率密度

$$f(x)=\begin{cases}x\mathrm{e}^{-x}, & x\geqslant 0,\\ 0, & x<0.\end{cases}$$

某人将去火车站购票5次，且每次购票所需时间相互独立，记 $X_i\,(i=1,2,3,4,5)$ 为第 i 次购票所需的时间，$Y=\max\{X_1,X_2,X_3,X_4,X_5\}$，$Z=\min\{X_1,X_2,X_3,X_4,X_5\}$，求：

(1) Y 的概率密度；

(2) Z 的概率密度.

18. 设某种型号的电子元件的寿命(单位:h) 近似服从正态分布 $N(160,20^2)$. 现随机从该种电子元件中选取4只，求其中没有一只元件的寿命小于180 h的概率.

第四章

随机变量的数字特征

经过前面的学习，我们深入理解了随机变量的分布函数、分布律、概率密度如何全面且精确地刻画其统计规律. 然而在实际应用中，确定一个随机变量的分布函数常常面临诸多挑战，且并非所有实际问题都要求全面审视随机变量的统计规律，有时仅需聚焦于其特定方面的特征，而无须详尽求解其分布函数. 因此，我们转而通过计算随机变量的某些数字特征来描绘其特性. 根据实际需求，我们可以引入多种数字特征，关键在于选择何种运算来处理随机变量，以及这些运算结果是否具备理论或实践上的重要性. 本章将详细阐述随机变量的几种常用数字特征，具体包括数学期望、方差、相关系数及矩等.

§4.1　数学期望

一、离散型随机变量的数学期望

引例　某班有学生 30 人，年龄统计如表 4-1 所示.

表 4-1

年龄	17	18	19	20
人数	5	10	10	5

该班学生的平均年龄为

$$\frac{17\times5+18\times10+19\times10+20\times5}{30}=17\times\frac{5}{30}+18\times\frac{10}{30}+19\times\frac{10}{30}+20\times\frac{5}{30}=18.5.$$

由上式可知，平均年龄是以不同年龄的人数与班级总人数的比值（频率）为权重的加权平均（见表 4-2）. 若以 x_k 表示年龄，并以概率 p_k 代替 x_k 对应的频率（$k=1,2,3,4$），则平均年龄为 $\sum\limits_{k=1}^{4}x_kp_k$，我们称 $\sum\limits_{k=1}^{4}x_kp_k$ 为该班学生年龄的数学期望.

表 4-2

年龄	17	18	19	20
频率	$\frac{1}{6}$	$\frac{1}{3}$	$\frac{1}{3}$	$\frac{1}{6}$

下面给出离散型随机变量的数学期望的定义.

定义 4.1.1　设离散型随机变量 X 的分布律为

$$P\{X=x_k\}=p_k,\quad k=1,2,\cdots.$$

若级数 $\sum\limits_{k=1}^{\infty}x_kp_k$ 绝对收敛，则称级数 $\sum\limits_{k=1}^{\infty}x_kp_k$ 的和为随机变量 X 的**数学期望**，简称**期望**或**均值**，记作 $E(X)$，即

$$E(X)=\sum_{k=1}^{\infty}x_kp_k. \tag{4.1}$$

注　在数学期望的定义中，要求级数 $\sum\limits_{k=1}^{\infty}x_kp_k$ 绝对收敛是为了保证交换级数各项的顺序之后其值不发生改变，这在实际中是很有意义的. 显然，如果离散型随机变量 X 只取有限多个值，那么 $E(X)$ 必存在；但如果 X 的取值是无限多个，那么它的数学期望不一定存在.

例 1 现有甲、乙两人进行打靶训练，他们的命中环数分别记为 X 和 Y. 设随机变量 X 和 Y 的分布律分别如表 4－3 和表 4－4 所示，试评定他们技术的优劣.

表 4－3

X	0	5	6	7	8	9	10
P	0.05	0.05	0.05	0.05	0.1	0.2	0.5

表 4－4

Y	0	5	6	7	8	9	10
P	0.25	0.2	0.2	0.1	0.1	0.1	0.05

解 为了评定甲、乙两人技术的优劣，我们来求其平均命中环数，即求随机变量 X 和 Y 的数学期望. 由(4.1)式，得

$E(X)=0\times0.05+5\times0.05+6\times0.05+7\times0.05+8\times0.1+9\times0.2+10\times0.5=8.5$,

$E(Y)=0\times0.25+5\times0.2+6\times0.2+7\times0.1+8\times0.1+9\times0.1+10\times0.05=5.1$.

从平均命中环数来看，甲的技术比乙更好.

例 2 设袋中有编号为 k 的 k 个球，$k=1,2,\cdots,n$. 现从中任意取出 1 个球，记取出的球的编号为 X，求 X 的数学期望.

解 袋中球的总数为 $1+2+\cdots+n=\dfrac{n(n+1)}{2}$ 个，X 的分布律为

$$P\{X=k\}=\frac{2k}{n(n+1)},\quad k=1,2,\cdots,n.$$

于是

$$E(X)=\sum_{k=1}^{n}k\cdot\frac{2k}{n(n+1)}=\frac{2}{n(n+1)}\sum_{k=1}^{n}k^2=\frac{2n+1}{3}.$$

下面给出几种常用的离散型随机变量的数学期望.

1. (0－1) 分布

设随机变量 X 服从以 p 为参数的(0－1)分布，其分布律如表 4－5 所示. 由(4.1)式，有

$$E(X)=1\cdot p+0\cdot(1-p)=p.$$

表 4－5

X	0	1
P	$1-p$	p

2. 二项分布

设随机变量 X 服从二项分布 $B(n,p)$，其分布律为

$$P\{X=k\}=C_n^k p^k(1-p)^{n-k},\quad k=0,1,2,\cdots,n.$$

由(4.1)式，有

$$E(X)=\sum_{k=0}^{n}kC_n^k p^k(1-p)^{n-k}=\sum_{k=1}^{n}\frac{k\cdot n!}{k!(n-k)!}p^k(1-p)^{n-k}$$

$$=np\sum_{k=1}^{n}\frac{(n-1)!}{(k-1)![(n-1)-(k-1)]!}p^{k-1}(1-p)^{(n-1)-(k-1)}.$$

令 $t=k-1$，则

$$E(X)=np\sum_{t=0}^{n-1}\frac{(n-1)!}{t!\,[(n-1)-t]!}p^{t}(1-p)^{(n-1)-t}=np(p+1-p)^{n-1}=np.$$

3. 泊松分布

设随机变量 X 服从泊松分布 $\pi(\lambda)(\lambda>0)$，其分布律为

$$P\{X=k\}=\frac{\lambda^{k}}{k!}\mathrm{e}^{-\lambda},\quad k=0,1,2,\cdots.$$

由(4.1)式，有

$$E(X)=\sum_{k=0}^{\infty}k\frac{\lambda^{k}}{k!}\mathrm{e}^{-\lambda}=\lambda\mathrm{e}^{-\lambda}\sum_{k=1}^{\infty}\frac{\lambda^{k-1}}{(k-1)!}.$$

令 $t=k-1$，则

$$E(X)=\lambda\mathrm{e}^{-\lambda}\sum_{t=0}^{\infty}\frac{\lambda^{t}}{t!}=\lambda\mathrm{e}^{-\lambda}\cdot\mathrm{e}^{\lambda}=\lambda.$$

二、连续型随机变量的数学期望

定义 4.1.2　设连续型随机变量 X 的概率密度为 $f(x)$. 若积分 $\int_{-\infty}^{+\infty}xf(x)\mathrm{d}x$ 绝对收敛，则称积分 $\int_{-\infty}^{+\infty}xf(x)\mathrm{d}x$ 的值为随机变量 X 的**数学期望**，简称**期望**或**均值**，记作 $E(X)$，即

$$E(X)=\int_{-\infty}^{+\infty}xf(x)\mathrm{d}x. \tag{4.2}$$

例 3　设随机变量 X 的概率密度为 $f(x)=\frac{1}{\pi(1+x^{2})}$，$-\infty<x<+\infty$，判断 X 的数学期望是否存在.

解　因为

$$\begin{aligned}\int_{-\infty}^{+\infty}|x|f(x)\mathrm{d}x&=\int_{-\infty}^{+\infty}|x|\frac{1}{\pi(1+x^{2})}\mathrm{d}x=\frac{1}{\pi}\int_{0}^{+\infty}\frac{1}{1+x^{2}}\mathrm{d}(1+x^{2})\\&=\frac{1}{\pi}\ln(1+x^{2})\Big|_{0}^{+\infty}=+\infty,\end{aligned}$$

所以 X 的数学期望不存在.

例 4　设随机变量 X 的概率密度为

$$f(x)=\begin{cases}x, & 0\leqslant x<1,\\ 2-x, & 1\leqslant x<2,\\ 0, & \text{其他},\end{cases}$$

求 X 的数学期望 $E(X)$.

解　$E(X)=\int_{-\infty}^{+\infty}xf(x)\mathrm{d}x=\int_{0}^{1}x^{2}\mathrm{d}x+\int_{1}^{2}x(2-x)\mathrm{d}x=1.$

下面给出几个常用的连续型随机变量的数学期望.

1. 均匀分布

设随机变量 X 服从区间 (a,b) 上的均匀分布，其概率密度为

$$f(x)=\begin{cases}\dfrac{1}{b-a}, & a<x<b,\\ 0, & \text{其他}.\end{cases}$$

由(4.2)式，有

$$E(X)=\int_a^b \frac{x}{b-a}\mathrm{d}x=\frac{1}{2}(a+b).$$

2. 指数分布

设随机变量 X 服从参数为 $\theta(\theta>0)$ 的指数分布，其概率密度为

$$f(x)=\begin{cases}\dfrac{1}{\theta}\mathrm{e}^{-\frac{x}{\theta}}, & x>0,\\ 0, & \text{其他}.\end{cases}$$

由 (4.2) 式,有

$$E(X)=\int_0^{+\infty}\frac{x}{\theta}\mathrm{e}^{-\frac{x}{\theta}}\mathrm{d}x.$$

令 $t=\dfrac{x}{\theta}$,则

$$E(X)=\theta\int_0^{+\infty}t\mathrm{e}^{-t}\mathrm{d}t=\theta(-t\mathrm{e}^{-t}-\mathrm{e}^{-t})\Big|_0^{+\infty}=\theta.$$

3. 正态分布

设随机变量 X 服从正态分布 $N(\mu,\sigma^2)(\sigma>0)$,其概率密度为

$$f(x)=\frac{1}{\sqrt{2\pi}\sigma}\mathrm{e}^{-\frac{(x-\mu)^2}{2\sigma^2}},\quad -\infty<x<+\infty.$$

由(4.2)式,有

$$E(X)=\frac{1}{\sqrt{2\pi}\sigma}\int_{-\infty}^{+\infty}x\mathrm{e}^{-\frac{(x-\mu)^2}{2\sigma^2}}\mathrm{d}x.$$

令 $t=x-\mu$,则

$$\begin{aligned}E(X)&=\frac{1}{\sqrt{2\pi}\sigma}\int_{-\infty}^{+\infty}(t+\mu)\mathrm{e}^{-\frac{t^2}{2\sigma^2}}\mathrm{d}t\\&=\frac{1}{\sqrt{2\pi}\sigma}\int_{-\infty}^{+\infty}t\mathrm{e}^{-\frac{t^2}{2\sigma^2}}\mathrm{d}t+\frac{\mu}{\sqrt{2\pi}\sigma}\int_{-\infty}^{+\infty}\mathrm{e}^{-\frac{t^2}{2\sigma^2}}\mathrm{d}t.\end{aligned}$$

上式右端第一项中的被积函数为奇函数,因而积分为零,而第二项中

$$\frac{1}{\sqrt{2\pi}\sigma}\int_{-\infty}^{+\infty}\mathrm{e}^{-\frac{t^2}{2\sigma^2}}\mathrm{d}t=1,$$

所以

$$E(X)=\mu.$$

由此可见，正态分布的参数 μ 恰是该分布的数学期望.

4. 伽马分布

设随机变量 X 服从伽马分布 $\Gamma(\alpha,\beta)(\alpha>0,\beta>0)$，其概率密度为

$$f(x)=\begin{cases}\dfrac{\beta^{\alpha}}{\Gamma(\alpha)}x^{\alpha-1}\mathrm{e}^{-\beta x}, & x>0,\\ 0, & x\leqslant 0.\end{cases}$$

由(4.2)式，有

$$E(X)=\frac{1}{\Gamma(\alpha)}\int_0^{+\infty}(\beta x)^{\alpha}\mathrm{e}^{-\beta x}\mathrm{d}x.$$

令 $t=\beta x$，则

$$E(X)=\frac{1}{\beta\Gamma(\alpha)}\int_0^{+\infty}t^{\alpha}\mathrm{e}^{-t}\mathrm{d}t=\frac{\Gamma(\alpha+1)}{\beta\Gamma(\alpha)}.$$

又由 $\Gamma(\alpha+1)=\alpha\Gamma(\alpha)$，得

$$E(X)=\frac{\alpha}{\beta}.$$

三、随机变量的函数的数学期望

设 X 为随机变量，下面研究 X 的函数 $Y=\varphi(X)$ 的数学期望. 一方面，我们可以由 X 的分布算出 $Y=\varphi(X)$ 的分布，然后按(4.1)式或(4.2)式来计算 $E(Y)$；另一方面，我们也可以由下述定理来计算 $E(Y)$.

定理 4.1.1　**设 $\varphi(x)$ 是连续函数，$Y=\varphi(X)$ 是随机变量 X 的函数.**

(1) 若 X 是离散型随机变量，其分布律为

$$P\{X=x_k\}=p_k,\quad k=1,2,\cdots,$$

且级数 $\sum\limits_{k=1}^{\infty}\varphi(x_k)p_k$ 绝对收敛，则 Y 的数学期望为

$$E(Y)=E[\varphi(X)]=\sum_{k=1}^{\infty}\varphi(x_k)p_k. \tag{4.3}$$

(2) 若 X 是连续型随机变量，其概率密度为 $f(x)$，且积分 $\int_{-\infty}^{+\infty}\varphi(x)f(x)\mathrm{d}x$ 绝对收敛，则 Y 的数学期望为

$$E(Y)=E[\varphi(X)]=\int_{-\infty}^{+\infty}\varphi(x)f(x)\mathrm{d}x. \tag{4.4}$$

根据定理4.1.1，当我们要求 $E(Y)$ 时，不必算出 Y 的分布律或概率密度，而只需利用 X 的分布律或概率密度就可以了. 定理的证明需要用到更高深的数学工具，超出本书的范围，下面仅就一种特殊情况予以证明.

证明　设 X 为连续型随机变量，函数 $\varphi(x)$ 处处可导且恒有 $\varphi'(x)>0$，其值域为 $(A,B)(-\infty<A<B<+\infty)$，反函数为 $x=g(y)$. 由定理2.5.1知，$Y=\varphi(X)$ 的概率密度为

$$f_Y(y)=\begin{cases}f[g(y)]g'(y), & y\in(A,B),\\ 0, & 其他.\end{cases}$$

于是

$$E(Y)=\int_{-\infty}^{+\infty}yf_Y(y)\mathrm{d}y=\int_A^B yf[g(y)]g'(y)\mathrm{d}y.$$

由 $x=g(y),y=\varphi(x)$,得

$$E(Y)=\int_{-\infty}^{+\infty}\varphi(x)f(x)\mathrm{d}x.$$

例 5 设随机变量 X 的分布律如表 4-6 所示,求 $E(X^2+X-1)$.

表 4-6

X	-1	0	1	2
P	0.1	0.2	0.3	0.4

解 由(4.3)式,得

$$E(X^2+X-1)=[(-1)^2+(-1)-1]\times 0.1+(0^2+0-1)\times 0.2+(1^2+1-1)\times 0.3+(2^2+2-1)\times 0.4=2.$$

例 6 已知随机变量 X 服从标准正态分布 $N(0,1)$,求 $E(X^2)$.

解 由(4.4)式,得

$$\begin{aligned}E(X^2)&=\int_{-\infty}^{+\infty}\frac{x^2}{\sqrt{2\pi}}\mathrm{e}^{-\frac{x^2}{2}}\mathrm{d}x=-\int_{-\infty}^{+\infty}x\,\mathrm{d}\left(\frac{1}{\sqrt{2\pi}}\mathrm{e}^{-\frac{x^2}{2}}\right)\\&=-\frac{x}{\sqrt{2\pi}}\mathrm{e}^{-\frac{x^2}{2}}\Big|_{-\infty}^{+\infty}+\int_{-\infty}^{+\infty}\frac{1}{\sqrt{2\pi}}\mathrm{e}^{-\frac{x^2}{2}}\mathrm{d}x\\&=0+1=1.\end{aligned}$$

上述定理可以推广到有两个或两个以上随机变量的函数的情况.

定理 4.1.2 **设 $\varphi(x,y)$ 是 x,y 的二元连续函数,(X,Y) 是二维离散型随机变量,其联合分布律为**

$$P\{X=x_i,Y=y_j\}=p_{ij},\quad i,j=1,2,\cdots.$$

若级数 $\sum_{i=1}^{\infty}\sum_{j=1}^{\infty}\varphi(x_i,y_j)p_{ij}$ 绝对收敛,则

$$E[\varphi(X,Y)]=\sum_{i=1}^{\infty}\sum_{j=1}^{\infty}\varphi(x_i,y_j)p_{ij}.\tag{4.5}$$

定理 4.1.3 **设 (X,Y) 是二维连续型随机变量,其联合概率密度为 $f(x,y)$,$\varphi(x,y)$ 是 x,y 的二元连续函数. 若积分 $\int_{-\infty}^{+\infty}\int_{-\infty}^{+\infty}\varphi(x,y)f(x,y)\mathrm{d}x\mathrm{d}y$ 绝对收敛,则**

$$E[\varphi(X,Y)]=\int_{-\infty}^{+\infty}\int_{-\infty}^{+\infty}\varphi(x,y)f(x,y)\mathrm{d}x\mathrm{d}y.\tag{4.6}$$

例 7 设二维随机变量 (X,Y) 的联合分布律如表 4-7 所示,试求 $E(X),E(X^2),E(Y),E(Y^2),E(XY)$.

表 4－7

X	Y			$p_{i\cdot}$
	0	1	2	
-1	$\frac{1}{9}$	$\frac{2}{9}$	0	$\frac{1}{3}$
2	$\frac{1}{3}$	$\frac{1}{9}$	$\frac{2}{9}$	$\frac{2}{3}$
$p_{\cdot j}$	$\frac{4}{9}$	$\frac{1}{3}$	$\frac{2}{9}$	1

解　$E(X)=-1\times\frac{1}{3}+2\times\frac{2}{3}=1,$

$$E(X^2)=(-1)^2\times\frac{1}{3}+2^2\times\frac{2}{3}=3,$$

$$E(Y)=0\times\frac{4}{9}+1\times\frac{1}{3}+2\times\frac{2}{9}=\frac{7}{9},$$

$$E(Y^2)=0^2\times\frac{4}{9}+1^2\times\frac{1}{3}+2^2\times\frac{2}{9}=\frac{11}{9},$$

$$E(XY)=(-1)\times0\times\frac{1}{9}+(-1)\times1\times\frac{2}{9}+(-1)\times2\times0+2\times0\times\frac{1}{3}$$
$$+2\times1\times\frac{1}{9}+2\times2\times\frac{2}{9}=\frac{8}{9}.$$

例 8　设二维随机变量(X,Y)的联合概率密度为

$$f(x,y)=\begin{cases}e^{-y}, & 0<x<y,\\ 0, & \text{其他},\end{cases}$$

试求$E(X),E(X^2),E(Y),E(Y^2),E(XY)$.

解　$E(X)=\int_0^{+\infty}dx\int_x^{+\infty}xe^{-y}dy=\int_0^{+\infty}x\,dx\int_x^{+\infty}e^{-y}dy=\int_0^{+\infty}xe^{-x}dx=1,$

$$E(X^2)=\int_0^{+\infty}dx\int_x^{+\infty}x^2e^{-y}dy=\int_0^{+\infty}x^2dx\int_x^{+\infty}e^{-y}dy=\int_0^{+\infty}x^2e^{-x}dx=2,$$

$$E(Y)=\int_0^{+\infty}dy\int_0^{y}ye^{-y}dx=\int_0^{+\infty}y^2e^{-y}dy=2,$$

$$E(Y^2)=\int_0^{+\infty}dy\int_0^{y}y^2e^{-y}dx=\int_0^{+\infty}y^3e^{-y}dy=6,$$

$$E(XY)=\int_0^{+\infty}dy\int_0^{y}xye^{-y}dx=\frac{1}{2}\int_0^{+\infty}y^3e^{-y}dy=3.$$

四、数学期望的性质

假设以下所提及的随机变量的数学期望都存在,数学期望具有下述性质.

性质 1　设C是常数,则$E(C)=C$.

性质 2　设X是一个随机变量,C是常数,则

$$E(CX)=CE(X).$$

性质 3 设 X,Y 是两个随机变量,则

$$E(X+Y)=E(X)+E(Y).$$

性质 4 设 X 与 Y 是两个相互独立的随机变量,则

$$E(XY)=E(X)E(Y).$$

证明 首先证明性质 1.设随机变量 X 为只取到常数 C 的离散型随机变量,则 $P\{X=C\}=1$,于是

$$E(C)=E(X)=CP\{X=C\}=C.$$

下面对连续型随机变量的情况证明性质 2 ~ 4,关于离散型随机变量的情况,留给读者自行证明.

性质 2:设随机变量 X 的概率密度为 $f(x)$.由(4.4)式,得

$$E(CX)=\int_{-\infty}^{+\infty}Cxf(x)\mathrm{d}x=C\int_{-\infty}^{+\infty}xf(x)\mathrm{d}x=CE(X).$$

性质 3:设二维随机变量(X,Y)的联合概率密度为 $f(x,y)$.由(4.6)式,得

$$\begin{aligned}E(X+Y)&=\int_{-\infty}^{+\infty}\int_{-\infty}^{+\infty}(x+y)f(x,y)\mathrm{d}x\,\mathrm{d}y\\&=\int_{-\infty}^{+\infty}\int_{-\infty}^{+\infty}xf(x,y)\mathrm{d}x\,\mathrm{d}y+\int_{-\infty}^{+\infty}\int_{-\infty}^{+\infty}yf(x,y)\mathrm{d}x\,\mathrm{d}y\\&=E(X)+E(Y).\end{aligned}$$

性质 4:设 $f(x,y)$ 为二维随机变量(X,Y)的联合概率密度,$f_X(x)$ 和 $f_Y(y)$ 分别为关于 X 和关于 Y 的边缘概率密度.因 X 与 Y 相互独立,故

$$f(x,y)=f_X(x)f_Y(y),$$

于是

$$\begin{aligned}E(XY)&=\int_{-\infty}^{+\infty}\int_{-\infty}^{+\infty}xyf(x,y)\mathrm{d}x\,\mathrm{d}y=\int_{-\infty}^{+\infty}\int_{-\infty}^{+\infty}xyf_X(x)f_Y(y)\mathrm{d}x\,\mathrm{d}y\\&=\int_{-\infty}^{+\infty}xf_X(x)\mathrm{d}x\int_{-\infty}^{+\infty}yf_Y(y)\mathrm{d}y=E(X)E(Y).\end{aligned}$$

性质 3 和性质 4 可以推广到有限多个随机变量的情况.设 $X_1,X_2,\cdots,X_n$ 是 n 个随机变量,则

$$E(X_1+X_2+\cdots+X_n)=E(X_1)+E(X_2)+\cdots+E(X_n).$$

进一步,若 $X_1,X_2,\cdots,X_n$ 相互独立,则

$$E(X_1X_2\cdots X_n)=E(X_1)E(X_2)\cdots E(X_n).$$

例 9 一辆汽车载着 20 个旅客前往目的地,沿途共经过 10 个车站,如到达一个车站没有旅客下车就不停车.以 X 表示汽车的停车次数,求 $E(X)$(设每个旅客在各个车站下车是等可能的,并设各旅客是否下车相互独立).

解 引入随机变量

$$X_i=\begin{cases}1, & \text{在第 } i \text{ 个车站有人下车},\\0, & \text{在第 } i \text{ 个车站没有人下车},\end{cases}\quad i=1,2,\cdots,10,$$

则

$$X=X_1+X_2+\cdots+X_{10}.$$

为求 $E(X)$，先求 $E(X_i)$，$i=1,2,\cdots,10$.

由题意，每个旅客在第 i 个车站不下车的概率为 $\frac{9}{10}$，且各旅客是否下车是相互独立的，因此 20 个旅客在第 i 个车站都不下车的概率为 $\left(\frac{9}{10}\right)^{20}$，从而在第 i 个车站有人下车的概率为 $1-\left(\frac{9}{10}\right)^{20}$. 于是，有

$$P\{X_i=0\}=\left(\frac{9}{10}\right)^{20},\quad P\{X_i=1\}=1-\left(\frac{9}{10}\right)^{20},$$

从而

$$E(X_i)=1-\left(\frac{9}{10}\right)^{20},\quad i=1,2,\cdots,10.$$

由数学期望的性质，有

$$\begin{aligned}E(X)&=E(X_1+X_2+\cdots+X_{10})\\&=E(X_1)+E(X_2)+\cdots+E(X_{10})\\&=10\left[1-\left(\frac{9}{10}\right)^{20}\right]\approx 8.784.\end{aligned}$$

例 9 将随机变量 X 分解成若干个随机变量之和，通过求这些随机变量的数学期望而求得 X 的数学期望. 二项分布的数学期望也可以用这个方法计算. 具体来说，设随机变量 X 服从二项分布 $B(n,p)$，把 X 看作 n 重伯努利试验中事件 A 发生的次数，每次试验中事件 A 发生的概率为 p. 引入随机变量

$$X_i=\begin{cases}1, & \text{在第 } i \text{ 次试验中事件 } A \text{ 发生},\\ 0, & \text{在第 } i \text{ 次试验中事件 } A \text{ 不发生},\end{cases}\quad i=1,2,\cdots,n,$$

则 $X_1,X_2,\cdots,X_n$ 相互独立且都服从参数为 p 的(0-1)分布，且

$$X=X_1+X_2+\cdots+X_n.$$

故

$$E(X)=E(X_1)+E(X_2)+\cdots+E(X_n)=np.$$

例 10　为普查某种疾病，某单位有 N 个人要去验血，现有以下两种方案.

方案 1：每个人的血分别化验，需要化验 N 次.

方案 2：按每 k 个人一组进行分组，把每个人的血取出一半混合在一起进行化验. 如果是阴性，说明每个人的血都是阴性，这样对这 k 个人只需化验一次就够了；如果是阳性，说明这 k 个人中至少有一个人的血是阳性，此时需要对这 k 个人的血再逐个化验，这样对这 k 个人总共要化验 $k+1$ 次.

假定所有人的验血结果是阳性的概率均为 p，且每个人的化验结果是相互独立的，试求：

(1) 在方案 2 中为检查这 N 个人所需化验次数 X 的数学期望 $E(X)$；

(2) 在方案 2 中使 $E(X)$ 最小的 k 值.

解 (1) 设方案 2 中 k 个人分成一组时所需化验的次数为 X_1,则 X_1 是随机变量,其分布律如表 4-8 所示,其中 $q=1-p$. 所以

$$E(X_1)=1\cdot q^k+(k+1)(1-q^k)=k-kq^k+1.$$

表 4-8

X_1	1	$k+1$
P	q^k	$1-q^k$

将 N 个人分成 $\frac{N}{k}$ 组(假设刚好分完),每组 k 个人,各组所需化验的次数是与 X_1 有相同分布的随机变量,则 X 为 $\frac{N}{k}$ 个与 X_1 有相同分布的随机变量之和,所以

$$E(X)=\frac{N}{k}E(X_1)=N\left(1-q^k+\frac{1}{k}\right).$$

(2) 在方案 2 中为求 k 的值,使得 $E(X)=N\left(1-q^k+\frac{1}{k}\right)$ 最小,可通过求方程

$$\frac{\mathrm{d}[E(X)]}{\mathrm{d}k}=N\left(-q^k\ln q-\frac{1}{k^2}\right)=0$$

或

$$k^2q^k\ln q+1=0$$

的近似整数解得到.

对应于 $p=0.05,0.1,0.2$,可求出 k 分别为 5,4,3.

§4.2 方 差

方差是随机变量的又一重要数字特征,它刻画了随机变量取值在其中心位置附近的分散程度,也就是随机变量的取值与其平均值的偏离程度. 设随机变量 X 的数学期望为 $E(X)$,则偏离量 $X-E(X)$ 本身也是随机变量. 为刻画偏离程度的大小,不能使用随机变量 $X-E(X)$ 的数学期望,因为其值为零,即正、负偏离量彼此抵消了. 为避免此情况,可以使用 $E[|X-E(X)|]$ 作为描述随机变量 X 取值分散程度的数字特征,称之为 X 的平均绝对差. 由于在数学上处理绝对值很不方便,因此常用 $[X-E(X)]^2$ 的均值来度量 X 与 $E(X)$ 的偏离程度,这个均值就是方差.

一、方差的定义

定义 4.2.1 设 X 是一个随机变量. 若 $E\{[X-E(X)]^2\}$ 存在,则称之为随机变量 X 的**方差**,记为 $D(X)$ 或 $\mathrm{Var}(X)$,即

$$D(X)=\mathrm{Var}(X)=E\{[X-E(X)]^2\}, \tag{4.7}$$

并称 $\sqrt{D(X)}$ 为随机变量 X 的**均方差**或**标准差**,记为 $\sigma(X)$.

由定义 4.2.1 知，$D(X)$ 是一个非负实数，它的量纲是随机变量 X 的量纲的平方.

若 X 为离散型随机变量，其分布律为

$$P\{X=x_k\}=p_k,\quad k=1,2,\cdots,$$

则

$$D(X)=\sum_{k=1}^{\infty}[x_k-E(X)]^2 p_k. \tag{4.8}$$

若 X 为连续型随机变量，其概率密度为 $f(x)$，则

$$D(X)=\int_{-\infty}^{+\infty}[x-E(X)]^2 f(x)\mathrm{d}x. \tag{4.9}$$

由方差的定义及数学期望的性质，可推导出方差的常用计算公式：

$$D(X)=E(X^2)-[E(X)]^2. \tag{4.10}$$

证明
$$\begin{aligned}D(X)&=E\{[X-E(X)]^2\}=E\{X^2-2XE(X)+[E(X)]^2\}\\&=E(X^2)-E[2XE(X)]+E\{[E(X)]^2\}\\&=E(X^2)-2E(X)E(X)+[E(X)]^2\\&=E(X^2)-[E(X)]^2.\end{aligned}$$

为了方便起见，我们常将 $[E(X)]^2$ 记为 $E^2(X)$，于是(4.10)式可以写成

$$D(X)=E(X^2)-E^2(X).$$

例 1 为考察一个网络服务，我们对其在一分钟内接收到的数据包数量进行分析. 已知这个数量是一个离散型随机变量 X，其分布律如表 4-9 所示，求 $D(X)$.

表 4-9

X	0	1	2	3	4
P	0.1	0.2	0.3	0.2	0.2

解 因

$$E(X)=0\times0.1+1\times0.2+2\times0.3+3\times0.2+4\times0.2=2.2,$$
$$E(X^2)=0^2\times0.1+1^2\times0.2+2^2\times0.3+3^2\times0.2+4^2\times0.2=6.4,$$

故

$$D(X)=E(X^2)-E^2(X)=6.4-2.2^2=1.56.$$

例 2 设随机变量 X 的概率密度为

$$f(x)=\begin{cases}1+x, & -1\leqslant x<0,\\ 1-x, & 0\leqslant x<1,\\ 0, & \text{其他},\end{cases}$$

求 $D(X)$.

解 因

$$E(X)=\int_{-\infty}^{+\infty}xf(x)\mathrm{d}x=\int_{-1}^{0}x(1+x)\mathrm{d}x+\int_{0}^{1}x(1-x)\mathrm{d}x=0,$$

$$E(X^2)=\int_{-\infty}^{+\infty}x^2f(x)\mathrm{d}x=\int_{-1}^{0}x^2(1+x)\mathrm{d}x+\int_{0}^{1}x^2(1-x)\mathrm{d}x=\frac{1}{6},$$

故

$$D(X)=E(X^2)-E^2(X)=\frac{1}{6}.$$

下面给出几个常用分布的方差.

1.（0-1）分布

设随机变量 X 服从以 p 为参数的（0-1）分布，其分布律如表 4-10 所示.

表 4-10

X	0	1
P	$1-p$	p

由 §4.1 知 $E(X)=p$，而

$$E(X^2)=1^2\cdot p+0^2\cdot(1-p)=p,$$

于是

$$D(X)=E(X^2)-E^2(X)=p-p^2=p(1-p).$$

2. 二项分布

设随机变量 X 服从二项分布 $B(n,p)$，其分布律为

$$P\{X=k\}=C_n^k p^k(1-p)^{n-k},\quad k=0,1,2,\cdots,n.$$

不妨设 $n\geqslant 2$，由 §4.1 知 $E(X)=np$，而

$$\begin{aligned}E(X^2)&=\sum_{k=0}^{n}k^2C_n^kp^k(1-p)^{n-k}=\sum_{k=0}^{n}[k(k-1)+k]C_n^kp^k(1-p)^{n-k}\\&=\sum_{k=0}^{n}k(k-1)\cdot\frac{n!}{k!(n-k)!}p^k(1-p)^{n-k}+\sum_{k=0}^{n}kC_n^kp^k(1-p)^{n-k}\\&=\sum_{k=2}^{n}\frac{n!}{(k-2)!(n-k)!}p^k(1-p)^{n-k}+E(X).\end{aligned}$$

令 $t=k-2$，则

$$\begin{aligned}E(X^2)&=n(n-1)p^2\sum_{t=0}^{n-2}\frac{(n-2)!}{t!(n-2-t)!}p^t(1-p)^{(n-2)-t}+E(X)\\&=n(n-1)p^2+np.\end{aligned}$$

于是

$$D(X)=E(X^2)-E^2(X)=n(n-1)p^2+np-n^2p^2=np(1-p).$$

当 $n=1$ 时，二项分布就是（0-1）分布，上式仍成立.

3. 泊松分布

设随机变量 X 服从泊松分布 $\pi(\lambda)(\lambda>0)$，其分布律为

$$P\{X=k\}=\frac{\lambda^k}{k!}e^{-\lambda},\quad k=0,1,2,\cdots.$$

由 §4.1 知 $E(X)=\lambda$，又

$$\begin{aligned}E(X^2)&=\sum_{k=0}^{\infty}k^2\frac{\lambda^k}{k!}e^{-\lambda}=\sum_{k=1}^{\infty}(k-1+1)\frac{\lambda^k}{(k-1)!}e^{-\lambda}\\&=\sum_{k=2}^{\infty}\frac{\lambda^{k-2}\cdot\lambda^2}{(k-2)!}e^{-\lambda}+\sum_{k=1}^{\infty}\frac{\lambda^{k-1}\cdot\lambda}{(k-1)!}e^{-\lambda}\end{aligned}$$

$$=\lambda^2\sum_{k=0}^{\infty}\frac{\lambda^k}{k!}e^{-\lambda}+\lambda\sum_{k=0}^{\infty}\frac{\lambda^k}{k!}e^{-\lambda}=\lambda^2+\lambda,$$

于是

$$D(X)=E(X^2)-E^2(X)=\lambda^2+\lambda-\lambda^2=\lambda.$$

4. 均匀分布

设随机变量 X 服从区间 (a,b) 上的均匀分布，其概率密度为

$$f(x)=\begin{cases}\dfrac{1}{b-a}, & a<x<b,\\ 0, & \text{其他}.\end{cases}$$

由 §4.1 知 $E(X)=\dfrac{1}{2}(a+b)$，而

$$E(X^2)=\frac{1}{b-a}\int_a^b x^2\mathrm{d}x=\frac{b^3-a^3}{3(b-a)}=\frac{1}{3}(b^2+ab+a^2),$$

于是

$$D(X)=E(X^2)-E^2(X)=\frac{1}{3}(b^2+ab+a^2)-\frac{1}{4}(b^2+2ab+a^2)=\frac{1}{12}(b-a)^2.$$

5. 指数分布

设随机变量 X 服从参数为 $\theta(\theta>0)$ 的指数分布，其概率密度为

$$f(x)=\begin{cases}\dfrac{1}{\theta}e^{-\frac{x}{\theta}}, & x>0,\\ 0, & \text{其他}.\end{cases}$$

由 §4.1 知 $E(X)=\theta$，而

$$E(X^2)=\int_0^{+\infty}\frac{x^2}{\theta}e^{-\frac{x}{\theta}}\mathrm{d}x.$$

令 $t=\dfrac{x}{\theta}$，则

$$E(X^2)=\theta^2\int_0^{+\infty}t^2e^{-t}\mathrm{d}t=2\theta^2,$$

于是

$$D(X)=E(X^2)-E^2(X)=2\theta^2-\theta^2=\theta^2.$$

6. 正态分布

设随机变量 X 服从正态分布 $N(\mu,\sigma^2)(\sigma>0)$，其概率密度为

$$f(x)=\frac{1}{\sqrt{2\pi}\sigma}e^{-\frac{(x-\mu)^2}{2\sigma^2}},\quad -\infty<x<+\infty.$$

对正态分布来说，按定义 4.2.1 比按(4.10)式求方差更方便些. 由定义 4.2.1，有

$$D(X)=\frac{1}{\sqrt{2\pi}\sigma}\int_{-\infty}^{+\infty}(x-\mu)^2e^{-\frac{(x-\mu)^2}{2\sigma^2}}\mathrm{d}x.$$

令 $t=\frac{x-\mu}{\sigma}$,则

$$D(X)=\frac{\sigma^2}{\sqrt{2\pi}}\int_{-\infty}^{+\infty}t^2\mathrm{e}^{-\frac{t^2}{2}}\mathrm{d}t=-\frac{\sigma^2}{\sqrt{2\pi}}\int_{-\infty}^{+\infty}t\,\mathrm{d}(\mathrm{e}^{-\frac{t^2}{2}})=\frac{-\sigma^2}{\sqrt{2\pi}}t\mathrm{e}^{-\frac{t^2}{2}}\Big|_{-\infty}^{+\infty}+\frac{\sigma^2}{\sqrt{2\pi}}\int_{-\infty}^{+\infty}\mathrm{e}^{-\frac{t^2}{2}}\mathrm{d}t$$
$$=0+\frac{\sigma^2}{\sqrt{2\pi}}\cdot\sqrt{2\pi}=\sigma^2.$$

至此,我们得到正态分布 $N(\mu,\sigma^2)$ 中两个参数的统计含义:μ 是数学期望,σ^2 是方差. σ^2 越大,X 的取值越分散;而 σ^2 越小,X 的取值越集中.

7. 伽马分布

设随机变量 X 服从伽马分布 $\Gamma(\alpha,\beta)(\alpha>0,\beta>0)$,其概率密度为

$$f(x)=\begin{cases}\frac{\beta^\alpha}{\Gamma(\alpha)}x^{\alpha-1}\mathrm{e}^{-\beta x}, & x>0,\\ 0, & x\leqslant 0.\end{cases}$$

由 §4.1 知 $E(X)=\frac{\alpha}{\beta}$,而

$$E(X^2)=\int_0^{+\infty}x^2\frac{\beta^\alpha}{\Gamma(\alpha)}x^{\alpha-1}\mathrm{e}^{-\beta x}\mathrm{d}x.$$

令 $t=\beta x$,则

$$E(X^2)=\frac{1}{\beta^2\Gamma(\alpha)}\int_0^{+\infty}t^{\alpha+1}\mathrm{e}^{-t}\mathrm{d}t$$
$$=\frac{\Gamma(\alpha+2)}{\beta^2\Gamma(\alpha)}=\frac{(\alpha+1)\alpha}{\beta^2}.$$

于是

$$D(X)=E(X^2)-E^2(X)=\frac{(\alpha+1)\alpha}{\beta^2}-\frac{\alpha^2}{\beta^2}=\frac{\alpha}{\beta^2}.$$

二、方差的性质

设 X,Y 是两个随机变量,C 为常数,并假设以下所提及的随机变量的方差均存在,方差具有下述性质.

性质 1 $D(C)=0$.

性质 2 $D(CX)=C^2D(X)$.

性质 3 $D(X\pm Y)=D(X)+D(Y)\pm 2[E(XY)-E(X)E(Y)]$.

特别地,若随机变量 X 与 Y 相互独立,则有

$$D(X\pm Y)=D(X)+D(Y).$$

性质 4 $D(X)=0$ 的充要条件是存在常数 C,使得 $P\{X=C\}=1$.

证明 性质 1:因为 $E(C)=C$,所以

$$D(C)=E\{[C-E(C)]^2\}=E(0^2)=0.$$

性质 2：$D(CX)=E[(CX)^2]-E^2(CX)=E(C^2X^2)-[CE(X)]^2$
$=C^2E(X^2)-C^2E^2(X)=C^2D(X)$.

性质 3：$D(X\pm Y)=E[(X\pm Y)^2]-E^2(X\pm Y)$

$$\begin{aligned}&=E(X^2\pm 2XY+Y^2)-[E(X)\pm E(Y)]^2\\&=E(X^2)\pm 2E(XY)+E(Y^2)-E^2(X)\mp 2E(X)E(Y)-E^2(Y)\\&=E(X^2)-E^2(X)+E(Y^2)-E^2(Y)\pm 2[E(XY)-2E(X)E(Y)]\\&=D(X)+D(Y)\pm 2[E(XY)-E(X)E(Y)].\end{aligned}$$

若随机变量 X 与 Y 相互独立，则有 $E(XY)=E(X)E(Y)$，从而得到

$$D(X\pm Y)=D(X)+D(Y).$$

性质 4 的证明略.

可以将性质 3 推广到多个随机变量的情况. 设随机变量 $X_1,X_2,\cdots,X_n$ 相互独立，则

$$D(X_1+X_2+\cdots+X_n)=D(X_1)+D(X_2)+\cdots+D(X_n).$$

利用性质 3 能较容易地计算出二项分布的方差.

设随机变量 $X\sim B(n,p)$，则 X 可表示成

$$X=X_1+X_2+\cdots+X_n,$$

其中 $X_1,X_2,\cdots,X_n$ 相互独立且都服从参数为 p 的(0-1)分布. 于是

$$D(X)=D(X_1)+D(X_2)+\cdots+D(X_n)=np(1-p).$$

例 3 设随机变量 X 的数学期望和方差分别为 $E(X)$ 和 $D(X)$，且 $D(X)>0$，求 $Y=\dfrac{X-E(X)}{\sqrt{D(X)}}$ 的数学期望和方差.

解 $E(Y)=\dfrac{E[X-E(X)]}{\sqrt{D(X)}}=0,$

$$D(Y)=D\left[\frac{X-E(X)}{\sqrt{D(X)}}\right]=\frac{D[X-E(X)]}{D(X)}=\frac{D(X)}{D(X)}=1.$$

这里，称 $Y=\dfrac{X-E(X)}{\sqrt{D(X)}}$ 为 X 的**标准化随机变量**.

§ 4.3 协方差和相关系数

对于二维随机变量 (X,Y)，除了研究 X,Y 各自的数学期望和方差，还需要研究表征它们相互联系的数字特征. 协方差和相关系数就是描述两个随机变量之间联系的数字特征.

定义 4.3.1 设 (X,Y) 是二维随机变量. 若 $E\{[X-E(X)][Y-E(Y)]\}$ 存在，则称之为随机变量 X 与 Y 的**协方差**，记为 $\mathrm{Cov}(X,Y)$，即

$$\mathrm{Cov}(X,Y)=E\{[X-E(X)][Y-E(Y)]\}. \tag{4.11}$$

由定义 4.3.1,得 $\mathrm{Cov}(X,X)=D(X)$. $\mathrm{Cov}(X,Y)$ 常简记为 σ_{XY},对应地,$D(X)$ 也常记为 σ_{XX}.

随机变量 X 与 Y 的协方差 $\mathrm{Cov}(X,Y)$ 与其方差 $D(X)$,$D(Y)$ 及数学期望 $E(X)$,$E(Y)$ 有如下关系:

(1) $\mathrm{Cov}(X,Y)=E(XY)-E(X)E(Y)$; (4.12)

(2) $D(X\pm Y)=D(X)+D(Y)\pm 2\mathrm{Cov}(X,Y)$. (4.13)

证明 (1) 由定义 4.3.1,得

$$
\begin{aligned}
\mathrm{Cov}(X,Y)&=E\{[X-E(X)][Y-E(Y)]\}\\
&=E[XY-XE(Y)-YE(X)+E(X)E(Y)]\\
&=E(XY)-E[XE(Y)]-E[YE(X)]+E[E(X)E(Y)]\\
&=E(XY)-E(X)E(Y)-E(Y)E(X)+E(X)E(Y)\\
&=E(XY)-E(X)E(Y).
\end{aligned}
$$

(2) 由(4.12)式和方差的性质 3 易得.

我们常常利用(4.12)式计算协方差.

协方差有下述性质.

性质 1 $\mathrm{Cov}(X,Y)=\mathrm{Cov}(Y,X)$.

性质 2 $\mathrm{Cov}(a_1X+b_1,a_2Y+b_2)=a_1a_2\mathrm{Cov}(X,Y)$,其中 a_1,a_2,b_1,b_2 为常数.

性质 3 $\mathrm{Cov}(X_1+X_2,Y)=\mathrm{Cov}(X_1,Y)+\mathrm{Cov}(X_2,Y)$.

性质 4 $|\mathrm{Cov}(X,Y)|^2\leqslant D(X)D(Y)$.

性质 5 若 X 与 Y 相互独立,则 $\mathrm{Cov}(X,Y)=0$.

由协方差的性质可知,若随机变量 X 与 Y 各自增加到原来的 k 倍,这时 X 与 Y 的相互关系没有变化,而反映其相互关系的协方差却增加到原来的 k^2 倍,即

$$\mathrm{Cov}(kX,kY)=k^2\mathrm{Cov}(X,Y).$$

同时,协方差是个有量纲的量.为了克服这一缺点,我们可以对协方差进行标准化.

若 $D(X)>0$,$D(Y)>0$,令 $U=\dfrac{X-E(X)}{\sqrt{D(X)}}$,$V=\dfrac{Y-E(Y)}{\sqrt{D(Y)}}$,这时有 $E(U)=0$,$D(U)=1$,$E(V)=0$,$D(V)=1$,则

$$
\begin{aligned}
\mathrm{Cov}(U,V)&=E(UV)-E(U)E(V)=E(UV)\\
&=E\left[\frac{X-E(X)}{\sqrt{D(X)}}\cdot\frac{Y-E(Y)}{\sqrt{D(Y)}}\right]\\
&=\frac{E\{[X-E(X)][Y-E(Y)]\}}{\sqrt{D(X)}\sqrt{D(Y)}}\\
&=\frac{\mathrm{Cov}(X,Y)}{\sqrt{D(X)}\sqrt{D(Y)}}.
\end{aligned}
$$

于是引出相关系数的概念.

定义 4.3.2　设(X,Y)是二维随机变量. 若$D(X)>0, D(Y)>0$,则称

$$\rho_{XY}=\frac{\operatorname{Cov}(X,Y)}{\sqrt{D(X)}\sqrt{D(Y)}} \tag{4.14}$$

为X与Y的**相关系数**.

由定义 4.3.2 可知,相关系数就是标准化后的协方差.

相关系数具有下述性质.

性质 1　$|\rho_{XY}|\leqslant 1$.

性质 2　$|\rho_{XY}|=1$的充要条件是X和Y以概率1线性相关,即存在常数a,b,且$a\neq 0$,使得

$$P\{Y=aX+b\}=1.$$

证明　由协方差的性质4和相关系数的定义可知性质1成立.

性质2:先证必要性. 设$|\rho_{XY}|=1$,记$D(X)=\sigma_1^2, D(Y)=\sigma_2^2$,其中$\sigma_1>0, \sigma_2>0$. 考虑

$$\begin{aligned} D\left(\frac{X}{\sigma_1}\pm\frac{Y}{\sigma_2}\right)&=D\left(\frac{X}{\sigma_1}\right)+D\left(\frac{Y}{\sigma_2}\right)\pm 2\operatorname{Cov}\left(\frac{X}{\sigma_1},\frac{Y}{\sigma_2}\right)\\ &=\frac{1}{\sigma_1^2}D(X)+\frac{1}{\sigma_2^2}D(Y)\pm\frac{2}{\sigma_1\sigma_2}\operatorname{Cov}(X,Y)\\ &=2\pm 2\rho_{XY}=2(1\pm\rho_{XY}). \end{aligned}$$

当$\rho_{XY}=1$时,有$D\left(\frac{X}{\sigma_1}-\frac{Y}{\sigma_2}\right)=0$. 由方差的性质4可知,存在常数$C$,使得

$$P\left\{\frac{X}{\sigma_1}-\frac{Y}{\sigma_2}=C\right\}=1,$$

即

$$P\{Y=aX+b\}=1,$$

其中$a=\frac{\sigma_2}{\sigma_1}, b=-C\sigma_2$.

同理可证$\rho_{XY}=-1$的情形.

再证充分性. 设$P\{Y=aX+b\}=1, a\neq 0$,则由方差的性质4得

$$D(Y-aX)=0.$$

于是

$$\begin{aligned} D(Y-aX)&=D(Y)+D(aX)-2\operatorname{Cov}(Y,aX)\\ &=D(Y)+a^2D(X)-2a\operatorname{Cov}(Y,X)=0, \end{aligned}$$

即

$$D(Y)+a^2D(X)=2a\operatorname{Cov}(X,Y)=\pm 2a|\operatorname{Cov}(X,Y)|.$$

这里当$\operatorname{Cov}(X,Y)>0$时取"+"号,当$\operatorname{Cov}(X,Y)<0$时取"−"号. 由上式变形,得

$$\left[\sqrt{D(Y)}\mp a\sqrt{D(X)}\right]^2=\pm 2a\left[|\operatorname{Cov}(X,Y)|-\sqrt{D(X)D(Y)}\right],$$

由协方差的性质4知,$|\operatorname{Cov}(X,Y)|-\sqrt{D(X)D(Y)}\leqslant 0$,从而上式右端必可取到小于等于

零的值($a>0$时取“+”号,$a<0$时取“−”号),而上式左端恒大于等于零,从而两边必等于零,由此得

$$|\mathrm{Cov}(X,Y)|=\sqrt{D(X)D(Y)},$$

所以

$$|\rho_{XY}|=1.$$

性质2说明相关系数ρ_{XY}刻画了随机变量X与Y之间的线性相关关系.

定义 4.3.3 若随机变量X与Y的相关系数$\rho_{XY}=0$,则称X与Y**不相关**.

由于$\rho_{XY}=0$表示随机变量X与Y不相关,$|\rho_{XY}|=1$表示X与Y线性相关,因此ρ_{XY}刻画了X与Y之间线性相关的程度.通常,当$\rho_{XY}>0$时称X与Y**正相关**,当$\rho_{XY}<0$时称X与Y**负相关**.

注 对于随机变量X与Y,下列命题是等价的:

(1) $\mathrm{Cov}(X,Y)=0$;

(2) X与Y不相关;

(3) $E(XY)=E(X)E(Y)$;

(4) $D(X\pm Y)=D(X)+D(Y)$.

不相关与相互独立在一般情况下是不等价的.当随机变量X与Y相互独立时,显然它们必不相关,但反过来不一定成立.

定理 4.3.1 **若随机变量X与Y相互独立,则X与Y不相关.**

例1 设二维随机变量(X,Y)服从区域$D=\{(x,y)\mid x^2+y^2\leqslant 1\}$上的二维均匀分布,求$\mathrm{Cov}(X,Y)$和$\rho_{XY}$,并且讨论$X$与$Y$的独立性.

解 D是以原点为圆心、1为半径的圆域,其面积等于π,故二维随机变量(X,Y)的联合概率密度为

$$f(x,y)=\begin{cases}\dfrac{1}{\pi}, & x^2+y^2\leqslant 1,\\ 0, & \text{其他}.\end{cases}$$

于是

$$\begin{aligned}E(X)&=\iint\limits_D xf(x,y)\mathrm{d}x\,\mathrm{d}y=\frac{1}{\pi}\iint\limits_{x^2+y^2\leqslant 1}x\,\mathrm{d}x\,\mathrm{d}y\\&=\frac{1}{\pi}\int_0^{2\pi}\int_0^1 r\cos\theta\cdot r\,\mathrm{d}r\,\mathrm{d}\theta=\frac{1}{\pi}\int_0^{2\pi}\cos\theta\,\mathrm{d}\theta\int_0^1 r^2\,\mathrm{d}r=0.\end{aligned}$$

同理可得$E(Y)=0$.故

$$\begin{aligned}\mathrm{Cov}(X,Y)&=\iint\limits_D[x-E(X)][y-E(Y)]f(x,y)\mathrm{d}x\,\mathrm{d}y\\&=\frac{1}{\pi}\iint\limits_{x^2+y^2\leqslant 1}xy\,\mathrm{d}x\,\mathrm{d}y=\frac{1}{\pi}\int_0^{2\pi}\int_0^1 r^2\sin\theta\cos\theta\cdot r\,\mathrm{d}r\,\mathrm{d}\theta\\&=\frac{1}{\pi}\int_0^{2\pi}\sin\theta\cos\theta\,\mathrm{d}\theta\int_0^1 r^3\,\mathrm{d}r=0,\end{aligned}$$

由此得 $\rho_{XY}=0$.

又当 $|x|\leqslant 1$ 时，有

$$f_X(x)=\int_{-\sqrt{1-x^2}}^{\sqrt{1-x^2}}\frac{1}{\pi}\mathrm{d}y=\frac{2}{\pi}\sqrt{1-x^2},$$

当 $|y|\leqslant 1$ 时，有

$$f_Y(y)=\int_{-\sqrt{1-y^2}}^{\sqrt{1-y^2}}\frac{1}{\pi}\mathrm{d}x=\frac{2}{\pi}\sqrt{1-y^2},$$

显然

$$f_X(x)f_Y(y)\neq f(x,y),$$

故 X 与 Y 不是相互独立的.

注 例 1 说明 $\rho_{XY}=0$ 不是随机变量 X 与 Y 相互独立的充分条件.

例 2 设二维随机变量 (X,Y) 服从二维正态分布 $N(\mu_1,\mu_2,\sigma_1^2,\sigma_2^2,\rho)$，求 $\mathrm{Cov}(X,Y)$ 和 ρ_{XY}.

解 由 §3.3 例 5 知，$X\sim N(\mu_1,\sigma_1^2)$，$Y\sim N(\mu_2,\sigma_2^2)$，因此 $E(X)=\mu_1$，$D(X)=\sigma_1^2$，$E(Y)=\mu_2$，$D(Y)=\sigma_2^2$. 令 $\mu=\dfrac{x-\mu_1}{\sigma_1}$，$\upsilon=\dfrac{y-\mu_2}{\sigma_2}$，则

$$\begin{aligned}
\mathrm{Cov}(X,Y)&=\int_{-\infty}^{+\infty}\int_{-\infty}^{+\infty}[x-E(X)][y-E(Y)]f(x,y)\mathrm{d}x\mathrm{d}y\\
&=\frac{1}{2\pi\sigma_1\sigma_2\sqrt{1-\rho^2}}\int_{-\infty}^{+\infty}\int_{-\infty}^{+\infty}(x-\mu_1)(y-\mu_2)\times \mathrm{e}^{-\frac{1}{2(1-\rho^2)}\left[\frac{(x-\mu_1)^2}{\sigma_1^2}-2\rho\frac{(x-\mu_1)(y-\mu_2)}{\sigma_1\sigma_2}+\frac{(y-\mu_2)^2}{\sigma_2^2}\right]}\mathrm{d}x\mathrm{d}y\\
&=\frac{\sigma_1\sigma_2}{2\pi\sqrt{1-\rho^2}}\int_{-\infty}^{+\infty}\int_{-\infty}^{+\infty}\mu\upsilon\,\mathrm{e}^{-\frac{1}{2(1-\rho^2)}(\mu^2-2\rho\mu\upsilon+\upsilon^2)}\mathrm{d}\mu\mathrm{d}\upsilon\\
&=\frac{\sigma_1\sigma_2}{2\pi\sqrt{1-\rho^2}}\int_{-\infty}^{+\infty}\left\{\int_{-\infty}^{+\infty}\mu\upsilon\,\mathrm{e}^{-\frac{1}{2(1-\rho^2)}[(\mu-\rho\upsilon)^2+(1-\rho^2)\upsilon^2]}\mathrm{d}\mu\right\}\mathrm{d}\upsilon\\
&=\frac{\sigma_1\sigma_2}{\sqrt{2\pi}}\int_{-\infty}^{+\infty}\left[\upsilon\,\mathrm{e}^{-\frac{1}{2}\upsilon^2}\cdot\frac{1}{\sqrt{2\pi}\sqrt{1-\rho^2}}\int_{-\infty}^{+\infty}\mu\,\mathrm{e}^{-\frac{1}{2(1-\rho^2)}(\mu-\rho\upsilon)^2}\mathrm{d}\mu\right]\mathrm{d}\upsilon\\
&=\frac{\sigma_1\sigma_2}{\sqrt{2\pi}}\int_{-\infty}^{+\infty}\rho\upsilon^2\mathrm{e}^{-\frac{1}{2}\upsilon^2}\mathrm{d}\upsilon=\sigma_1\sigma_2\rho.
\end{aligned}$$

注意上面计算过程中的最后两步是通过如下方式得到的：由于积分

$$\frac{1}{\sqrt{2\pi}\sqrt{1-\rho^2}}\int_{-\infty}^{+\infty}\mu\,\mathrm{e}^{-\frac{1}{2(1-\rho^2)}(\mu-\rho\upsilon)^2}\mathrm{d}\mu$$

是正态分布 $N(\rho\upsilon,1-\rho^2)$ 的数学期望，因此它的值等于 $\rho\upsilon$. 又设随机变量 $X_1\sim N(0,1)$，则积分

$$\frac{1}{\sqrt{2\pi}}\int_{-\infty}^{+\infty}\upsilon^2\mathrm{e}^{-\frac{1}{2}\upsilon^2}\mathrm{d}\upsilon=E(X_1^2)=D(X_1)+E^2(X_1)=1.$$

综上，由定义 4.3.2，得

$$\rho_{XY}=\frac{\mathrm{Cov}(X,Y)}{\sqrt{D(X)}\sqrt{D(Y)}}=\frac{\sigma_1\sigma_2\rho}{\sigma_1\sigma_2}=\rho.$$

由上式可知，二维正态分布中的第五个参数 ρ 正是随机变量 X 与 Y 的相关系数 ρ_{XY}.

对于二维正态分布，$\rho=0$ 是随机变量 X 与 Y 相互独立的充要条件，而 $\rho=0$ 和 $\mathrm{Cov}(X,Y)=0$ 是等价的，所以 $\mathrm{Cov}(X,Y)=0$ 也是 X 与 Y 相互独立的充要条件. 因此，对二维正态随机变量 (X,Y) 来说，X 与 Y 不相关和 X 与 Y 相互独立是等价的.

例 3 设二维随机变量 (X,Y) 的联合概率密度为

$$f(x,y)=\begin{cases}\dfrac{8}{3}, & 0<x-y<\dfrac{1}{2},0<x<1,0<y<1,\\ 0, & \text{其他},\end{cases}$$

求 X 与 Y 的相关系数.

解 由

$$E(X)=\int_0^{\frac{1}{2}}\mathrm{d}x\int_0^x\frac{8}{3}x\,\mathrm{d}y+\int_{\frac{1}{2}}^1\mathrm{d}x\int_{x-\frac{1}{2}}^x\frac{8}{3}x\,\mathrm{d}y=\frac{11}{18},$$

$$E(Y)=\int_0^{\frac{1}{2}}\mathrm{d}x\int_0^x\frac{8}{3}y\,\mathrm{d}y+\int_{\frac{1}{2}}^1\mathrm{d}x\int_{x-\frac{1}{2}}^x\frac{8}{3}y\,\mathrm{d}y=\frac{7}{18},$$

$$E(XY)=\int_0^{\frac{1}{2}}\mathrm{d}x\int_0^x\frac{8}{3}xy\,\mathrm{d}y+\int_{\frac{1}{2}}^1\mathrm{d}x\int_{x-\frac{1}{2}}^x\frac{8}{3}xy\,\mathrm{d}y=\frac{41}{144},$$

$$E(X^2)=\int_0^{\frac{1}{2}}\mathrm{d}x\int_0^x\frac{8}{3}x^2\mathrm{d}y+\int_{\frac{1}{2}}^1\mathrm{d}x\int_{x-\frac{1}{2}}^x\frac{8}{3}x^2\mathrm{d}y=\frac{31}{72},$$

$$E(Y^2)=\int_0^{\frac{1}{2}}\mathrm{d}x\int_0^x\frac{8}{3}y^2\mathrm{d}y+\int_{\frac{1}{2}}^1\mathrm{d}x\int_{x-\frac{1}{2}}^x\frac{8}{3}y^2\mathrm{d}y=\frac{5}{24},$$

得

$$D(X)=E(X^2)-E^2(X)\approx 0.057\,1,\quad D(Y)=E(Y^2)-E^2(Y)\approx 0.057\,1,$$
$$\mathrm{Cov}(X,Y)=E(XY)-E(X)E(Y)\approx 0.047\,1.$$

故

$$\rho_{XY}=\frac{\mathrm{Cov}(X,Y)}{\sqrt{D(X)}\sqrt{D(Y)}}\approx 0.824\,9.$$

我们知道 $|\rho_{XY}|\leqslant 1$，本例中 $\rho_{XY}\approx 0.824\,9$ 表明了随机变量 X 与 Y 的线性相关程度较高，而 $\mathrm{Cov}(X,Y)\approx 0.047\,1$ 似乎显示 X 与 Y 的线性相关程度较弱. 但这是一种错觉，这种反差的原因在于没有考虑标准差. 事实上，单纯根据协方差的大小无法确定随机变量间的线性相关程度，但相关系数却能很好地反映随机变量间的线性相关程度.

例 4 设二维离散型随机变量 (X,Y) 的联合分布律如表 4-11 所示，试判断 X 与 Y 的相关性.

表 4-11

X	Y		$p_{i\cdot}$
	1	4	
-2	0	$\frac{1}{4}$	$\frac{1}{4}$
-1	$\frac{1}{4}$	0	$\frac{1}{4}$
1	$\frac{1}{4}$	0	$\frac{1}{4}$
2	0	$\frac{1}{4}$	$\frac{1}{4}$
$p_{\cdot j}$	$\frac{1}{2}$	$\frac{1}{2}$	1

解　因为

$$E(X)=-2\times\frac{1}{4}+(-1)\times\frac{1}{4}+1\times\frac{1}{4}+2\times\frac{1}{4}=0,$$

$$E(Y)=1\times\frac{1}{2}+4\times\frac{1}{2}=\frac{5}{2},$$

$$\begin{aligned}E(XY)=&-2\times1\times0+(-1)\times1\times\frac{1}{4}+1\times1\times\frac{1}{4}+2\times1\times0\\&+(-2)\times4\times\frac{1}{4}+(-1)\times4\times0+1\times4\times0+2\times4\times\frac{1}{4}\\=&0,\end{aligned}$$

所以 $\mathrm{Cov}(X,Y)=E(XY)-E(X)E(Y)=0$,从而 $\rho_{XY}=0$,即 X 与 Y 不相关.

§4.4　矩和协方差矩阵

定义 4.4.1　设 X 和 Y 是两个随机变量.若

$$E(X^k),\quad k=1,2,\cdots \tag{4.15}$$

存在,则称它为 X 的 k **阶原点矩**.

若

$$E\{[X-E(X)]^k\},\quad k=1,2,\cdots \tag{4.16}$$

存在,则称它为 X 的 k **阶中心矩**.

若

$$E(X^kY^l),\quad k,l=1,2,\cdots \tag{4.17}$$

存在,则称它为 X 和 Y 的 $k+l$ **阶混合矩**.

若

$$E\{[X-E(X)]^k[Y-E(Y)]^l\}, \quad k,l=1,2,\cdots \tag{4.18}$$

存在,则称它为 X 和 Y 的 $k+l$ **阶混合中心矩**.

显然,数学期望 $E(X)$,$E(Y)$ 是一阶原点矩,方差 $D(X)$,$D(Y)$ 是二阶中心矩,协方差 $\mathrm{Cov}(X,Y)$ 是二阶混合中心矩.

定义 4.4.2 设 n 维随机变量$(X_1,X_2,\cdots,X_n)$的二阶中心矩及二阶混合中心矩

$$\sigma_{ij}=\mathrm{Cov}(X_i,Y_j), \quad i,j=1,2,\cdots,n$$

都存在,则称矩阵

$$\boldsymbol{\Sigma}=\begin{pmatrix}\sigma_{11} & \sigma_{12} & \cdots & \sigma_{1n}\\ \sigma_{21} & \sigma_{22} & \cdots & \sigma_{2n}\\ \vdots & \vdots & & \vdots\\ \sigma_{n1} & \sigma_{n2} & \cdots & \sigma_{nn}\end{pmatrix}$$

为 n 维随机变量$(X_1,X_2,\cdots,X_n)$的**协方差矩阵**.

协方差矩阵具有下列性质.

性质 1 $\boldsymbol{\Sigma}$ 是对称矩阵.

性质 2 $\sigma_{ii}=D(X_i)$, $i=1,2,\cdots,n$.

性质 3 $\sigma_{ij}^2\leqslant\sigma_{ii}\sigma_{jj}$, $i,j=1,2,\cdots,n$.

性质 4 $\boldsymbol{\Sigma}$ 是半正定矩阵,即对任意的 n 维向量 $\boldsymbol{\alpha}=(\alpha_1,\alpha_2,\cdots,\alpha_n)^{\mathrm{T}}$,都有

$$\boldsymbol{\alpha}^{\mathrm{T}}\boldsymbol{\Sigma}\boldsymbol{\alpha}\geqslant 0.$$

证明 由定义 4.4.2 和协方差的性质,可立即得到性质 1 ~ 3.

下面证明性质 4. 记 $E(X_i)=\mu_i$, $i=1,2,\cdots,n$. 于是

$$\begin{aligned}\boldsymbol{\alpha}^{\mathrm{T}}\boldsymbol{\Sigma}\boldsymbol{\alpha}&=\sum_{i=1}^{n}\sum_{j=1}^{n}\sigma_{ij}\alpha_i\alpha_j=\sum_{i=1}^{n}\sum_{j=1}^{n}\alpha_i\alpha_jE[(X_i-\mu_i)(X_j-\mu_j)]\\&=\sum_{i=1}^{n}\sum_{j=1}^{n}E[(\alpha_iX_i-\alpha_i\mu_i)(\alpha_jX_j-\alpha_j\mu_j)]\\&=E\left[\sum_{i=1}^{n}\sum_{j=1}^{n}(\alpha_iX_i-\alpha_i\mu_i)(\alpha_jX_j-\alpha_j\mu_j)\right]\\&=E\left[\sum_{i=1}^{n}(\alpha_iX_i-\alpha_i\mu_i)\cdot\sum_{j=1}^{n}(\alpha_jX_j-\alpha_j\mu_j)\right]\\&=E\left\{\left[\sum_{i=1}^{n}(\alpha_iX_i-\alpha_i\mu_i)\right]^2\right\}\\&=E\left\{\left[\sum_{i=1}^{n}\alpha_iX_i-E\left(\sum_{i=1}^{n}\alpha_iX_i\right)\right]^2\right\}\\&=D\left(\sum_{i=1}^{n}\alpha_iX_i\right)\geqslant 0.\end{aligned}$$

在所有的 n 维随机变量中,最重要的是 n 维正态随机变量. 下面引入其矩阵表示. 设

$$\boldsymbol{x}=\begin{pmatrix}x_1\\x_2\\\vdots\\x_n\end{pmatrix},\quad \boldsymbol{\mu}=\begin{pmatrix}\mu_1\\\mu_2\\\vdots\\\mu_n\end{pmatrix},\quad \boldsymbol{\Sigma}=\begin{pmatrix}\sigma_{11}&\sigma_{12}&\cdots&\sigma_{1n}\\\sigma_{21}&\sigma_{22}&\cdots&\sigma_{2n}\\\vdots&\vdots&&\vdots\\\sigma_{n1}&\sigma_{n2}&\cdots&\sigma_{nn}\end{pmatrix},$$

其中 $\boldsymbol{\mu}$ 是 n 维常向量，$\boldsymbol{\Sigma}$ 是 n 阶对称正定矩阵，则称以

$$f(x_1,x_2,\cdots,x_n)=\frac{1}{(2\pi)^{n/2}|\boldsymbol{\Sigma}|^{1/2}}\mathrm{e}^{-\frac{1}{2}(\boldsymbol{x}-\boldsymbol{\mu})^{\mathrm{T}}\boldsymbol{\Sigma}^{-1}(\boldsymbol{x}-\boldsymbol{\mu})}$$

为联合概率密度的 n 维随机变量 $(X_1,X_2,\cdots,X_n)$ 为 n **维正态随机变量**，记为

$$(X_1,X_2,\cdots,X_n)\sim N(\boldsymbol{\mu},\boldsymbol{\Sigma}).$$

n 维正态随机变量具有以下几个重要性质.

性质 1　n 维正态随机变量 $(X_1,X_2,\cdots,X_n)$ 的每个分量 $X_i\,(i=1,2,\cdots,n)$ 都是正态随机变量；反之，若 $X_i\,(i=1,2,\cdots,n)$ 都是正态随机变量且相互独立，则 $(X_1,X_2,\cdots,X_n)$ 是 n 维正态随机变量.

性质 2　n 维随机变量 $(X_1,X_2,\cdots,X_n)$ 服从 n 维正态分布的充要条件是 $X_1,X_2,\cdots,X_n$ 的任意非零线性组合 $l_1X_1+l_2X_2+\cdots+l_nX_n$ 均服从一维正态分布，其中 $l_1,l_2,\cdots,l_n$ 不全为零.

性质 3　设 n 维随机变量 $(X_1,X_2,\cdots,X_n)$ 服从 n 维正态分布，$Y_1,Y_2,\cdots,Y_k$ 是 $X_i\,(i=1,2,\cdots,n)$ 的线性函数，则 $(Y_1,Y_2,\cdots,Y_k)$ 也服从多维正态分布.

性质 4　设 n 维随机变量 $(X_1,X_2,\cdots,X_n)$ 服从 n 维正态分布，则 $X_1,X_2,\cdots,X_n$ 相互独立等价于 $X_1,X_2,\cdots,X_n$ 两两不相关.

习　题　四

数学家简介
切比雪夫

1. 一袋中有 5 个球，编号分别为 1,2,3,4,5. 现从中任意抽取 3 个球，用 X 表示取出的 3 个球中的最大编号，求 $E(X)$.

2. 一批零件中有 9 件合格品与 3 件次品. 安装机器时从这批零件中任取 1 件，若取出的是次品则不再放回，求在取到合格品以前已取出的次品数的数学期望.

3. 某射击比赛规定，每人射击 4 次，4 次全未命中得 0 分，只命中一次得 15 分，命中 2 次得 30 分，命中 3 次得 55 分，命中 4 次得 100 分. 已知某人每次射击的命中率均为 0.6，问：此人期望能得多少分？

4. 某保险公司的车辆保险章程规定：如在一年内某车辆发生事故，则保险公司一次性赔

偿现金 10 000 元. 设每辆车在一年内发生事故的概率为 p,为使保险公司的收益的期望值等于 1 000 元,问:应要求被保险人交纳多少保险金?

5. 设某学生从学校乘汽车到火车站,途中有 3 个交通岗,在各个交通岗遇到红灯是相互独立的,其概率均为 0.4,求该学生途中遇到红灯次数的数学期望.

6. 设随机变量 X 的分布律为

$$P\left\{X=(-1)^{k+1}\frac{3^k}{k}\right\}=\frac{2}{3^k},\quad k=1,2,\cdots,$$

说明 X 的数学期望不存在.

7. 设随机变量 X 的概率密度为

$$f(x)=\begin{cases}2(1-x), & 0<x<1,\\ 0, & \text{其他},\end{cases}$$

求 $E(X)$.

8. 设随机变量 X 的概率密度为

$$f(x)=\begin{cases}ax, & 0<x<2,\\ cx+b, & 2\leqslant x\leqslant 4,\\ 0, & \text{其他},\end{cases}$$

且已知 $E(X)=2$,$P\{1<X<3\}=\dfrac{3}{4}$,求:

(1) 常数 a,b,c 的值;

(2) 随机变量 $Y=\mathrm{e}^X$ 的数学期望与方差.

9. 设随机变量 X 的分布律如表 4-12 所示,试求:(1) $E(X)$;(2) $E(X^2)$;(3) $E(4X^2+6)$.

表 4-12

X	-2	0	1	2
P	0.3	0.2	0.4	0.1

10. 设连续型随机变量 X 的分布函数为

$$F(x)=\begin{cases}0, & x<-1,\\ a+b\arcsin x, & -1\leqslant x\leqslant 1,\\ 1, & x>1,\end{cases}$$

试确定常数 a,b 的值,并求 $E(X)$,$D(X)$.

11. 设随机变量 X 的概率密度为

$$f(x)=\begin{cases}\mathrm{e}^{-x}, & x\geqslant 0,\\ 0, & x<0,\end{cases}$$

求 $E(2X)$,$E(\mathrm{e}^{-2X})$.

12. 设二维随机变量 (X,Y) 的联合分布律如表 4-13 所示,求:(1) $E(X)$,$E(Y)$;(2) $E\left(\dfrac{Y}{X}\right)$;(3) $E[(X-Y)^2]$.

表 4-13

Y	X		
	1	2	3
−1	0.2	0.1	0
0	0.1	0	0.3
1	0.1	0.1	0.1

13. 设二维随机变量(X,Y)的联合概率密度为

$$f(x,y)=\begin{cases}\frac{1}{8}, & 1\leqslant x\leqslant 5,1\leqslant y\leqslant x,\\ 0, & \text{其他},\end{cases}$$

试求$E(XY^2),E(X),E(Y)$.

14. 设随机变量X,Y的概率密度分别为

$$f_X(x)=\begin{cases}2e^{-2x}, & x\geqslant 0,\\ 0, & x<0,\end{cases}\quad f_Y(y)=\begin{cases}4e^{-4y}, & y\geqslant 0,\\ 0, & y<0,\end{cases}$$

试求$E(X+Y),E(2X-3Y^2)$.

15. 设随机变量X的概率密度为

$$f(x)=\begin{cases}\frac{1}{4}xe^{-\frac{x}{2}}, & x>0,\\ 0, & x\leqslant 0,\end{cases}$$

求$E(X),D(X)$.

16. 设随机变量X的概率密度为

$$f(x)=\begin{cases}2x, & 0\leqslant x\leqslant 1,\\ 0, & \text{其他},\end{cases}$$

求$E(X),D(X)$.

17. 设随机变量X的概率密度为

$$f(x)=\frac{1}{2}e^{-|x|},\quad -\infty<x<+\infty,$$

求$E(X),D(X)$.

18. 设随机变量X服从贝塔分布,其概率密度为

$$f(x)=\begin{cases}\frac{\Gamma(\alpha+\beta)}{\Gamma(\alpha)\Gamma(\beta)}x^{\alpha-1}(1-x)^{\beta-1}, & 0<x<1,\\ 0, & \text{其他},\end{cases}$$

其中$\alpha>0,\beta>0$为常数,求$E(X),D(X)$.

19. 设X为一个随机变量,$c\neq E(X)$为常数,证明:$D(X)>E[(X-c)^2]$.

20. 设二维随机变量(X,Y)的联合概率密度为

$$f(x,y)=\begin{cases}12y^2, & 0\leqslant y\leqslant x\leqslant 1,\\ 0, & \text{其他},\end{cases}$$

试求$E(XY),E(X^2+Y^2),E(X),E(Y)$.

21. 设随机变量 X 与 Y 相互独立，其概率密度分别为

$$f_X(x)=\begin{cases}2x, & 0\leqslant x\leqslant 1,\\ 0, & \text{其他},\end{cases}\qquad f_Y(y)=\begin{cases}e^{5-y}, & y>5,\\ 0, & y\leqslant 5,\end{cases}$$

试求 $E(XY)$.

22. 设某长方形的高(单位：m)$X\sim U(0,2)$，已知该长方形的周长为 20 m，求该长方形的面积 A 的数学期望和方差.

23. 游客可以乘电梯从电视塔底层到顶层进行观光，而电梯于每个整点的第 5 分钟、第 25 分钟和第 55 分钟从底层开始运行. 设某游客在早上八点的第 X 分钟到达底层候梯处，且 $X\sim U(0,60)$，求该游客等候时间的数学期望.

24. 有 m 个乘客在一楼同时进入电梯，已知这栋楼共有 n 层，且每个乘客在任何一层楼走出电梯的概率均相同. 试求直到电梯中的乘客全部走出电梯为止时，电梯需停次数的数学期望.

25. (1) 设随机变量 $X_1,X_2,\cdots,X_n$ 相互独立且同分布，均值均为 μ，方差均为 σ^2. 令 $Y=\dfrac{1}{n}(X_1+X_2+\cdots+X_n)$，求 $E(Y)$，$D(Y)$.

(2) 设随机变量 X 与 Y 相互独立，且 $X\sim N(720,\ 30^2)$，$Y\sim N(640,\ 25^2)$，求 $Z_1=2X+Y$，$Z_2=X-Y$ 的分布，并求 $P\{X>Y\}$，$P\{X+Y>1\,400\}$.

26. 设二维随机变量 (X,Y) 的联合分布律如表 4-14 所示，试验证 X 与 Y 是不相关的，但是 X 与 Y 不是相互独立的.

表 4-14

Y	X		
	-1	0	1
-1	$\frac{1}{8}$	$\frac{1}{8}$	$\frac{1}{8}$
0	$\frac{1}{8}$	0	$\frac{1}{8}$
1	$\frac{1}{8}$	$\frac{1}{8}$	$\frac{1}{8}$

27. 设 A 和 B 是试验 E 的两个事件，且 $P(A)>0$，$P(B)>0$. 引入随机变量

$$X=\begin{cases}1, & \text{事件 } A \text{ 发生},\\ 0, & \text{事件 } A \text{ 不发生},\end{cases}\qquad Y=\begin{cases}1, & \text{事件 } B \text{ 发生},\\ 0, & \text{事件 } B \text{ 不发生},\end{cases}$$

证明：若 $\rho_{XY}=0$，则 X 与 Y 必定相互独立.

28. 设二维随机变量 (X,Y) 的联合概率密度为

$$f(x,y)=\begin{cases}\dfrac{1}{8}(x+y), & 0\leqslant x\leqslant 2,0\leqslant y\leqslant 2,\\ 0, & \text{其他},\end{cases}$$

求 ρ_{XY}.

29. 设二维随机变量 (X,Y) 的联合概率密度为

$$f(x,y)=\begin{cases}e^{-(x+y)}, & x>2,y>0,\\ 0, & \text{其他},\end{cases}$$

求 $\mathrm{Cov}(X,Y)$ 和 ρ_{XY}.

30. 设随机变量 X 与 Y 相互独立,且都服从正态分布 $N(0,\sigma^2)$. 令 $U=aX+bY,V=aX-bY$(a,b 均为非零常数),试求 U 与 V 的相关系数.

31. 设随机变量 $X\sim N(0,1)$,$Y=a+bX+cX^2$(a,b,c 为常数,b,c 不全为零),试证明:X 与 Y 的相关系数为 $\rho_{XY}=\dfrac{b}{\sqrt{b^2+2c^2}}$.

32. 设 X,Y,Z 为三个随机变量,且 $E(X)=E(Y)=1,E(Z)=-1,D(X)=D(Y)=D(Z)=1,\rho_{XY}=0,\rho_{XZ}=\dfrac{1}{2},\rho_{YZ}=-\dfrac{1}{2}$,求 $E(X+Y+Z),D(X+Y+Z)$.

33. 对于随机变量 X,Y,若 $E(X^2),E(Y^2)$ 存在,证明柯西-施瓦茨(Cauchy-Schwarz)不等式:$E^2(XY)\leqslant E(X^2)E(Y^2)$.

第五章

大数定律与中心极限定理

概率论与数理统计是研究随机现象统计规律性的学科，而随机现象的统计规律性是在相同条件下进行大量重复试验时呈现出来的. 例如，在概率的统计定义中提到一事件发生的频率具有稳定性，即事件发生的频率趋于事件发生的概率，其所指的是：当试验的次数无限增大时，事件发生的频率在某种意义下逼近某定数(事件发生的概率). 这就是最早的一个大数定律. 本章首先介绍基本的大数定律，然后介绍中心极限定理.

§5.1　大数定律

在引入大数定律之前，我们先来介绍一个重要的不等式 —— 切比雪夫(Chebyshev) 不等式.

一、切比雪夫不等式

定理 5.1.1 (切比雪夫不等式)　设随机变量 X 的数学期望 $E(X)$ 与方差 $D(X)$ 均存在，则对于任意的 $\varepsilon>0$，有

$$P\{|X-E(X)|\geqslant\varepsilon\}\leqslant\frac{D(X)}{\varepsilon^2}. \tag{5.1}$$

证明　这里仅对 X 是连续型随机变量的情形给出证明. 设随机变量 X 的概率密度为 $f(x)$，则对于任意的 $\varepsilon>0$，有

$$\begin{aligned}P\{|X-E(X)|\geqslant\varepsilon\}&=\int_{|x-E(X)|\geqslant\varepsilon}f(x)\mathrm{d}x\\&\leqslant\int_{|x-E(X)|\geqslant\varepsilon}\frac{[x-E(X)]^2}{\varepsilon^2}f(x)\mathrm{d}x\\&\leqslant\frac{1}{\varepsilon^2}\int_{-\infty}^{+\infty}[x-E(X)]^2f(x)\mathrm{d}x=\frac{D(X)}{\varepsilon^2}.\end{aligned}$$

切比雪夫不等式还有另一种形式：

$$P\{|X-E(X)|<\varepsilon\}\geqslant1-\frac{D(X)}{\varepsilon^2}. \tag{5.2}$$

切比雪夫不等式给出了在随机变量 X 的分布未知的情况下，对概率 $P\{|X-E(X)|\geqslant\varepsilon\}$ (或 $P\{|X-E(X)|<\varepsilon\}$) 的一种估计，但是这种估计是比较粗略的. 例如，设随机变量 $X\sim N(\mu,\sigma^2)$，由切比雪夫不等式，得

$$P\{|X-\mu|<3\sigma\}\geqslant1-\frac{\sigma^2}{9\sigma^2}=\frac{8}{9}\approx0.888\,9,$$

而实际上由第二章的知识，我们知道

$$P\{|X-\mu|<3\sigma\}=0.997\,3.$$

由此可知，切比雪夫不等式虽然可用来估计概率，但估计的精度不够.

例 1　某电站供电网络为 10 000 盏电灯提供电力. 在夜晚，每盏电灯被打开的概率是 0.7，并且假设每盏电灯的开灯时间是相互独立的，试估计在任何给定的夜晚，同时打开的电灯数量在 6 800 ~ 7 200 盏之间的概率.

解　设 X 表示在夜晚同时打开的电灯数量，则它服从参数为 $n=10\,000$，$p=0.7$ 的二项分布，故

$$E(X)=np=10\,000\times0.7=7\,000,$$
$$D(X)=np(1-p)=10\,000\times0.7\times0.3=2\,100.$$

由切比雪夫不等式，估计所求概率为

$$P\{6\ 800<X<7\ 200\}=P\{|X-7\ 000|<200\}\geqslant 1-\frac{2\ 100}{200^2}\approx 0.95.$$

例 2 设随机变量 $X\sim\pi(2)$，$Y\sim e(2)$，且 X 与 Y 的相关系数 $\rho_{XY}=\frac{1}{3}$，试估计概率 $P\{|X-Y|>5\}$.

解 令 $Z=X-Y$，则

$$\begin{aligned}E(Z)&=E(X)-E(Y)=2-2=0,\\ D(Z)&=D(X)+D(Y)-2\mathrm{Cov}(X,Y)\\ &=D(X)+D(Y)-2\rho_{XY}\sqrt{D(X)}\sqrt{D(Y)}\\ &=2+4-2\times\frac{1}{3}\times\sqrt{2}\times\sqrt{4}=6-\frac{4}{3}\sqrt{2}.\end{aligned}$$

所以由切比雪夫不等式，可得

$$P\{|X-Y|>5\}\leqslant\frac{6-\frac{4}{3}\sqrt{2}}{5^2}\approx 0.16.$$

二、大数定律

定义 5.1.1 若对于任意的 $n>1$，随机变量 $X_1,X_2,\cdots,X_n$ 相互独立，则称**随机变量序列 $X_1,X_2,\cdots,X_n,\cdots$ 相互独立**. 又若所有的 $X_i(i=1,2,\cdots)$ 有相同的分布，则称 **$X_1,X_2,\cdots,X_n,\cdots$ 是独立同分布的随机变量序列**.

定理 5.1.2 ［辛钦(Khinchine)大数定律］ **设 $X_1,X_2,\cdots,X_n,\cdots$ 是独立同分布的随机变量序列，且具有相同的数学期望 $E(X_k)=\mu(k=1,2,\cdots)$. 做前 n 个随机变量的算术平均值 $\frac{1}{n}\sum\limits_{k=1}^{n}X_k$，则对于任意的 $\varepsilon>0$，有**

$$\lim_{n\to\infty}P\left\{\left|\frac{1}{n}\sum_{k=1}^{n}X_k-\mu\right|<\varepsilon\right\}=1. \tag{5.3}$$

定理 5.1.2 又称为**弱大数定律**.

证明 我们只在随机变量 $X_k(k=1,2,\cdots)$ 的方差 $D(X_k)$ 存在的条件下给出证明. 记 $D(X_k)=\sigma^2(k=1,2,\cdots)$. 因为

$$E\left(\frac{1}{n}\sum_{k=1}^{n}X_k\right)=\frac{1}{n}\sum_{k=1}^{n}E(X_k)=\frac{1}{n}n\mu=\mu,$$

又由独立性，得

$$D\left(\frac{1}{n}\sum_{k=1}^{n}X_k\right)=\frac{1}{n^2}\sum_{k=1}^{n}D(X_k)=\frac{1}{n^2}n\sigma^2=\frac{\sigma^2}{n},$$

所以由切比雪夫不等式，得

$$1\geqslant P\left\{\left|\frac{1}{n}\sum_{k=1}^{n}X_k-\mu\right|<\varepsilon\right\}\geqslant 1-\frac{\sigma^2}{n\varepsilon^2}.$$

在上式中令 $n\to\infty$，即得

$$\lim_{n\to\infty}P\left\{\left|\frac{1}{n}\sum_{k=1}^{n}X_k-\mu\right|<\varepsilon\right\}=1.$$

注　(5.3) 式表明，对于任意的 $\varepsilon>0$，当 n 很大时，事件 $\left\{\left|\frac{1}{n}\sum_{k=1}^{n}X_k-\mu\right|<\varepsilon\right\}$ 发生的概率很大，即从概率意义上指出了当 n 很大时，随机变量的算术平均值逼近其数学期望的确切含义.

定义 5.1.2　设 $X_1,X_2,\cdots,X_n,\cdots$ 是一个随机变量序列，a 是一个常数. 若对于任意的 $\varepsilon>0$，有

$$\lim_{n\to\infty}P\{|X_n-a|<\varepsilon\}=1,$$

则称随机变量序列 $X_1,X_2,\cdots,X_n,\cdots$ **依概率收敛于** a，记为

$$X_n\xrightarrow{P}a.$$

依概率收敛的随机变量序列具有如下性质：设 $X_n\xrightarrow{P}a$，$Y_n\xrightarrow{P}b$，函数 $g(x,y)$ 在点 (a,b) 处连续，则

$$g(X_n,Y_n)\xrightarrow{P}g(a,b).$$

以上性质可推广到多个随机变量的情形.

根据定义 5.1.2，辛钦大数定律又可以叙述如下.

定理 5.1.2′　**(辛钦大数定律)**　**设 $X_1,X_2,\cdots,X_n,\cdots$ 是独立同分布的随机变量序列，且具有相同的数学期望 $E(X_k)=\mu\ (k=1,2,\cdots)$. 做前 n 个随机变量的算术平均值 $\overline{X}=\frac{1}{n}\sum_{k=1}^{n}X_k$，则 $\overline{X}$ 依概率收敛于 μ，即有 $\overline{X}\xrightarrow{P}\mu$.**

例 3　设随机变量序列 $X_1,X_2,\cdots,X_n,\cdots$ 相互独立，且均服从参数为 λ 的泊松分布，问：当 $n\to\infty$ 时，随机变量序列 $\left\{\frac{1}{n}\sum_{i=1}^{n}X_i^2\right\}$ 依概率收敛于何值？

解　记 $Y_i=X_i^2\ (i=1,2,\cdots)$. 因为随机变量序列 $X_1,X_2,\cdots,X_n,\cdots$ 独立同分布，所以 $Y_1,Y_2,\cdots,Y_n,\cdots$ 也独立同分布，且 $E(Y_i)=E(X_i^2)=E^2(X_i)+D(X_i)=\lambda^2+\lambda\ (i=1,2,\cdots)$. 由辛钦大数定律知，$\left\{\frac{1}{n}\sum_{i=1}^{n}Y_i\right\}$ 依概率收敛于 $E(Y_i)=\lambda^2+\lambda$.

下面介绍辛钦大数定律的一个推论.

定理 5.1.3　**(伯努利大数定律)**　**设 μ_n 表示在 n 重伯努利试验中事件 A 发生的次数，$p\ (0<p<1)$ 表示事件 A 发生的概率，则对于任意的 $\varepsilon>0$，有**

$$\lim_{n\to\infty}P\left\{\left|\frac{\mu_n}{n}-p\right|<\varepsilon\right\}=1. \tag{5.4}$$

证明　令随机变量

$$X_i=\begin{cases}0, & \text{在第 } i \text{ 次试验中事件 } A \text{ 不发生},\\ 1, & \text{在第 } i \text{ 次试验中事件 } A \text{ 发生},\end{cases} \quad i=1,2,\cdots,n,$$

则 $X_1,X_2,\cdots,X_n$ 相互独立,且 X_i 服从(0-1)分布.因此

$$E(X_i)=p,\quad \mu_n=\sum_{i=1}^{n}X_i,\quad E\left(\frac{\mu_n}{n}\right)=E\left(\frac{1}{n}\sum_{i=1}^{n}X_i\right)=p.$$

显然这是定理 5.1.2 的特殊情形,所以(5.4)式成立.

伯努利大数定律表明,当重复试验次数 n 充分大时,事件 A 发生的频率 $\frac{\mu_n}{n}$ 依概率收敛于事件 A 发生的概率 p,即 $\frac{\mu_n}{n}\xrightarrow{P}p$.伯努利大数定律以严格的数学形式表达了频率的稳定性.在实际应用中,当试验次数很大时,便可以用事件发生的频率来近似代替事件发生的概率.

若事件 A 发生的概率很小,则由伯努利大数定律可知,事件 A 发生的频率也是很小的,或者说事件 A 很少发生,即概率很小的事件在个别试验中几乎不会发生.这就是第一章中提到的实际推断原理,它的实际应用很广泛.但应注意到的是,小概率事件与不可能事件是有区别的,在多次试验中,小概率事件也有可能发生.

下面再介绍一个比伯努利大数定律应用更广泛的大数定律.

定理 5.1.4 **(切比雪夫大数定律)　若 $X_1,X_2,\cdots,X_n,\cdots$ 是两两不相关的随机变量序列,其中每个随机变量的方差均存在,且有公共上界,即存在常数 $C>0$,使得 $D(X_i)\leqslant C(i=1,2,\cdots)$,则对于任意的 $\varepsilon>0$,有**

$$\lim_{n\to\infty}P\left\{\left|\frac{1}{n}\sum_{i=1}^{n}X_i-E\left(\frac{1}{n}\sum_{i=1}^{n}X_i\right)\right|<\varepsilon\right\}=1. \tag{5.5}$$

证明　由于随机变量序列 $X_1,X_2,\cdots,X_n,\cdots$ 两两不相关,因此其中任意两个随机变量的相关系数 $\rho=0$,即 $E\{[X_i-E(X_i)][X_j-E(X_j)]\}=0,i\neq j$,从而有

$$D\left(\frac{1}{n}\sum_{i=1}^{n}X_i\right)=\frac{1}{n^2}\sum_{i=1}^{n}D(X_i)\leqslant\frac{C}{n}.$$

再由切比雪夫不等式,可得

$$1\geqslant P\left\{\left|\frac{1}{n}\sum_{i=1}^{n}X_i-E\left(\frac{1}{n}\sum_{i=1}^{n}X_i\right)\right|<\varepsilon\right\}\geqslant 1-\frac{D\left(\frac{1}{n}\sum_{i=1}^{n}X_i\right)}{\varepsilon^2}\geqslant 1-\frac{C}{n\varepsilon^2}.$$

在上式中令 $n\to\infty$,即得

$$\lim_{n\to\infty}P\left\{\left|\frac{1}{n}\sum_{i=1}^{n}X_i-E\left(\frac{1}{n}\sum_{i=1}^{n}X_i\right)\right|<\varepsilon\right\}=1.$$

定理 5.1.4 表明,在所给条件下,尽管 n 个随机变量可以自有其分布,但只要 n 充分大,它们的算术平均值就不再为个别随机变量的分布所左右,而是较密集地取值于其算术平均值的数学期望附近.这就可以理解在各类比赛中,需要多位评委打分决定胜负,由于理论上有平均值的稳定性,因此评委打分的平均值应该接近选手的真实水平.

§5.2 中心极限定理

与大数定律不同,中心极限定理研究的是在什么条件下多个随机变量之和的极限分布是正态分布.

在研究 $\sum_{k=1}^{n} X_k$ 的分布函数的极限行为时,在独立同分布的情况下,若 $E(X_k)=a>0(k=1,2,\cdots,n)$,则当 $n\to\infty$ 时,有 $E(\sum_{k=1}^{n} X_k)\to\infty$,这时研究其分布函数就没有意义了,所以我们转而研究 $\sum_{k=1}^{n} X_k$ 的标准化随机变量

$$Y_n=\frac{\sum_{k=1}^{n} X_k-\sum_{k=1}^{n} E(X_k)}{\sqrt{\sum_{k=1}^{n} D(X_k)}}$$

的分布函数的极限行为.下面不加证明地给出其中几个应用较为普遍的定理.

定理 5.2.1 [**林德伯格-列维(Lindeberg-Levy)中心极限定理**]　**设** $X_1,X_2,\cdots,X_n,\cdots$ **是独立同分布的随机变量序列,且** $E(X_k)=\mu,D(X_k)=\sigma^2>0,k=1,2,\cdots$,**则随机变量之和** $\sum_{k=1}^{n} X_k$ **的标准化随机变量**

$$Y_n=\frac{\sum_{k=1}^{n} X_k-E(\sum_{k=1}^{n} X_k)}{\sqrt{D(\sum_{k=1}^{n} X_k)}}=\frac{\sum_{k=1}^{n} X_k-n\mu}{\sqrt{n}\sigma}$$

的分布函数 $F_n(x)$ **对于任意的实数** x,**有**

$$\lim_{n\to\infty}F_n(x)=\lim_{n\to\infty}P\left\{\frac{\sum_{k=1}^{n} X_k-n\mu}{\sqrt{n}\sigma}\leqslant x\right\}=\int_{-\infty}^{x}\frac{1}{\sqrt{2\pi}}\mathrm{e}^{-\frac{t^2}{2}}\,\mathrm{d}t=\Phi(x).\tag{5.6}$$

林德伯格-列维中心极限定理的直观解释为:如果一个随机变量所描述的随机现象受大量相互独立的因素的综合影响所形成,而且每个因素对总的影响作用不大,那么这个随机变量就近似服从正态分布.这表明了正态分布的重要性,现实中许多变量都具有上述性质.例如,测量误差是许多微小误差的和,一个城市的耗电量是大量家庭用户耗电量的和,因此都可以假定它们近似服从正态分布.

例 1　设一个加法器同时收到 20 个噪音电压(单位:V)$V_i(i=1,2,\cdots,20)$,它们是

相互独立的随机变量，且都在区间(0,10)上服从均匀分布. 记$V=\sum_{i=1}^{20}V_i$，求$P\{V>105\}$的近似值.

解 易知$E(V_i)=5, D(V_i)=\frac{25}{3}(i=1,2,\cdots,20)$. 由定理5.2.1，随机变量

$$Z=\frac{\sum_{i=1}^{20}V_i-20\times 5}{\sqrt{20}\times\sqrt{\frac{25}{3}}}=\frac{V-100}{\frac{10\sqrt{15}}{3}}$$

近似服从正态分布$N(0,1)$，于是

$$\begin{aligned}P\{V>105\}&=P\left\{\frac{V-100}{\frac{10\sqrt{15}}{3}}>\frac{105-100}{\frac{10\sqrt{15}}{3}}\right\}\\&\approx P\left\{\frac{V-100}{\frac{10\sqrt{15}}{3}}>0.39\right\}\\&=1-P\left\{\frac{V-100}{\frac{10\sqrt{15}}{3}}\leqslant 0.39\right\}\\&=1-\Phi(0.39)=0.348\,3.\end{aligned}$$

作为定理5.2.1的特殊情形，可得如下推论.

定理 5.2.2 [棣莫弗-拉普拉斯(De Moivre-Laplace)定理] **设μ_n表示在n重伯努利试验中事件A发生的次数，$p(0<p<1)$表示事件A发生的概率，则对于任意的实数x，有**

$$\lim_{n\to\infty}P\left\{\frac{\mu_n-np}{\sqrt{np(1-p)}}\leqslant x\right\}=\int_{-\infty}^{x}\frac{1}{\sqrt{2\pi}}e^{-\frac{t^2}{2}}dt=\Phi(x). \tag{5.7}$$

定理5.2.1告诉我们，当n很大时，可以认为

$$P\left\{\frac{\sum_{k=1}^{n}X_k-n\mu}{\sqrt{n}\sigma}\leqslant x\right\}\approx\int_{-\infty}^{x}\frac{1}{\sqrt{2\pi}}e^{-\frac{t^2}{2}}dt,$$

于是有

$$P\left\{\sum_{k=1}^{n}X_k\leqslant x\right\}\approx\int_{-\infty}^{\frac{x-n\mu}{\sqrt{n}\sigma}}\frac{1}{\sqrt{2\pi}}e^{-\frac{t^2}{2}}dt. \tag{5.8}$$

在上一节中讲到，在n重伯努利试验中，当n很大时，事件A发生的频率$\frac{\mu_n}{n}$以很大的可

能性接近它的概率 p. 但对于任意的 $\varepsilon>0$ 和很大的 n, 要问 $\frac{\mu_n}{n}$ 以多大的概率与 p 相差不超过 ε, 即事件

$$\left\{\left|\frac{\mu_n}{n}-p\right|<\varepsilon\right\}$$

的概率有多大? 大数定律本身对此不能做出回答, 而由(5.8)式却能给出一个近似的回答. 事实上, 当 n 很大时, 有

$$P\left\{\left|\frac{\mu_n}{n}-p\right|<\varepsilon\right\}=P\left\{\left|\frac{\mu_n-np}{\sqrt{np(1-p)}}\right|<\varepsilon\sqrt{\frac{n}{p(1-p)}}\right\}\approx\int_{-\varepsilon\sqrt{\frac{n}{p(1-p)}}}^{\varepsilon\sqrt{\frac{n}{p(1-p)}}}\frac{1}{\sqrt{2\pi}}\mathrm{e}^{-\frac{t^2}{2}}\mathrm{d}t$$
$$=\Phi\left(\varepsilon\sqrt{\frac{n}{p(1-p)}}\right)-\Phi\left(-\varepsilon\sqrt{\frac{n}{p(1-p)}}\right)=2\Phi\left(\varepsilon\sqrt{\frac{n}{p(1-p)}}\right)-1.$$

例如, 若取 $p=\frac{1}{2}, n=10\,000, \varepsilon=0.01$, 则查附表 2 可得

$$P\left\{\left|\frac{\mu_n}{n}-p\right|<0.01\right\}\approx2\Phi\left(0.01\times\sqrt{\frac{10\,000}{\frac{1}{2}\times\frac{1}{2}}}\right)-1=2\Phi(2)-1$$
$$=2\times0.997\,2-1=0.954\,4.$$

这说明, 通过做 10 000 次伯努利试验, 约有 95% 的把握使事件 A 发生的频率 $\frac{\mu_n}{n}$ 与它的概率 p 相差不超过 0.01.

例 2　某运输公司有 500 辆汽车需购买保险. 已知一年里每辆汽车出现事故的概率均为 0.006, 购买保险的汽车每年要交 800 元的保险费, 若出现事故, 保险公司将赔偿 50 000 元. 试利用中心极限定理计算保险公司一年盈利不小于 200 000 元的概率.

解　设 X 表示一年里 500 辆汽车中出现事故的车辆数, 则 X 服从参数为 $n=500, p=0.006$ 的二项分布, 这时 $np=500\times0.006=3, np(1-p)=3\times0.994=2.982$. 由于保险公司一年盈利不小于 200 000 元的事件等价于事件 $\{500\times800\geqslant500\times800-50\,000X\geqslant200\,000\}$, 即事件 $\{0\leqslant X\leqslant4\}$, 因此所求概率为

$$P\{0\leqslant X\leqslant4\}=P\left\{\frac{0-3}{\sqrt{2.982}}\leqslant\frac{X-3}{\sqrt{2.982}}\leqslant\frac{4-3}{\sqrt{2.982}}\right\}$$
$$\approx\Phi(0.58)-\Phi(-1.74)=\Phi(0.58)+\Phi(1.74)-1$$
$$=0.719\,0+0.959\,1-1=0.678\,1.$$

例 3　某车间有 200 台车床, 它们工作的状况是相互独立的, 开工时每台车床的耗电都是 1 kW. 由于换刀具和测量等原因, 车床不是总在运转着, 实际上车床的开工率仅为 60%. 问: 供电部门至少应供给车间多少电力, 才能以 99.9% 的概率保证车间不会因供电不足而影响生产?

解　设 X 表示 200 台车床中开工的车床数, 则 X 服从参数为 $n=200, p=0.6$ 的二项分布, 这时 $np=120, np(1-p)=48$. 设供电部门供给车间的电力为 m kW, 则问题成为要求 m 的值, 使得

$$P\{0 \leqslant X \leqslant m\} \geqslant 0.999.$$

由定理 5.2.2,有

$$P\{0 \leqslant X \leqslant m\} = P\left\{\frac{0-120}{\sqrt{48}} \leqslant \frac{X-120}{\sqrt{48}} \leqslant \frac{m-120}{\sqrt{48}}\right\}$$
$$\approx \Phi\left(\frac{m-120}{\sqrt{48}}\right) - \Phi(-17.32) \approx \Phi\left(\frac{m-120}{\sqrt{48}}\right).$$

查附表2得$\Phi(3)=0.998\,65$,$\Phi(3.1)=0.999\,03$,所以可取$\frac{m-120}{\sqrt{48}}=3.1$,解得$m\approx 141.48$.

例 4 设每桶原油每天的价格(单位:美元)的变化是均值为 0、方差为 2 的随机变量,即

$$X_n = X_{n-1} + \varepsilon_n, \quad n=1,2,\cdots,$$

其中X_n表示第n天每桶原油的价格,$\varepsilon_1,\varepsilon_2,\cdots$是均值为 0、方差为 2 的独立同分布的随机变量序列. 如果今天每桶原油的价格为 27 美元,求 18 天后每桶原油的价格在 23 ~ 31 美元之间的概率.

解 依题意,$X_0=27$为今天每桶原油的价格,18 天后每桶原油的价格为

$$X_{18} = X_{17} + \varepsilon_{18} = X_{16} + \varepsilon_{17} + \varepsilon_{18} = \cdots = X_0 + \sum_{i=1}^{18} \varepsilon_i.$$

由定理 5.2.1,有

$$\begin{aligned}
P\{23 \leqslant X_{18} \leqslant 31\} &= P\{23 - X_0 \leqslant X_{18} - X_0 \leqslant 31 - X_0\} \\
&= P\left\{-4 \leqslant \sum_{i=1}^{18} \varepsilon_i \leqslant 4\right\} \\
&= P\left\{\frac{-4}{\sqrt{18\times 2}} \leqslant \frac{\sum_{i=1}^{18}\varepsilon_i}{\sqrt{18\times 2}} \leqslant \frac{4}{\sqrt{18\times 2}}\right\} \\
&\approx \Phi(0.67) - \Phi(-0.67) \\
&= 2\Phi(0.67) - 1 = 2\times 0.748\,6 - 1 \approx 0.497\,2.
\end{aligned}$$

在上述的中心极限定理中,不仅要求随机变量序列相互独立,而且要求它们同分布,但实际问题中常常不满足后面的条件. 例如,在许多测量问题中,由各个因素影响而产生的测量误差一般不满足同分布的条件,于是测量总误差的分布问题就不能利用上面的定理解决. 下面的中心极限定理却解决了这个问题.

定理 5.2.3 **[李雅普诺夫(Lyapunov)中心极限定理] 设$X_1,X_2,\cdots,X_n,\cdots$为相互独立的随机变量序列,且$E(X_k)=a_k$,$D(X_k)=\sigma_k^2>0$,$k=1,2,\cdots$. 记$B_n^2=\sum_{k=1}^{n}\sigma_k^2$,若存在常数$\delta>0$,使得当$n\to\infty$时,有**

$$\frac{1}{B_n^{2+\delta}}\sum_{k=1}^{n} E(|X_k - a_k|^{2+\delta}) \to 0, \tag{5.9}$$

则对于任意的实数x,有

$$\lim_{n\to\infty}P\left\{\frac{1}{B_n}\sum_{k=1}^{n}(X_k-a_k)\leqslant x\right\}=\int_{-\infty}^{x}\frac{1}{\sqrt{2\pi}}\mathrm{e}^{-\frac{t^2}{2}}\mathrm{d}t=\Phi(x). \tag{5.10}$$

习　题　五

数学家简介

棣莫弗

1. 根据以往经验，某种电器元件的寿命(单位：h) 服从数学期望为 100 的指数分布. 现随机地取 16 个该电器元件，设它们的寿命是相互独立的，求这 16 个电器元件寿命的总和大于 1 920 h 的概率.

2. 计算器在进行加法运算时，会将每个数舍入最靠近它的整数. 设所有舍入误差是相互独立的，且在区间$(-0.5,0.5)$上服从均匀分布.

(1) 若将 1 500 个数相加，问：误差总和的绝对值超过 15 的概率是多少?

(2) 最多可有几个数相加，使得误差总和的绝对值小于 10 的概率不小于 0.90?

3. 在某次军事演习中，要对目标进行 100 次独立轰炸. 设每次轰炸命中目标的炮弹数为一个随机变量，且其数学期望为 2，方差为 1.69，求这次军事演习中有 180 ~ 220 颗炮弹命中目标的概率.

4. 假设某条生产线组装每件成品的时间(单位：min) 服从指数分布. 统计资料表明，该条生产线上每件成品的组装时间平均为 10 min，各件产品的组装时间相互独立，求：

(1) 组装 100 件成品需要 15 ~ 20 h 的概率；

(2) 以 95% 的概率在 16 h 之内最多可以组装的成品件数.

5. 已知一生产线生产的产品成箱包装，每箱的重量是随机的. 设每箱的平均质量为 50 kg，标准差为 5 kg. 若用最大载重量为 5 t 的汽车运输，试利用中心极限定理说明每辆车最多可以装多少箱，才能保障不超载的概率大于 0.97.

6. 某电视机厂每月生产 10 000 台电视机，它的显像管车间生产的显像管的正品率为 0.8. 为了以 0.997 的概率保证出厂的电视机都装上正品显像管(一台电视机配一只显像管)，问：该车间每月应生产多少只显像管?

7. 某单位设置一电话总机，共有 200 部电话分机. 设每部分机是否使用外线是相互独立的，并且每个时刻每部分机使用外线通话的概率为 0.05，问：总机需要多少条外线才能以不低于 0.90 的概率保证每部分机对外线的正常使用?

8. 某保险公司多年的统计资料表明，在索赔户中被盗的索赔户占 20%. 以 X 表示在随意抽查的 100 个索赔户中被盗的索赔户数，求它在 14 ~ 30 户之间的概率的近似值.

9. 某灯泡厂生产的灯泡的平均寿命为 2 000 h，标准差为 250 h，经过技术改革，采用新工艺使平均寿命提高到 2 250 h，标准差不变. 为了确定这一改革的成果，任意挑选若干只灯泡来检查，若这些灯泡的平均寿命超过 2 200 h，就承认改革有效，批准采用新工艺. 如欲使检查通过的概率超过 0.997，问：至少应检查多少只灯泡?

第六章

数理统计的基本概念

前面五章研究了概率论的基本内容，从本章起将探讨数理统计的内容.数理统计是一门以概率论为理论基础，根据试验获得的数据资料，对所研究对象的客观规律做出合理估计和判断的科学.

理论上，只要对随机现象进行足够多次的试验，一定能发现其统计规律.但在现实世界中，人们常常无法对所研究对象的全体进行试验，而只能选取具有代表性的一部分进行试验，利用试验数据对整体的特性进行合理的推断.这种由部分来推断整体的方法即为统计的研究方法.

数理统计研究的内容十分丰富，本书只介绍参数估计、假设检验、方差分析、回归分析等内容.

本章将介绍数理统计的一些基本概念和几个常用统计量的分布.

§6.1 总体与样本

在数理统计中,把研究问题所涉及对象的全体所组成的集合称为**总体**,把构成总体的每一个成员(或元素)称为**个体**. 总体中所包含的个体的数量称为**总体的容量**,容量有限的总体称为**有限总体**,容量无限的总体称为**无限总体**. 总体与个体之间的关系即集合与元素之间的关系. 例如,研究电子元件厂生产的一批电子元件的质量,则该批电子元件的全体构成了一个总体,其中每一个电子元件就是一个个体.

实际上,我们真正关心的并不是总体或个体本身,而是它们的某项数量指标. 例如,在上述由一批电子元件构成的总体中,我们关心的仅仅是电子元件的寿命. 在试验中,数量指标 X 是一个随机变量, X 的概率分布完整地描述了这一数量指标在总体中的分布情况. 由于我们只关心总体的数量指标 X,因此就把总体与 X 的所有可能取值组成的集合等同起来,并把 X 的分布称为总体的分布. 今后将不再区分总体与相应的随机变量,统称为总体 X.

在实际问题中,总体的分布一般是未知的,或者只知道它具有某种形式而其中包含着未知参数. 在数理统计中,人们都是通过从总体中抽取一部分个体,根据获得的数据来推断总体的分布,这些被抽取的部分个体叫作总体的一个**样本**.

所谓从总体 X 中抽取一个个体,就是对总体 X 进行一次试验并记录其结果. 我们在相同的条件下对总体 X 进行 n 次独立重复的试验,将 n 次试验的结果按试验的次序记为 X_1, $X_2,\cdots,X_n$. 由于 $X_1,X_2,\cdots,X_n$ 是对总体 X 试验的结果,且各次试验是在相同条件下独立进行的,因此引出如下定义.

定义 6.1.1 设总体 X 具有分布函数 $F(x)$. 若 $X_1,X_2,\cdots,X_n$ 是具有同一分布函数 $F(x)$ 的相互独立的随机变量,则称 $X_1,X_2,\cdots,X_n$ 为来自总体 X 的一个**容量为 n 的简单随机样本**,简称**样本**,它们的试验值 $x_1,x_2,\cdots,x_n$ 称为**样本值**.

如何得到简单随机样本呢? 对于无限总体,只要随机抽样即可;对于有限总体,可采用有放回的随机抽样. 但使用有放回的随机抽样很不方便,有时甚至无法放回. 当样本容量相对于总体容量很小时,也可采用无放回的随机抽样,这样得到的样本可近似看作简单随机样本. 本书中提到的样本均指简单随机样本.

设 $X_1,X_2,\cdots,X_n$ 为来自总体 X 的一个样本,则 $X_1,X_2,\cdots,X_n$ 相互独立,且它们的分布函数都是 $F(x)$,从而 $X_1,X_2,\cdots,X_n$ 的联合分布函数为

$$F(x_1,x_2,\cdots,x_n)=\prod_{i=1}^{n}F(x_i).$$

若总体 X 是离散型随机变量,其分布律为 $P\{X=x_i\}=p(x_i)\ (i=1,2,\cdots,n)$,则样本 $X_1,X_2,\cdots,X_n$ 的联合分布律为

$$P\{X_1=x_1,X_2=x_2,\cdots,X_n=x_n\}=\prod_{i=1}^{n}p(x_i).$$

若总体 X 是连续型随机变量,其概率密度为 $f(x)$,则样本 $X_1,X_2,\cdots,X_n$ 的联合概率

密度为

$$f(x_1,x_2,\cdots,x_n)=\prod_{i=1}^{n}f(x_i).$$

例 1 设总体 $X\sim\pi(\lambda)$，$X_1,X_2,\cdots,X_n$ 是来自总体 X 的一个样本，求样本 $X_1,X_2,\cdots,X_n$ 的联合分布律.

解 由 $X\sim\pi(\lambda)$，得 X 的分布律为

$$P\{X=k\}=\frac{\lambda^k}{k!}e^{-\lambda}\quad(k=0,1,2,\cdots),$$

则样本 $X_1,X_2,\cdots,X_n$ 的联合分布律为

$$P\{X_1=x_1,X_2=x_2,\cdots,X_n=x_n\}=\prod_{i=1}^{n}\frac{\lambda^{x_i}}{x_i!}e^{-\lambda}=e^{-n\lambda}\frac{\lambda^{\sum\limits_{i=1}^{n}x_i}}{\prod\limits_{i=1}^{n}x_i!}.$$

例 2 设总体 $X\sim e(\theta)$，$X_1,X_2,\cdots,X_n$ 是来自总体 X 的一个样本，求样本 $X_1,X_2,\cdots,X_n$ 的联合概率密度.

解 由 $X\sim e(\theta)$，得 X 的概率密度为

$$f(x)=\begin{cases}\dfrac{1}{\theta}e^{-\frac{x}{\theta}}, & x>0,\\ 0, & \text{其他},\end{cases}$$

则样本 $X_1,X_2,\cdots,X_n$ 的联合概率密度为

$$f(x_1,x_2,\cdots,x_n)=\prod_{i=1}^{n}f(x_i)=\begin{cases}\dfrac{1}{\theta^n}e^{-\frac{\sum\limits_{i=1}^{n}x_i}{\theta}}, & x_i>0(i=1,2,\cdots,n),\\ 0, & \text{其他}.\end{cases}$$

§6.2 抽样分布

样本是进行统计推断的依据.然而在实际应用中，往往不是直接使用样本本身，而是针对不同的问题构造样本的适当函数，利用这些样本的函数进行统计推断.

定义 6.2.1 设 $X_1,X_2,\cdots,X_n$ 是来自总体 X 的一个样本，$g(X_1,X_2,\cdots,X_n)$ 是 $X_1,X_2,\cdots,X_n$ 的函数.若 g 中不含未知参数，则称 $g(X_1,X_2,\cdots,X_n)$ 是该样本的一个**统计量**.

因为 $X_1,X_2,\cdots,X_n$ 都是随机变量，而统计量 $g(X_1,X_2,\cdots,X_n)$ 是随机变量的函数，所以 $g(X_1,X_2,\cdots,X_n)$ 也是一个随机变量.设 $x_1,x_2,\cdots,x_n$ 是相应于样本 $X_1,X_2,\cdots,X_n$ 的样本值，则称 $g(x_1,x_2,\cdots,x_n)$ 是统计量 $g(X_1,X_2,\cdots,X_n)$ 的**观察值**.

下面给出几个常用的统计量. 设 $X_1, X_2, \cdots, X_n$ 是来自总体 X 的一个样本, $x_1, x_2, \cdots, x_n$ 是相应的样本值,定义:

(1) **样本均值**

$$\overline{X} = \frac{1}{n}\sum_{i=1}^{n} X_i,$$

其观察值为 $\overline{x} = \frac{1}{n}\sum_{i=1}^{n} x_i$.

(2) **样本方差**

$$S^2 = \frac{1}{n-1}\sum_{i=1}^{n}(X_i - \overline{X})^2 = \frac{1}{n-1}\left(\sum_{i=1}^{n} X_i^2 - n\overline{X}^2\right),$$

其观察值为 $s^2 = \frac{1}{n-1}\sum_{i=1}^{n}(x_i - \overline{x})^2 = \frac{1}{n-1}\left(\sum_{i=1}^{n} x_i^2 - n\overline{x}^2\right)$.

(3) **样本标准差**

$$S = \sqrt{S^2} = \sqrt{\frac{1}{n-1}\sum_{i=1}^{n}(X_i - \overline{X})^2},$$

其观察值为 $s = \sqrt{\frac{1}{n-1}\sum_{i=1}^{n}(x_i - \overline{x})^2}$.

(4) **样本 k 阶原点矩**

$$A_k = \frac{1}{n}\sum_{i=1}^{n} X_i^k, \quad k = 1, 2, \cdots,$$

其观察值为 $a_k = \frac{1}{n}\sum_{i=1}^{n} x_i^k$.

(5) **样本 k 阶中心矩**

$$B_k = \frac{1}{n}\sum_{i=1}^{n}(X_i - \overline{X})^k, \quad k = 1, 2, \cdots,$$

其观察值为 $b_k = \frac{1}{n}\sum_{i=1}^{n}(x_i - \overline{x})^k$.

我们指出,若总体 X 的 k 阶原点矩 $\mu_k = E(X^k)$ 存在,则 $A_k \xrightarrow{P} \mu_k, k = 1, 2, \cdots$. 这是因为样本 $X_1, X_2, \cdots, X_n$ 相互独立且与总体 X 同分布,所以 $X_1^k, X_2^k, \cdots, X_n^k$ 相互独立且与 X^k 同分布,从而由辛钦大数定律得到该结论. 再由第五章中关于依概率收敛的随机变量序列的性质知

$$g(A_1, A_2, \cdots, A_k) \xrightarrow{P} g(\mu_1, \mu_2, \cdots, \mu_k),$$

其中 g 为连续函数,这就是下一章所要介绍的矩估计法的理论根据.

例 1　设总体 X 的数学期望 $E(X)$ 和方差 $D(X)$ 均存在, $X_1, X_2, \cdots, X_n$ 是来自总体 X 的一个样本, $\overline{X}$ 和 S^2 分别是样本均值和样本方差. 证明:

(1) $E(\overline{X}) = E(X), D(\overline{X}) = \frac{D(X)}{n}$;　　(6.1)

(2) $E(S^2) = D(X)$.　　(6.2)

证明 由题意,$X_1,X_2,\cdots,X_n$ 相互独立且与总体 X 服从同一分布,因此

$$E(X_i)=E(X),\quad D(X_i)=D(X),$$
$$E(X_i^2)=E(X^2)=D(X)+E^2(X)\ (i=1,2,\cdots,n).$$

(1) 由数学期望的性质,可得

$$E(\overline{X})=E\left(\frac{1}{n}\sum_{i=1}^{n}X_i\right)=\frac{1}{n}\sum_{i=1}^{n}E(X_i)=\frac{1}{n}nE(X)=E(X).$$

由方差的性质,可得

$$D(\overline{X})=D\left(\frac{1}{n}\sum_{i=1}^{n}X_i\right)=\frac{1}{n^2}\sum_{i=1}^{n}D(X_i)=\frac{1}{n^2}nD(X)=\frac{1}{n}D(X).$$

(2) 由数学期望的性质,可得

$$\begin{aligned}E(S^2)&=E\left[\frac{1}{n-1}\left(\sum_{i=1}^{n}X_i^2-n\overline{X}^2\right)\right]=\frac{1}{n-1}\left[\sum_{i=1}^{n}E(X_i^2)-nE(\overline{X}^2)\right]\\&=\frac{1}{n-1}\left\{\sum_{i=1}^{n}\left[D(X)+E^2(X)\right]-n\left[\frac{D(X)}{n}+E^2(X)\right]\right\}\\&=D(X).\end{aligned}$$

统计量的分布称为**抽样分布**,在使用统计量进行统计推断时常常需要知道它的分布.下面介绍来自正态总体的几个常用统计量的分布.

一、χ^2 分布

设 $X_1,X_2,\cdots,X_n$ 是来自总体 $X\sim N(0,1)$ 的一个样本,则称统计量

$$\chi^2=X_1^2+X_2^2+\cdots+X_n^2 \tag{6.3}$$

服从**自由度为 n 的 χ^2 分布**,记为 $\chi^2\sim\chi^2(n)$.

此处,自由度是指(6.3)式右端包含的相互独立的随机变量的个数.

$\chi^2(n)$ 分布的概率密度为

$$f(x)=\begin{cases}\dfrac{1}{2^{n/2}\Gamma(n/2)}x^{n/2-1}\mathrm{e}^{-x/2}, & x>0,\\0, & \text{其他}.\end{cases} \tag{6.4}$$

n 取不同值时,$f(x)$ 的图形如图 6-1 所示.

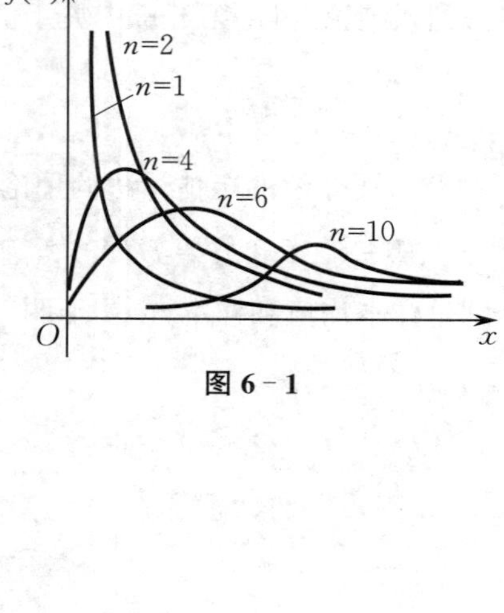

图 6-1

χ^2 分布具有以下性质.

(1) 可加性　设 $\chi_1^2 \sim \chi^2(n_1)$，$\chi_2^2 \sim \chi^2(n_2)$，且 χ_1^2 与 χ_2^2 相互独立，则有

$$\chi_1^2 + \chi_2^2 \sim \chi^2(n_1 + n_2). \tag{6.5}$$

(2) 若 $\chi \sim \chi^2(n)$，则有

$$E(\chi^2) = n, \quad D(\chi^2) = 2n. \tag{6.6}$$

事实上，设 $\chi^2 = X_1^2 + X_2^2 + \cdots + X_n^2 \sim \chi^2(n)$，因 $X_i \sim N(0,1)(i=1,2,\cdots,n)$，故

$$E(X_i^2) = D(X_i) + E^2(X_i) = 1,$$

$$D(X_i^2) = E(X_i^4) - E^2(X_i^2) = \frac{1}{\sqrt{2\pi}} \int_{-\infty}^{+\infty} x^4 e^{-\frac{x^2}{2}} dx - 1^2 = 3 - 1 = 2.$$

于是

$$E(\chi^2) = E\left(\sum_{i=1}^n X_i^2\right) = \sum_{i=1}^n E(X_i^2) = n,$$

$$D(\chi^2) = D\left(\sum_{i=1}^n X_i^2\right) = \sum_{i=1}^n D(X_i^2) = 2n.$$

二、t 分布

设随机变量 $X \sim N(0,1)$，$Y \sim \chi^2(n)$，且 X 与 Y 相互独立，则称随机变量

$$t = \frac{X}{\sqrt{Y/n}} \tag{6.7}$$

服从**自由度为 n 的 t 分布**，记为 $t \sim t(n)$.

t 分布又称为学生氏分布. $t(n)$ 分布的概率密度为

$$f(x) = \frac{\Gamma\left(\frac{n+1}{2}\right)}{\sqrt{\pi n}\,\Gamma\left(\frac{n}{2}\right)}\left(1 + \frac{x^2}{n}\right)^{-\frac{n+1}{2}}, \quad -\infty < x < +\infty. \tag{6.8}$$

n 取不同值时，$f(x)$ 的图形如图 6-2 所示.

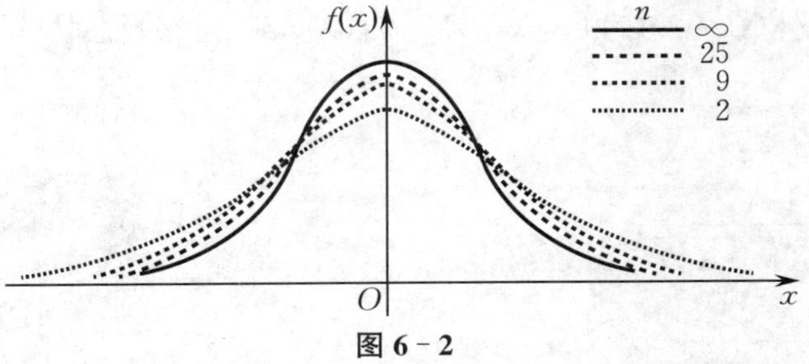

图 6-2

由图 6-2 可知，$f(x)$ 的图形关于直线 $x=0$ 对称，当 n 充分大时，其图形类似于标准正态随机变量的概率密度的图形. 事实上，利用 Γ 函数的性质可得

$$\lim_{n\to\infty} f(x) = \frac{1}{\sqrt{2\pi}} e^{-\frac{x^2}{2}}, \tag{6.9}$$

故当 n 足够大时，t 分布近似于标准正态分布. 但对于较小的 n，t 分布与标准正态分布相差

较大(见附表 2 与附表 4).

三、F 分布

设随机变量 $U \sim \chi^2(n_1)$,$V \sim \chi^2(n_2)$,且 U 与 V 相互独立,则称随机变量

$$F=\frac{U/n_1}{V/n_2} \tag{6.10}$$

服从**自由度为** (n_1,n_2) **的 F 分布**,记为 $F \sim F(n_1,n_2)$.

$F(n_1,n_2)$ 分布的概率密度为

$$f(x)=\begin{cases}\dfrac{\Gamma\left(\dfrac{n_1+n_2}{2}\right)\left(\dfrac{n_1}{n_2}\right)^{\frac{n_1}{2}}x^{\frac{n_1}{2}-1}}{\Gamma\left(\dfrac{n_1}{2}\right)\Gamma\left(\dfrac{n_2}{2}\right)\left(1+\dfrac{n_1x}{n_2}\right)^{\frac{n_1+n_2}{2}}}, & x>0,\\ 0, & \text{其他}.\end{cases} \tag{6.11}$$

(n_1,n_2) 取不同值时,$f(x)$ 的图形如图 6-3 所示.

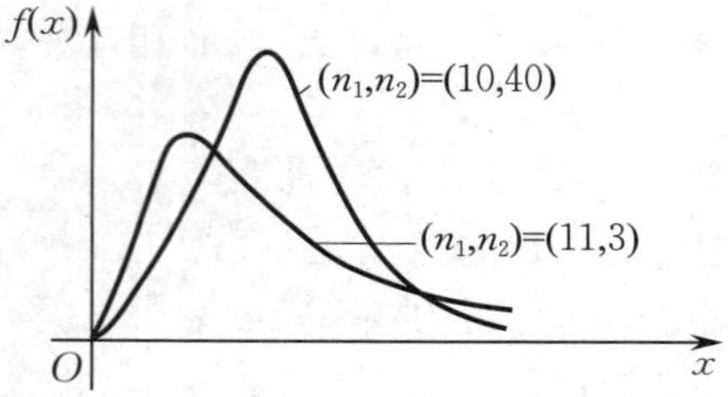

图 6-3

由 F 分布的定义可知,若 $F \sim F(n_1,n_2)$,则

$$\frac{1}{F} \sim F(n_2,n_1). \tag{6.12}$$

例 2 设总体 $X \sim N(0,1)$,X_1,X_2,X_3,X_4,X_5 是来自总体 X 的一个样本,试求下列统计量的分布:

(1) $X_3^2+X_4^2+X_5^2$;

(2) $\dfrac{\sqrt{3}(X_1+X_2)}{\sqrt{2(X_3^2+X_4^2+X_5^2)}}$;

(3) $\dfrac{3(X_1+X_2)^2}{2(X_3^2+X_4^2+X_5^2)}$.

解 (1) 由题意,$X_i \sim N(0,1)$ $(i=1,2,3,4,5)$ 且相互独立,所以

$$X_3^2+X_4^2+X_5^2 \sim \chi^2(3).$$

(2) 因为 $X_1+X_2 \sim N(0,2)$,所以 $\dfrac{X_1+X_2}{\sqrt{2}} \sim N(0,1)$. 又 X_1+X_2 与 $X_3^2+X_4^2+X_5^2$ 相互独立,所以

$$\frac{(X_1+X_2)/\sqrt{2}}{\sqrt{(X_3^2+X_4^2+X_5^2)/3}}=\frac{\sqrt{3}(X_1+X_2)}{\sqrt{2(X_3^2+X_4^2+X_5^2)}}\sim t(3).$$

(3) 因为

$$\frac{(X_1+X_2)^2}{2}\sim \chi^2(1),$$

且 $(X_1+X_2)^2$ 与 $X_3^2+X_4^2+X_5^2$ 相互独立,所以

$$\frac{(X_1+X_2)^2/2}{(X_3^2+X_4^2+X_5^2)/3}=\frac{3(X_1+X_2)^2}{2(X_3^2+X_4^2+X_5^2)}\sim F(1,3).$$

四、正态总体的样本均值与样本方差的分布

对于单个正态总体的样本均值和样本方差,有以下定理.

定理 6.2.1　**设总体 $X\sim N(\mu,\sigma^2)$,$X_1,X_2,\cdots,X_n$ 是来自总体 X 的一个样本,$\overline{X}$ 是样本均值,则有**

$$\overline{X}\sim N\left(\mu,\frac{\sigma^2}{n}\right)$$

或

$$\frac{\overline{X}-\mu}{\sigma/\sqrt{n}}\sim N(0,1).$$

定理 6.2.2　**设总体 $X\sim N(\mu,\sigma^2)$,$X_1,X_2,\cdots,X_n$ 是来自总体 X 的一个样本,$\overline{X}$ 和 S^2 分别是样本均值和样本方差,则有**

(1) $\dfrac{(n-1)S^2}{\sigma^2}\sim \chi^2(n-1)$;

(2) **$\overline{X}$ 与 S^2 相互独立.**

定理 6.2.3　**设总体 $X\sim N(\mu,\sigma^2)$,$X_1,X_2,\cdots,X_n$ 是来自总体 X 的一个样本,$\overline{X}$ 和 S^2 分别是样本均值和样本方差,则有**

$$\frac{\overline{X}-\mu}{S/\sqrt{n}}\sim t(n-1). \tag{6.13}$$

证明　由定理 6.2.1 和定理 6.2.2 可知

$$\frac{\overline{X}-\mu}{\sigma/\sqrt{n}}\sim N(0,1),\quad \frac{(n-1)S^2}{\sigma^2}\sim \chi^2(n-1),$$

且两者相互独立. 再由 t 分布的定义知

$$\frac{\overline{X}-\mu}{\sigma/\sqrt{n}}\Big/\sqrt{\frac{(n-1)S^2}{\sigma^2(n-1)}}\sim t(n-1),$$

化简即得(6.13)式成立.

对于两个正态总体的样本均值和样本方差,有以下定理.

定理 6.2.4 设总体 $X \sim N(\mu_1,\sigma_1^2)$，$Y \sim N(\mu_2,\sigma_2^2)$，且 X 与 Y 相互独立，X_1，X_2，…，X_n 与 Y_1，Y_2，…，Y_m 分别是来自 X 和 Y 的一个样本，$\overline{X}=\dfrac{1}{n}\sum\limits_{i=1}^{n}X_i$，$\overline{Y}=\dfrac{1}{m}\sum\limits_{i=1}^{m}Y_i$ 分别是这两个样本的样本均值，$S_1^2=\dfrac{1}{n-1}\sum\limits_{i=1}^{n}(X_i-\overline{X})^2$，$S_2^2=\dfrac{1}{m-1}\sum\limits_{i=1}^{m}(Y_i-\overline{Y})^2$ 分别是这两个样本的样本方差，则有

(1) $\dfrac{S_1^2/S_2^2}{\sigma_1^2/\sigma_2^2} \sim F(n-1,m-1)$；

(2) $\dfrac{(\overline{X}-\overline{Y})-(\mu_1-\mu_2)}{\sqrt{\dfrac{\sigma_1^2}{n}+\dfrac{\sigma_2^2}{m}}} \sim N(0,1)$；

(3) 当 $\sigma_1^2=\sigma_2^2=\sigma^2$ 时，

$$\frac{(\overline{X}-\overline{Y})-(\mu_1-\mu_2)}{S_w\sqrt{\dfrac{1}{n}+\dfrac{1}{m}}} \sim t(n+m-2),$$

其中 $S_w^2=\dfrac{(n-1)S_1^2+(m-1)S_2^2}{n+m-2}$，$S_w=\sqrt{S_w^2}$.

例 3 设总体 $X \sim N(52,\ 6.3^2)$，X_1，X_2，…，X_{36} 是来自总体 X 的一个样本，$\overline{X}$ 为样本均值，求：

(1) $\overline{X}$ 的数学期望和方差；

(2) $P\{50.8<\overline{X}<53.8\}$.

解 (1) 由定理 6.2.1，得

$$\overline{X} \sim N\left(52,\frac{6.3^2}{36}\right),$$

所以

$$E(\overline{X})=52,\quad D(\overline{X})=\frac{6.3^2}{36}=1.102\,5.$$

(2) 由(1) 知

$$\frac{\overline{X}-52}{6.3/6} \sim N(0,1),$$

所以

$$\begin{aligned}P\{50.8<\overline{X}<53.8\}&=P\left\{\frac{50.8-52}{6.3/6}<\frac{\overline{X}-52}{6.3/6}<\frac{53.8-52}{6.3/6}\right\}\\&\approx \Phi(1.71)-\Phi(-1.14)=\Phi(1.71)+\Phi(1.14)-1\\&=0.956\,4+0.872\,9-1=0.829\,3.\end{aligned}$$

五、分位点

定义 6.2.2　设 X 是一个连续型随机变量. 对于给定的实数 $\alpha(0<\alpha<1)$，若实数 x_α 满足

$$P\{X>x_\alpha\}=\alpha,$$

则称点 x_α 为随机变量 X 的分布的**上 α 分位点**.

设连续型随机变量 X 的概率密度为 $f(x)$，则有

$$P\{X>x_\alpha\}=\int_{x_\alpha}^{+\infty}f(x)\mathrm{d}x=\alpha.$$

下面介绍标准正态分布、χ^2 分布、t 分布和 F 分布的上 α 分位点.

定义 6.2.3　设随机变量 $X\sim N(0,1)$. 对于给定的实数 $\alpha(0<\alpha<1)$，若实数 z_α 满足

$$P\{X>z_\alpha\}=\int_{z_\alpha}^{+\infty}\varphi(x)\mathrm{d}x=\alpha,$$

则称点 z_α 为标准正态分布的**上 α 分位点**(见图 6-4).

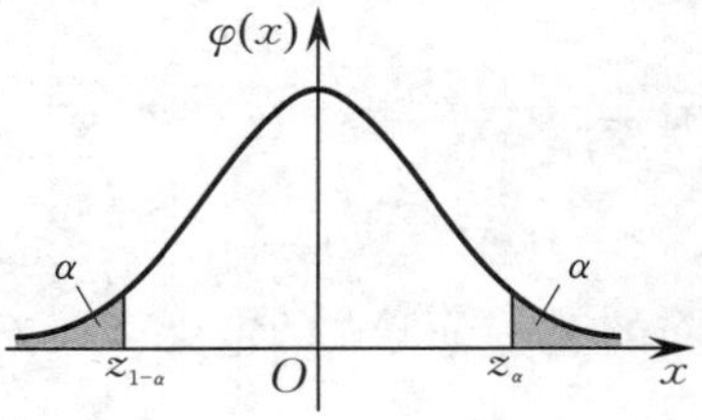

图 6-4

由标准正态分布的上 α 分位点的定义及 $\varphi(x)$ 的图形的对称性知 $z_{1-\alpha}=-z_\alpha$.

例 4　求标准正态分布的上 α 分位点 $z_{0.025}$，$z_{0.95}$.

解　因为 $\Phi(z_{0.025})=1-0.025=0.975$，所以查附表 2 可得

$$z_{0.025}=1.96.$$

因为 $\Phi(z_{0.95})=1-0.95=0.05<0.5$，在附表 2 中查不到，所以考虑

$$\Phi(-z_{0.95})=1-\Phi(z_{0.95})=0.95,$$

查附表 2 可得

$$z_{0.95}=-1.645.$$

定义 6.2.4　设随机变量 $\chi^2\sim\chi^2(n)$. 对于给定的实数 $\alpha(0<\alpha<1)$，若实数 $\chi_\alpha^2(n)$ 满足

$$P\{\chi^2>\chi_\alpha^2(n)\}=\int_{\chi_\alpha^2(n)}^{+\infty}f(x)\mathrm{d}x=\alpha,$$

则称点 $\chi_\alpha^2(n)$ 为 $\chi^2(n)$ 分布的**上 α 分位点**(见图 6-5).

对于不同的 α 和 n，χ^2 分布的上 α 分位点的值已制成表格(见附表 3)，可以查用.

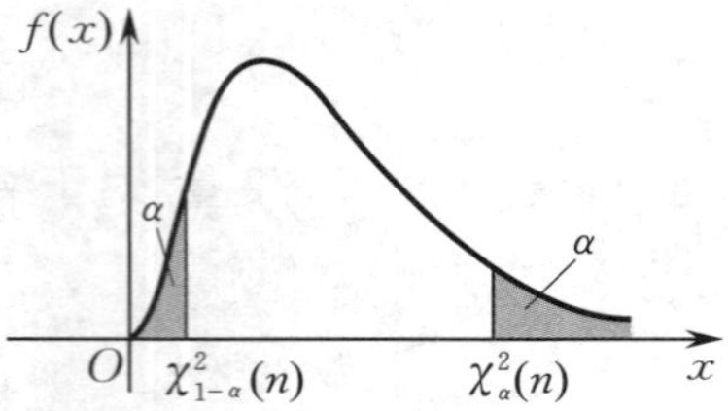

图 6-5

例 5 查附表 3 可得

$$\chi^2_{0.1}(25)=34.382,\quad \chi^2_{0.9}(25)=16.473.$$

例 6 在总体 $X\sim N(\mu,\sigma^2)(\sigma>0)$ 中抽取一个样本容量为 16 的样本，S^2 为该样本的样本方差，求 $P\left\{\dfrac{S^2}{\sigma^2}\leqslant 2.04\right\}$.

解 由定理 6.2.2，得

$$Y=\frac{(n-1)S^2}{\sigma^2}=\frac{15S^2}{\sigma^2}\sim\chi^2(15),$$

故

$$P\left\{\frac{S^2}{\sigma^2}\leqslant 2.04\right\}=P\left\{\frac{15S^2}{\sigma^2}\leqslant 15\times 2.04\right\}$$
$$=P\{Y\leqslant 30.6\}=1-P\{Y>30.6\}.$$

记 $P\{Y>30.6\}=\alpha$，由 χ^2 分布的上 α 分位点的定义可知 $\chi^2_\alpha(15)=30.6$，查附表 3 得 $\alpha\approx 0.01$，于是所求概率为

$$P\left\{\frac{S^2}{\sigma^2}\leqslant 2.04\right\}=1-\alpha\approx 0.99.$$

附表 3 只详列到 $n=45$ 为止，当 n 充分大时，近似地有

$$\chi^2_\alpha(n)\approx\frac{1}{2}\left(z_\alpha+\sqrt{2n-1}\right)^2,\tag{6.14}$$

其中 z_α 是标准正态分布的上 α 分位点. 利用(6.14)式可以求得当 $n>45$ 时 $\chi^2(n)$ 分布的上 α 分位点的近似值.

例如，由(6.14)式可得 $\chi^2_{0.05}(50)\approx\dfrac{1}{2}(1.645+\sqrt{99})^2=67.221$[由更详细的表可得 $\chi^2_{0.05}(50)=67.505$].

定义 6.2.5 设随机变量 $t\sim t(n)$. 对于给定的实数 $\alpha(0<\alpha<1)$，若实数 $t_\alpha(n)$ 满足

$$P\{t>t_\alpha(n)\}=\int_{t_\alpha(n)}^{+\infty}f(x)\,\mathrm{d}x=\alpha,$$

则称点 $t_\alpha(n)$ 为 t 分布的**上 α 分位点**(见图 6-6).

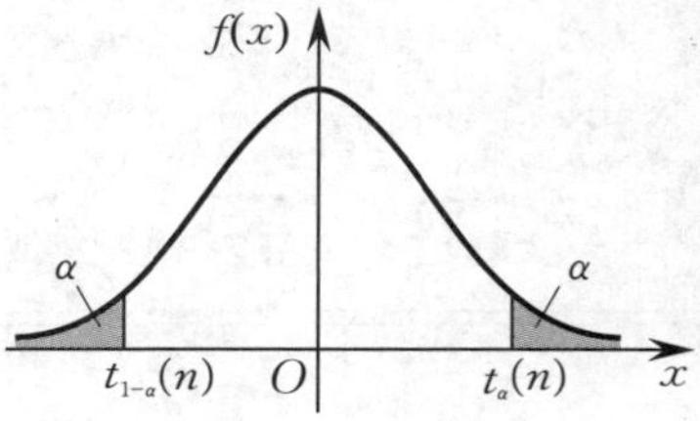

图 6 - 6

对于不同的 α 和 n，t 分布的上 α 分位点已制成表格(见附表 4)，可以查用.

由 t 分布的上 α 分位点的定义及 $f(x)$ 的图形的对称性知

$$t_{1-\alpha}(n) = -t_\alpha(n). \tag{6.15}$$

当 $n > 45$ 时，t 分布的上 α 分位点的值可用正态分布的上 α 分位点近似：

$$t_\alpha(n) \approx z_\alpha.$$

例 7　查附表 4 可得

$$t_{0.1}(15) = 1.3406,\quad t_{0.9}(15) = -t_{0.1}(15) = -1.3406.$$

定义 6.2.6　设随机变量 $F \sim F(n_1, n_2)$. 对于给定的实数 α $(0 < \alpha < 1)$，若实数 $F_\alpha(n_1, n_2)$ 满足

$$P\{F > F_\alpha(n_1, n_2)\} = \int_{F_\alpha(n_1, n_2)}^{+\infty} f(x)\mathrm{d}x = \alpha,$$

则称点 $F_\alpha(n_1, n_2)$ 为 $F(n_1, n_2)$ 分布的**上 α 分位点**(见图 6 - 7).

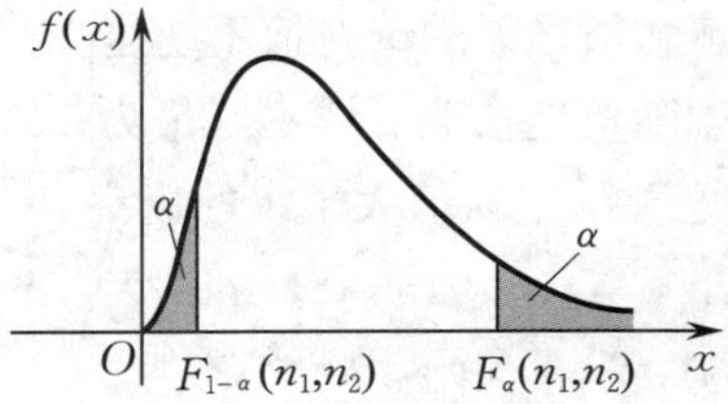

图 6 - 7

对于不同的 α 和 n_1, n_2，F 分布的上 α 分位点已制成表格(见附表 5)，可以查用.

F 分布的上 α 分位点有如下重要性质：

$$F_{1-\alpha}(n_1, n_2) = \frac{1}{F_\alpha(n_2, n_1)}. \tag{6.16}$$

例 8　查附表 5 可得

$$F_{0.05}(9, 12) = 2.80.$$

由(6.16)式可得

$$F_{0.95}(12, 9) = \frac{1}{F_{0.05}(9, 12)} = \frac{1}{2.80} \approx 0.357.$$

数学家简介

戈塞

习 题 六

1. 设总体 $X \sim B(1,p)$，其中 $p(0<p<1)$ 是未知参数，X_1,X_2,X_3,X_4,X_5 是来自总体 X 的一个样本.

(1) 写出样本 X_1,X_2,X_3,X_4,X_5 的联合分布律；

(2) 指出 X_1+X_3，$\min\{X_1,X_2,X_3,X_4,X_5\}$，$\dfrac{X_1}{p}$，$(X_5-X_1)^2$ 中哪些是统计量，哪些不是统计量；

(3) 若样本值为 0,1,0,1,1，求样本均值与样本方差.

2. 设总体 $X \sim N(\mu,\sigma^2)$，其中 μ 已知，σ^2 未知，X_1,X_2,X_3 是来自总体 X 的一个样本.

(1) 写出样本 X_1,X_2,X_3 的联合概率密度；

(2) 指出 $X_1+X_2+X_3$，$X_1-\mu$，$\max\{X_1,X_2,X_3\}$，$\sum\limits_{i=1}^{3}\dfrac{X_i}{\sigma}$，$\dfrac{X_3-X_1}{2}$ 中哪些是统计量，哪些不是统计量.

3. 从总体 $X \sim N(240,\ 20^2)$ 中独立地进行两次抽样，得到样本容量分别为 36 和 49 的两个样本，则这两个样本的样本均值之差的绝对值不超过 10 的概率是多少？

4. 从总体 $X \sim N(12,4)$ 中随机地抽取一样本容量为 5 的样本 X_1,X_2,X_3,X_4,X_5，求：

(1) 样本均值与总体均值之差的绝对值大于 1 的概率；

(2) $P\{\max\{X_1,X_2,X_3,X_4,X_5\}>15\}$，$P\{\min\{X_1,X_2,X_3,X_4,X_5\}<10\}$.

5. 已知随机变量 $X \sim t(n)$，求证：$X^2 \sim F(1,n)$.

6. 设总体 $X \sim B(1,p)$，$X_1,X_2,\cdots,X_n$ 是来自总体 X 的一个样本，$\overline{X}$ 和 S^2 分别是该样本的样本均值和样本方差，计算 $E(\overline{X})$，$D(\overline{X})$ 和 $E(S^2)$.

7. 设总体 $X \sim \chi^2(n)$，$X_1,X_2,\cdots,X_{10}$ 是来自总体 X 的一个样本，$\overline{X}$ 和 S^2 分别是该样本的样本均值和样本方差，求 $E(\overline{X})$，$D(\overline{X})$ 和 $E(S^2)$.

8. 设 $X_1,X_2,\cdots,X_{2n}$ 是来自标准正态总体的一个样本，试求下列统计量的分布：

(1) $Y_1=\dfrac{X_1^2+X_3^2+\cdots+X_{2n-1}^2}{X_2^2+X_4^2+\cdots+X_{2n}^2}$；

(2) $Y_2=\dfrac{X_1+X_3+\cdots+X_{2n-1}}{\sqrt{X_2^2+X_4^2+\cdots+X_{2n}^2}}$.

第七章

参数估计

参数估计是数理统计的重要内容之一,它涉及用样本数据来推断总体含有的未知参数,这些参数通常是描述总体特征的固定数值,如总体的均值、方差、矩等. 由于总体的不可完全观测属性,因此大多数情况下无法直接测量这些参数,参数估计的目标就是根据从总体中抽取的一组样本数据来估计这些未知参数.

参数估计主要分为两类:一类是点估计,即用具体的数值来估计未知参数,这些数值是基于样本数据计算得到的统计量的观察值;另一类是区间估计,区间估计试图给出未知参数所在的范围,即置信区间. 置信区间不仅提供了未知参数可能存在的范围,还反映了这个范围包含真实参数值的信心水平.

参数估计在现实世界中有着广泛的应用. 例如,在医学研究中评估新药或治疗方法的有效性和安全性,在金融学中用于风险评估,在工程学中估计系统的性能参数,在信息技术与网络分析中预测网络负载、识别异常模式、理解用户偏好和优化推荐算法等. 通过参数估计,人们可以量化地了解总体的特性,并基于此做出决策或预测.

本章将分别介绍点估计和区间估计.

§7.1 点 估 计

点估计就是从一个样本(或样本值)中得出总体未知参数的估计量(或估计值).在点估计中,利用样本值对某个未知参数的估计结果是一个具体数值,它被认为是最有可能反映此参数真实值的数.

假设总体的分布中仅含有一个未知参数,点估计的具体做法如下:设总体 X 的分布函数 $F(x;\theta)$ 形式已知,其中 θ 是未知参数(也称为待估参数).首先在总体 X 中进行随机抽样,所得样本记为 $X_1,X_2,\cdots,X_n$,相应的样本值为 $x_1,x_2,\cdots,x_n$.接下来构造一个适当的统计量 $g(X_1,X_2,\cdots,X_n)$ 作为未知参数 θ 的**估计量**,记为 $\hat{\theta}=g(X_1,X_2,\cdots,X_n)$.在估计量 $\hat{\theta}$ 中代入样本值即可得到参数 θ 的**估计值** $\hat{\theta}=g(x_1,x_2,\cdots,x_n)$.估计量和估计值统称为**点估计**.

下面介绍点估计中两种常用的构造统计量的方法:矩估计法和最大似然估计法.

一、矩估计法

矩估计法的概念是由英国数学家皮尔逊首先提出的,其核心思想是"替换原理":用样本矩替换总体矩,用样本矩的函数替换总体矩的函数.

下面用一个引例来介绍矩估计法的应用场景和思想.

引例 1 网络流量监控需要预测高峰期和低峰期的数据包到达频率,以便合理配置网络带宽和服务器资源.现假设某网络服务器在单位时间内接收数据包的数量 X 服从参数为 $\lambda(\lambda>0)$ 的泊松分布,从中抽取一个样本 $X_1,X_2,\cdots,X_n$[选取 n 个不同的单位时间段,记第 $i(i=1,2,\cdots,n)$ 个单位时间段内接收数据包的数量为 X_i],测得样本值为 $x_1,x_2,\cdots,x_n$(记录下 n 个单位时间段内接收数据包的数量值).基于上述样本数据,试估计参数 λ 的值.

解 由题意,总体 $X\sim\pi(\lambda)$,则 $E(X)=\lambda$.由于 $X_1,X_2,\cdots,X_n$ 是来自总体 X 的一个样本,则 $X_1,X_2,\cdots,X_n$ 相互独立且与总体 X 同分布,因此根据辛钦大数定律,样本均值 $\overline{X}=\frac{1}{n}\sum_{i=1}^{n}X_i$ 依概率收敛于总体均值 $E(X)$,即有

$$\overline{X}\approx E(X)=\lambda,$$

由此得到参数 λ 的估计量为 $\hat{\lambda}=\overline{X}$,将样本值代入估计量可得 λ 的估计值为 $\hat{\lambda}=\overline{x}$,这里 $\overline{x}$ 为样本均值 $\overline{X}$ 的观察值.也就是说,将 n 个单位时间段内接收数据包的数量值做平均,即可估计出 λ 的值.

在引例 1 中,针对总体 X 的分布中含有一个未知参数 λ 的情况,大数定律保证了样本均值 $\overline{X}$(样本一阶原点矩)依概率收敛于总体均值 $E(X)$(总体一阶原点矩),因此可以用样本一阶原点矩替换总体一阶原点矩,从而建立样本与参数 λ 的函数关系,实现对参数 λ 的估

计.这种估计方法称为**矩估计法**.

如果总体 X 的分布中含有的未知参数多于一个,也可以使用矩估计法来估计多个参数.假设总体 X 的分布中含有 r 个未知参数 $\theta_1,\theta_2,\cdots,\theta_r$,其中 $r\geqslant 1$.又设总体 X 的前 r 阶原点矩 $\mu_k=E(X^k)\ (k=1,2,\cdots,r)$ 存在,$X_1,X_2,\cdots,X_n$ 是来自 X 的一个样本,$x_1,x_2,\cdots,x_n$ 为相应的样本值,则矩估计法的具体步骤如下.

(1) 求总体的前 r 阶原点矩,得到包含 r 个参数 $\theta_1,\theta_2,\cdots,\theta_r$ 的一组等式:

$$\begin{cases}\mu_1=E(X)=g_1(\theta_1,\theta_2,\cdots,\theta_r),\\ \mu_2=E(X^2)=g_2(\theta_1,\theta_2,\cdots,\theta_r),\\ \qquad\cdots\cdots\\ \mu_r=E(X^r)=g_r(\theta_1,\theta_2,\cdots,\theta_r).\end{cases}$$

(2) 根据大数定律可以证明,样本 k 阶原点矩 $A_k=\dfrac{1}{n}\sum\limits_{i=1}^{n}X_i^k$ 依概率收敛于总体 k 阶原点矩 $\mu_k(k=1,2,\cdots,r)$,因此可以用样本 k 阶原点矩 A_k 替换总体 k 阶原点矩 μ_k,从而得到 r 个方程

$$\begin{cases}A_1=\dfrac{1}{n}\sum\limits_{i=1}^{n}X_i=\mu_1=g_1(\theta_1,\theta_2,\cdots,\theta_r),\\ A_2=\dfrac{1}{n}\sum\limits_{i=1}^{n}X_i^2=\mu_2=g_2(\theta_1,\theta_2,\cdots,\theta_r),\\ \qquad\cdots\cdots\\ A_r=\dfrac{1}{n}\sum\limits_{i=1}^{n}X_i^r=\mu_r=g_r(\theta_1,\theta_2,\cdots,\theta_r).\end{cases}$$

(3) 求解上述 r 个方程,得到参数 $\theta_1,\theta_2,\cdots,\theta_r$ 的**矩估计量**分别为

$$\hat{\theta}_k=h_k(A_1,A_2,\cdots,A_r),\quad k=1,2,\cdots,r.$$

在实际问题中,将给定的样本值代入矩估计量,得到矩估计量的观察值即为**矩估计值**.

例 1　设总体 X 的分布律如表 7-1 所示,其中 $0<\theta<1$ 为未知参数.在总体 X 中抽取样本容量为 4 的样本 X_1,X_2,X_3,X_4,并测得样本值为 $x_1=2,x_2=3,x_3=1,x_4=2$,试求参数 θ 的矩估计量和矩估计值.

表 7-1

X	1	2	3
P	θ^2	$2\theta(1-\theta)$	$(1-\theta)^2$

解　由表 7-1 可得总体 X 的一阶原点矩为

$$\mu_1=E(X)=1\times\theta^2+2\times 2\theta(1-\theta)+3\times(1-\theta)^2=3-2\theta.$$

用样本一阶原点矩 $A_1=\overline{X}$ 替换总体一阶原点矩 μ_1,有

$$A_1=\overline{X}=\mu_1=3-2\theta,$$

解得参数 θ 的矩估计量为

$$\hat{\theta}=\frac{3-\overline{X}}{2}.$$

根据测得的样本值可计算出样本均值的观察值 $\overline{x}=\dfrac{2+3+1+2}{4}=2$，因此参数 θ 的矩估计值为

$$\hat{\theta}=\frac{3-\overline{x}}{2}=\frac{3-2}{2}=\frac{1}{2}.$$

例 2 在信号处理中，常用脉冲宽度调制信号控制电机的速度，而指数分布常被用于模拟脉冲信号之间的时间间隔. 现假设脉冲之间的时间间隔 $X\sim e(\theta)$，其中 $\theta>0$ 为未知参数，$X_1,X_2,\cdots,X_n$ 是来自总体 X 的一个样本，$x_1,x_2,\cdots,x_n$ 为相应的样本值，试求参数 θ 的矩估计量和矩估计值.

解 由题意，总体 X 的一阶原点矩为

$$\mu_1=E(X)=\theta.$$

用样本一阶原点矩 $A_1=\overline{X}$ 替换总体一阶原点矩 μ_1，有

$$A_1=\overline{X}=\mu_1=\theta,$$

解得参数 θ 的矩估计量为

$$\hat{\theta}=\overline{X}.$$

将样本值代入矩估计量，可得参数 θ 的矩估计值为

$$\hat{\theta}=\overline{x}.$$

例 3 在机械零件制造中，通常要求一个零件的直径在一定范围内服从均匀分布. 假设一家机械加工厂生产的某种零件的直径 $X\sim U(a,b)$，其中 a,b 为未知参数，现从生产线上随机抽取一个样本 $X_1,X_2,\cdots,X_n$，其样本值为 $x_1,x_2,\cdots,x_n$，试求参数 a,b 的矩估计量和矩估计值.

解 由于总体 $X\sim U(a,b)$，其中有 a,b 两个未知参数，因此要计算 X 的一阶原点矩和二阶原点矩：

$$\begin{cases}\mu_1=E(X)=\dfrac{a+b}{2},\\[2mm] \mu_2=E(X^2)=D(X)+E^2(X)=\dfrac{(b-a)^2}{12}+\dfrac{(a+b)^2}{4}.\end{cases}$$

利用样本原点矩替换同阶总体原点矩，有

$$\begin{cases}A_1=\overline{X}=\mu_1=\dfrac{a+b}{2},\\[2mm] A_2=\dfrac{1}{n}\sum\limits_{i=1}^{n}X_i^2=\mu_2=\dfrac{(b-a)^2}{12}+\dfrac{(a+b)^2}{4},\end{cases}$$

即

$$a+b=2A_1,\quad b-a=2\sqrt{3(A_2-A_1^2)},$$

解得参数 a,b 的矩估计量分别为

$$\begin{cases}\hat{a}=A_1-\sqrt{3(A_2-A_1^2)}=\overline{X}-\sqrt{\dfrac{3}{n}\sum\limits_{i=1}^{n}(X_i-\overline{X})^2},\\\hat{b}=A_1+\sqrt{3(A_2-A_1^2)}=\overline{X}+\sqrt{\dfrac{3}{n}\sum\limits_{i=1}^{n}(X_i-\overline{X})^2}.\end{cases}$$

将样本值代入矩估计量，可得参数 a,b 的矩估计值分别为

$$\hat{a}=\overline{x}-\sqrt{\frac{3}{n}\sum_{i=1}^{n}(x_i-\overline{x})^2},\quad \hat{b}=\overline{x}+\sqrt{\frac{3}{n}\sum_{i=1}^{n}(x_i-\overline{x})^2}.$$

例 4　设总体 X 的均值 $E(X)=\mu$ 及方差 $D(X)=\sigma^2$ 都存在，且 $\sigma^2>0$，其中 μ 和 σ^2 为未知参数，$X_1,X_2,\cdots,X_n$ 是来自 X 的一个样本，$x_1,x_2,\cdots,x_n$ 为相应的样本值，求 μ 和 σ^2 的矩估计量和矩估计值.

解　为了估计总体 X 的两个未知参数 μ,σ^2，首先计算 X 的一阶原点矩和二阶原点矩：

$$\begin{cases}\mu_1=E(X)=\mu,\\\mu_2=E(X^2)=D(X)+E^2(X)=\sigma^2+\mu^2.\end{cases}$$

利用样本原点矩替换同阶总体原点矩，有

$$\begin{cases}A_1=\overline{X}=\mu_1=\mu,\\A_2=\dfrac{1}{n}\sum\limits_{i=1}^{n}X_i^2=\mu_2=\sigma^2+\mu^2,\end{cases}$$

解得参数 μ,σ^2 的矩估计量分别为

$$\begin{cases}\hat{\mu}=A_1=\overline{X},\\\hat{\sigma}^2=A_2-A_1^2=\dfrac{1}{n}\sum\limits_{i=1}^{n}X_i^2-\overline{X}^2=\dfrac{1}{n}\sum\limits_{i=1}^{n}(X_i-\overline{X})^2.\end{cases}$$

将样本值代入矩估计量，可得参数 μ,σ^2 的矩估计值分别为

$$\hat{\mu}=\overline{x},\quad \hat{\sigma}^2=\frac{1}{n}\sum_{i=1}^{n}(x_i-\overline{x})^2.$$

注　当估计总体的数字特征时，矩估计法只需要使用总体的原点矩，而不需要明确总体的分布.例如，例 4 的结果表明，无论总体服从何种分布，所得到的总体均值和方差的矩估计量都是相同的.

二、最大似然估计法

最大似然估计法也称为极大似然估计法，它建立在实际推断原理的基础上. 实际推断原理的数学表述为：假设一个试验有若干个可能的结果 $A_1,A_2,\cdots$，在一次试验中如果某个结果 $A_i(i=1,2,\cdots)$ 出现了，那么可以认为试验条件对 A_i 的发生有利，即 A_i 发生的概率较大.

下面我们用一个引例来介绍最大似然估计法的应用场景和思想.

引例 2　假设某网络服务器单位时间内接收数据包的数量 X 服从参数为 $\lambda(\lambda>0)$ 的泊松分布，即 X 的分布律为

$$P\{X=k\}=\frac{\lambda^k}{k!}e^{-\lambda},\quad k=0,1,2,\cdots.$$

现抽取一个样本容量为 5 的样本 X_1,X_2,X_3,X_4,X_5[选取 5 个不同的单位时间段，记第 $i(i=1,2,3,4,5)$ 个单位时间段内接收数据包的数量为 X_i]，如果测得的样本值为 8,10,11,10,11，该如何估计参数 λ 的大小？

解 首先值得思考的是：为什么这次抽样得到的样本值是 8,10,11,10,11，而不是另外一组数值？为了方便解释，假设事件

$$A=\{X_1=8,X_2=10,X_3=11,X_4=10,X_5=11\}.$$

根据实际推断原理，这次抽样中事件 A 发生了，则可以认为 A 发生的概率较大. 由于样本 X_1,X_2,X_3,X_4,X_5 相互独立且与总体 X 同分布，可得

$$\begin{aligned}P(A)&=P\{X_1=8,X_2=10,X_3=11,X_4=10,X_5=11\}\\&=P\{X=8\}P\{X=10\}P\{X=11\}P\{X=10\}P\{X=11\}\\&=\frac{\lambda^8}{8!}e^{-\lambda}\cdot\frac{\lambda^{10}}{10!}e^{-\lambda}\cdot\frac{\lambda^{11}}{11!}e^{-\lambda}\cdot\frac{\lambda^{10}}{10!}e^{-\lambda}\cdot\frac{\lambda^{11}}{11!}e^{-\lambda}\\&=\frac{\lambda^{50}}{8!\cdot10!\cdot11!\cdot10!\cdot11!}e^{-5\lambda},\end{aligned}$$

这里 $P(A)$ 是参数 λ 的函数，记 $L(\lambda)=P(A)$，并称 $L(\lambda)$ 为**似然函数**. 根据实际推断原理，λ 的取值应该使得 $L(\lambda)$ 最大. 至此，我们将估计参数 λ 的问题转换为函数 $L(\lambda)$ 求最值的问题，即在 λ 可能的取值范围内，选择使似然函数 $L(\lambda)$ 达到最大的参数值 $\hat{\lambda}$ 作为参数 λ 的估计值，也即 $L(\hat{\lambda})=\max\limits_{\lambda}L(\lambda)$. 由于这里似然函数 $L(\lambda)$ 关于 λ 可微，因此上述问题可以转化为求 $L(\lambda)$ 的驻点，即求解方程

$$\frac{d}{d\lambda}L(\lambda)=0,\tag{7.1}$$

也即求解方程

$$\frac{d}{d\lambda}L(\lambda)=\frac{50}{8!\cdot10!\cdot11!\cdot10!\cdot11!}\lambda^{49}e^{-5\lambda}-\frac{5}{8!\cdot10!\cdot11!\cdot10!\cdot11!}\lambda^{50}e^{-5\lambda}=0.\tag{7.2}$$

解得 $L(\lambda)$ 的最大值点为 $\hat{\lambda}=10$，我们称 $\hat{\lambda}=10$ 为参数 λ 的**最大似然估计值**.

值得注意的是，这里似然函数 $L(\lambda)$ 是多个函数的乘积，这导致求 $\frac{d}{d\lambda}L(\lambda)$ 的计算复杂度高，我们可以通过对 $L(\lambda)$ 取对数来简化计算. 具体来说，由于 $L(\lambda)$ 与 $\ln L(\lambda)$ 在同一点处取到极值，因此 λ 的最大似然估计值 $\hat{\lambda}$ 也可以通过求解方程

$$\frac{d}{d\lambda}\ln L(\lambda)=0,\tag{7.3}$$

即

$$\frac{d}{d\lambda}\ln L(\lambda)=\frac{d}{d\lambda}[-\ln(8!\cdot10!\cdot11!\cdot10!\cdot11!)+50\ln\lambda-5\lambda]=\frac{50}{\lambda}-5=0\tag{7.4}$$

得到. 同样解得 $\hat{\lambda}=10$ 为参数 λ 的最大似然估计值. 称 $\ln L(\lambda)$ 为**对数似然函数**，称方程

(7.3) 为**对数似然方程**. 对比方程(7.2) 和方程(7.4) 不难看出,求解对数似然方程(7.4) 的计算复杂度低.

从引例 2 中我们可以抽象概括出最大似然估计法的一般思想.

设总体 X 的分布 $F(x;\theta)$ 已知,其中 $\theta \in \Theta$ 为未知参数,这里 Θ 是 θ 可能的取值范围,$X_1, X_2, \cdots, X_n$ 是来自 X 的一个样本,$x_1, x_2, \cdots, x_n$ 为相应的样本值,则求参数 θ 的最大似然估计需要以下几个步骤.

(1) 建立似然函数 $L(\theta)$.

由于总体 X 可能是不同类型的随机变量,因此建立似然函数的方法也存在差异. 若 X 为离散型随机变量,且其分布律为 $P\{X=x\}=p(x;\theta)$,则似然函数 $L(\theta)$ 是样本 X_1, $X_2, \cdots, X_n$ 的联合分布律,即

$$L(\theta)=L(x_1, x_2, \cdots, x_n;\theta)=\prod_{i=1}^{n} p(x_i, \theta).$$

若 X 为连续型随机变量,且其概率密度为 $f(x;\theta)$,则似然函数 $L(\theta)$ 是样本 $X_1, X_2, \cdots, X_n$ 的联合概率密度,即

$$L(\theta)=L(x_1, x_2, \cdots, x_n;\theta)=\prod_{i=1}^{n} f(x_i, \theta).$$

最大似然估计法的思想是:固定样本值 $x_1, x_2, \cdots, x_n$,在 θ 可能的取值范围内,选择使似然函数 $L(\theta)=L(x_1, x_2, \cdots, x_n;\theta)$ 达到最大的值 $\hat{\theta}$ 作为参数 θ 的估计值,即

$$L(x_1, x_2, \cdots, x_n;\hat{\theta})=\max_{\theta \in \Theta} L(x_1, x_2, \cdots, x_n;\theta). \tag{7.5}$$

由此得到的 $\hat{\theta}$ 与样本值 $x_1, x_2, \cdots, x_n$ 有关,记为 $\hat{\theta}(x_1, x_2, \cdots, x_n)$,称为参数 θ 的**最大似然估计值**. 用样本 $X_1, X_2, \cdots, X_n$ 替换样本值 $x_1, x_2, \cdots, x_n$ 得到统计量 $\hat{\theta}(X_1, X_2, \cdots, X_n)$,称为参数 θ 的**最大似然估计量**. 最大似然估计量和最大似然估计值统称为**最大似然估计**.

(2) 写出对数似然函数 $\ln L(\theta)$.

(3) 写出对数似然方程

$$\frac{\mathrm{d}}{\mathrm{d}\theta}\ln L(\theta)=0. \tag{7.6}$$

(4) 求解对数似然方程,得到最大似然估计 $\hat{\theta}$.

注　对数似然方程(7.6) 可能出现无解的情况,这说明通过求导来求最值的方法失效,并不意味着最大似然估计不存在,这种情况下要寻找其他求最值的方法来进一步判断. 此外,有些问题中对数似然方程(7.6) 的解不唯一,且不易判断哪个解会使似然函数 $L(\theta)$ 达到最大. 还有一些问题中对数似然函数 $\ln L(\theta)$ 对 θ 不可导,此时就不能通过求解对数似然方程(7.6) 得到最大似然估计,而需要回归实际推断原理,利用(7.5) 式求参数 θ 的最大似然估计.

例 5　试求例 1 中参数 θ 的最大似然估计值.

解　总体 X 是离散型随机变量,似然函数为

$$
\begin{aligned}
L(\theta) &= P\{X=2\}P\{X=3\}P\{X=1\}P\{X=2\} \\
&= 2\theta(1-\theta)\cdot(1-\theta)^2\cdot\theta^2\cdot 2\theta(1-\theta) \\
&= 4\theta^4(1-\theta)^4.
\end{aligned}
$$

对似然函数取对数,得

$$\ln L(\theta) = \ln 4 + 4\ln\theta + 4\ln(1-\theta).$$

令$\frac{\mathrm{d}}{\mathrm{d}\theta}\ln L(\theta)=0$,即

$$\frac{\mathrm{d}}{\mathrm{d}\theta}\ln L(\theta) = \frac{4}{\theta} - \frac{4}{1-\theta} = 0,$$

解得 θ 的最大似然估计值为

$$\hat{\theta} = \frac{1}{2}.$$

例 6 设总体 X 的分布律为

$$P\{X=k\} = (1-p)^{k-1}p, \quad k=1,2,\cdots,$$

其中参数 p 未知且满足 $0<p<1$, $X_1, X_2, \cdots, X_n$ 是来自总体 X 的一个样本, $x_1, x_2, \cdots, x_n$ 为相应的样本值,试求参数 p 的最大似然估计量和最大似然估计值.

解 总体 X 是离散型随机变量,似然函数为

$$
\begin{aligned}
L(p) &= \prod_{i=1}^{n} P\{X=x_i\} = \prod_{i=1}^{n}(1-p)^{x_i-1}p \\
&= (1-p)^{\sum_{i=1}^{n}x_i-n}p^n.
\end{aligned}
$$

对似然函数取对数,得

$$\ln L(p) = \left(\sum_{i=1}^{n}x_i - n\right)\ln(1-p) + n\ln p.$$

令$\frac{\mathrm{d}}{\mathrm{d}p}\ln L(p)=0$,即

$$\frac{\mathrm{d}}{\mathrm{d}p}\ln L(p) = -\frac{\sum_{i=1}^{n}x_i - n}{1-p} + \frac{n}{p} = 0,$$

解得 p 的最大似然估计值为

$$\hat{p} = \frac{1}{\frac{1}{n}\sum_{i=1}^{n}x_i} = \frac{1}{\bar{x}}.$$

故 p 的最大似然估计量为

$$\hat{p} = \frac{1}{\frac{1}{n}\sum_{i=1}^{n}X_i} = \frac{1}{\bar{X}}.$$

例 7 指数分布在新型电池的研究中扮演着重要角色. 目前某研究机构正在研究一种新型电池,假设这种电池的寿命 X 服从参数为 θ 的指数分布,但是 θ 未知且满足 $\theta>0$. 现

从这批电池中抽取一个样本 $X_1,X_2,\cdots,X_n$，得到样本值为 $x_1,x_2,\cdots,x_n$，试求参数 θ 的最大似然估计量和最大似然估计值.

解　由题意，总体 X 的概率密度为

$$f(x;\theta)=\begin{cases}\dfrac{1}{\theta}e^{-\frac{x}{\theta}}, & x>0,\\ 0, & \text{其他},\end{cases}$$

则当 $x_i>0(i=1,2,\cdots,n)$ 时，参数 θ 的似然函数为

$$L(\theta)=\prod_{i=1}^{n}f(x_i;\theta)=\prod_{i=1}^{n}\frac{1}{\theta}e^{-\frac{x_i}{\theta}}=\theta^{-n}e^{-\frac{\sum\limits_{i=1}^{n}x_i}{\theta}}.$$

对似然函数取对数，得

$$\ln L(\theta)=-n\ln\theta-\frac{\sum\limits_{i=1}^{n}x_i}{\theta}.$$

令 $\dfrac{d}{d\theta}\ln L(\theta)=0$，即

$$\frac{d}{d\theta}\ln L(\theta)=-\frac{n}{\theta}+\frac{\sum\limits_{i=1}^{n}x_i}{\theta^2}=0,$$

解得 θ 的最大似然估计值为

$$\hat{\theta}=\frac{1}{n}\sum_{i=1}^{n}x_i=\bar{x}.$$

故 θ 的最大似然估计量为

$$\hat{\theta}=\frac{1}{n}\sum_{i=1}^{n}X_i=\bar{X}.$$

如果总体 X 的分布中含有的未知参数多于一个，也可以使用最大似然估计法来估计多个参数. 假设总体 X 的分布中含有 r 个未知参数 $\theta_1,\theta_2,\cdots,\theta_r$，其中 $r\geqslant1$，$X_1,X_2,\cdots,X_n$ 是来自总体 X 的一个样本，$x_1,x_2,\cdots,x_n$ 为相应的样本值，则最大似然估计法的步骤调整如下：

(1) 建立似然函数 $L(\theta_1,\theta_2,\cdots,\theta_r)$.

若 X 为离散型随机变量，且其分布律为 $P\{X=x\}=p(x;\theta_1,\theta_2,\cdots,\theta_r)$，则似然函数是样本 $X_1,X_2,\cdots,X_n$ 的联合分布律，即

$$L(\theta_1,\theta_2,\cdots,\theta_r)=L(x_1,x_2,\cdots,x_n;\theta_1,\theta_2,\cdots,\theta_r)=\prod_{i=1}^{n}p(x_i;\theta_1,\theta_2,\cdots,\theta_r).$$

若 X 为连续型随机变量，且其概率密度为 $f(x;\theta_1,\theta_2,\cdots,\theta_r)$，则似然函数是样本 X_1，$X_2,\cdots,X_n$ 的联合概率密度，即

$$L(\theta_1,\theta_2,\cdots,\theta_r)=L(x_1,x_2,\cdots,x_n;\theta_1,\theta_2,\cdots,\theta_r)=\prod_{i=1}^{n}f(x_i;\theta_1,\theta_2,\cdots,\theta_r).$$

(2) 写出对数似然函数 $\ln L(\theta_1,\theta_2,\cdots,\theta_r)$.

(3) 写出对数似然方程组

$$\begin{cases}\dfrac{\partial}{\partial\theta_1}\ln L(\theta_1,\theta_2,\cdots,\theta_r)=0,\\ \dfrac{\partial}{\partial\theta_2}\ln L(\theta_1,\theta_2,\cdots,\theta_r)=0,\\ \qquad\cdots\cdots\\ \dfrac{\partial}{\partial\theta_r}\ln L(\theta_1,\theta_2,\cdots,\theta_r)=0.\end{cases}$$

(4) 求解对数似然方程组,得到最大似然估计 $\hat{\theta}_i,i=1,2,\cdots,r$.

例 8 设总体 X 服从参数为 μ 和 σ^2 的正态分布,其中 μ 和 σ^2 未知,$X_1,X_2,\cdots,X_n$ 为来自总体 X 的一个样本,相应的样本值为 $x_1,x_2,\cdots,x_n$,试求参数 μ 与 σ^2 的最大似然估计量和最大似然估计值.

解 由题意,总体 X 的概率密度为

$$f(x;\mu,\sigma^2)=\frac{1}{\sqrt{2\pi}\sigma}e^{-\frac{1}{2\sigma^2}(x-\mu)^2},\quad -\infty<x<+\infty,$$

则似然函数为

$$L(\mu,\sigma^2)=\prod_{i=1}^{n}f(x_i;\mu,\sigma^2)=\prod_{i=1}^{n}\left[\frac{1}{\sqrt{2\pi}\sigma}e^{-\frac{1}{2\sigma^2}(x_i-\mu)^2}\right]$$
$$=\left(\frac{1}{\sqrt{2\pi}\sigma}\right)^n e^{-\frac{1}{2\sigma^2}\sum\limits_{i=1}^{n}(x_i-\mu)^2}.$$

对似然函数取对数,得

$$\ln L(\mu,\sigma^2)=-\frac{n}{2}\ln(2\pi)-\frac{n}{2}\ln\sigma^2-\frac{1}{2\sigma^2}\sum_{i=1}^{n}(x_i-\mu)^2.$$

对对数似然函数关于 μ 与 σ^2 分别求偏导数并令偏导数为 0,得到对数似然方程组

$$\begin{cases}\dfrac{\partial\ln L(\mu,\sigma^2)}{\partial\mu}=-\dfrac{1}{2\sigma^2}\sum\limits_{i=1}^{n}2\cdot(-1)\cdot(x_i-\mu)=0,\\ \dfrac{\partial\ln L(\mu,\sigma^2)}{\partial\sigma^2}=-\dfrac{n}{2}\cdot\dfrac{1}{\sigma^2}+\dfrac{1}{2\sigma^4}\sum\limits_{i=1}^{n}(x_i-\mu)^2=0,\end{cases}$$

即

$$\begin{cases}\sum\limits_{i=1}^{n}(x_i-\mu)=0,\\ n\sigma^2-\sum\limits_{i=1}^{n}(x_i-\mu)^2=0,\end{cases}$$

解得 μ 与 σ^2 的最大似然估计值分别为

$$\hat{\mu}=\frac{1}{n}\sum_{i=1}^{n}x_i=\bar{x},\quad \hat{\sigma}^2=\frac{1}{n}\sum_{i=1}^{n}(x_i-\bar{x})^2.$$

故 μ 与 σ^2 的最大似然估计量分别为

$$\hat{\mu}=\overline{X},\quad \hat{\sigma}^2=\frac{1}{n}\sum_{i=1}^{n}(X_i-\overline{X})^2.$$

例 9　设总体 $X \sim U[a,b]$，其中 a,b 为未知参数，从中抽取一个样本 $X_1, X_2, \cdots, X_n$，相应的样本值为 $x_1, x_2, \cdots, x_n$，试求参数 a,b 的最大似然估计量和最大似然估计值.

解　由题意，总体 X 的概率密度为

$$f(x;a,b)=\begin{cases}\dfrac{1}{b-a}, & a \leqslant x \leqslant b,\\ 0, & \text{其他},\end{cases}$$

则当 $a \leqslant x_i \leqslant b(i=1,2,\cdots,n)$ 时，似然函数为

$$L(a,b)=\prod_{i=1}^{n} f(x_i;a,b)=\frac{1}{(b-a)^n}.$$

显然，b 越小且 a 越大时，似然函数 $L(a,b)$ 越大，但 a,b 要满足

$$a \leqslant x_i \leqslant b, \quad i=1,2,\cdots,n.$$

令 $x_{(1)}=\min\limits_{1\leqslant i\leqslant n}\{x_i\}$，$x_{(n)}=\max\limits_{1\leqslant i\leqslant n}\{x_i\}$，则有 $a \leqslant x_{(1)} \leqslant x_{(n)} \leqslant b$. 容易看出，当 $a=x_{(1)}$ 且 $b=x_{(n)}$ 时，$L(a,b)$ 取到最大值 $(x_{(n)}-x_{(1)})^{-n}$，因此参数 a,b 的最大似然估计值分别为

$$\hat{a}=x_{(1)}=\min_{1\leqslant i\leqslant n}\{x_i\}, \quad \hat{b}=x_{(n)}=\max_{1\leqslant i\leqslant n}\{x_i\},$$

参数 a,b 的最大似然估计量分别为

$$\hat{a}=X_{(1)}=\min_{1\leqslant i\leqslant n}\{X_i\}, \quad \hat{b}=X_{(n)}=\max_{1\leqslant i\leqslant n}\{X_i\}.$$

注　例 9 的求解与其他例题不同，没有利用求解对数似然方程组得到参数 a,b 的估计值. 如果对似然函数 $L(a,b)$ 取对数，得到对数似然函数为

$$\ln L(a,b)=-n\ln(b-a),$$

再对 a 和 b 分别求偏导数得到

$$\begin{cases}\dfrac{\partial \ln L(a,b)}{\partial a}=\dfrac{n}{b-a}>0,\\[2mm] \dfrac{\partial \ln L(a,b)}{\partial b}=-\dfrac{n}{b-a}<0,\end{cases}$$

显然这个对数似然方程组无解，无法利用求似然函数的驻点得到其最大值. 因此，例 9 的求解只能回归实际推断原理，利用(7.5)式求参数 a,b 的最大似然估计.

§7.2　估计量的评选标准

对于同一总体中的同一个未知参数，采用不同的估计方法所得的估计量可能不同. 为了评判这些估计量哪一个更好，我们需要相应的评选标准. 数理统计中通常采用的评选标准有三个：无偏性、有效性和相合性.

一、无偏性

设 $X_1, X_2, \cdots, X_n$ 是来自总体 X 的一个样本，$\theta \in \Theta$ 为总体 X 的分布中含有的未知参

数，这里Θ是θ可能的取值范围. 由于参数θ的估计量$\hat{\theta}=\hat{\theta}(X_1,X_2,\cdots,X_n)$是随机变量，因此样本值不同会导致估计量$\hat{\theta}$的取值不同. 一个好的估计量在多次抽样中的取值应该以未知参数为中心，在未知参数附近随机波动，即满足$E(\hat{\theta})=\theta$. 由此给出无偏性的概念.

定义 7.2.1 设$\hat{\theta}=\hat{\theta}(X_1,X_2,\cdots,X_n)$为参数$\theta$的一个估计量. 若估计量$\hat{\theta}$的数学期望$E(\hat{\theta})$存在且满足

$$E(\hat{\theta})=\theta,$$

则称$\hat{\theta}$为θ的**无偏估计量**；否则，称之为**有偏估计量**.

例 1 设$X_1,X_2,\cdots,X_n$是来自总体X的一个样本，且$E(X)=\mu,D(X)=\sigma^2$，试判定$\frac{1}{n}\sum_{i=1}^{n}(X_i-\overline{X})^2$是否为未知参数$\sigma^2$的无偏估计量.

解 因为

$$\begin{aligned}
E\left[\frac{1}{n}\sum_{i=1}^{n}(X_i-\overline{X})^2\right]&=\frac{1}{n}E\left(\sum_{i=1}^{n}X_i^2-n\overline{X}^2\right)=\frac{1}{n}\left[\sum_{i=1}^{n}E(X_i^2)-nE(\overline{X}^2)\right]\\
&=\frac{1}{n}\left\{\sum_{i=1}^{n}\left[E^2(X_i)+D(X_i)\right]-n\left[D(\overline{X})+E^2(\overline{X})\right]\right\}\\
&=\frac{1}{n}\left[\sum_{i=1}^{n}(\mu^2+\sigma^2)-n\left(\frac{\sigma^2}{n}+\mu^2\right)\right]\\
&=\frac{n-1}{n}\sigma^2\neq\sigma^2,
\end{aligned}$$

所以$\frac{1}{n}\sum_{i=1}^{n}(X_i-\overline{X})^2$不是$\sigma^2$的无偏估计量.

注 在例 1 中，如果将统计量$\frac{1}{n}\sum_{i=1}^{n}(X_i-\overline{X})^2$乘以系数$\frac{n}{n-1}$即得样本方差$S^2$. 因为$E(S^2)=\sigma^2$，所以$S^2$是总体方差$\sigma^2$的一个无偏估计量，这也是在数理统计中将$S^2=\frac{1}{n-1}\sum_{i=1}^{n}(X_i-\overline{X})^2$定义为样本方差的原因.

例 2 设X_1,X_2,X_3是来自总体X的一个样本，且$E(X)=\mu,D(X)=\sigma^2$，判别下列估计量中哪些是未知参数μ的无偏估计量：

$$\hat{\mu}_1=\frac{1}{3}X_1+\frac{1}{4}X_2+\frac{2}{5}X_3,$$

$$\hat{\mu}_2=\frac{1}{3}X_1+\frac{1}{3}X_2+\frac{1}{3}X_3,$$

$$\hat{\mu}_3=\frac{1}{3}X_1+\frac{1}{6}X_2+\frac{1}{2}X_3.$$

解 因为

$$E(\hat{\mu}_1)=\frac{1}{3}E(X_1)+\frac{1}{4}E(X_2)+\frac{2}{5}E(X_3)$$
$$=\frac{1}{3}\mu+\frac{1}{4}\mu+\frac{2}{5}\mu=\frac{59}{60}\mu\neq\mu,$$
$$E(\hat{\mu}_2)=\frac{1}{3}E(X_1)+\frac{1}{3}E(X_2)+\frac{1}{3}E(X_3)$$
$$=\frac{1}{3}\mu+\frac{1}{3}\mu+\frac{1}{3}\mu=\mu,$$
$$E(\hat{\mu}_3)=\frac{1}{3}E(X_1)+\frac{1}{6}E(X_2)+\frac{1}{2}E(X_3)$$
$$=\frac{1}{3}\mu+\frac{1}{6}\mu+\frac{1}{2}\mu=\mu,$$

所以 $\hat{\mu}_1$ 不是参数 μ 的无偏估计量，$\hat{\mu}_2$ 和 $\hat{\mu}_3$ 均是参数 μ 的无偏估计量.

无偏性是估计量优良性的最基本要求. 在例 2 中，对于总体均值 μ，有多个无偏估计量 $\hat{\mu}_2$ 和 $\hat{\mu}_3$ 存在，如何进一步评判 $\hat{\mu}_2$ 和 $\hat{\mu}_3$ 的优良性，需要引入其他的评选标准.

二、有效性

若 $\hat{\theta}_1$ 和 $\hat{\theta}_2$ 都是参数 θ 的无偏估计量，则意味着 $\hat{\theta}_1$ 和 $\hat{\theta}_2$ 的取值都以 θ 为中心，在 θ 附近随机振荡. 但如果 $\hat{\theta}_1$ 的取值比 $\hat{\theta}_2$ 的取值更集中，那么可以认为 $\hat{\theta}_1$ 比 $\hat{\theta}_2$ 更适合估计参数 θ. 方差是反映随机变量取值集中程度的数字特征，所以一个好的估计量在满足无偏性的基础上，其方差还应尽可能小，这就是评判估计量的另一个标准 —— 有效性.

定义 7.2.2　设 $\hat{\theta}_1=\hat{\theta}_1(X_1,X_2,\cdots,X_n)$ 和 $\hat{\theta}_2=\hat{\theta}_2(X_1,X_2,\cdots,X_n)$ 都是参数 θ 的无偏估计量. 若

$$D(\hat{\theta}_1)<D(\hat{\theta}_2),$$

则称 $\hat{\theta}_1$ 较 $\hat{\theta}_2$ **有效**.

例 3　试判断例 2 中参数 μ 的两个无偏估计量 $\hat{\mu}_2$ 和 $\hat{\mu}_3$ 哪个更有效.

解　计算得

$$D(\hat{\mu}_2)=\frac{1}{3^2}D(X_1)+\frac{1}{3^2}D(X_2)+\frac{1}{3^2}D(X_3)$$
$$=\frac{1}{9}\sigma^2+\frac{1}{9}\sigma^2+\frac{1}{9}\sigma^2=\frac{1}{3}\sigma^2,$$
$$D(\hat{\mu}_3)=\frac{1}{3^2}D(X_1)+\frac{1}{6^2}D(X_2)+\frac{1}{2^2}D(X_3)$$
$$=\frac{1}{9}\sigma^2+\frac{1}{36}\sigma^2+\frac{1}{4}\sigma^2=\frac{7}{18}\sigma^2.$$

因为 $D(\hat{\mu}_2)<D(\hat{\mu}_3)$，所以 $\hat{\mu}_2$ 较 $\hat{\mu}_3$ 有效.

三、相合性

参数θ的估计量$\hat{\theta}=\hat{\theta}(X_1,X_2,\cdots,X_n)$是样本$X_1,X_2,\cdots,X_n$的函数,当样本容量$n$越大时,$\hat{\theta}$与$\theta$的误差应该越小.特别地,当$n\to\infty$时,$\hat{\theta}$的取值应该稳定在参数$\theta$的一个充分小的邻域内,这就引出了评判估计量的又一个标准——相合性.

定义 7.2.3 设$\hat{\theta}(X_1,X_2,\cdots,X_n)$是参数$\theta$的估计量.当$n\to\infty$时,若$\hat{\theta}(X_1,X_2,\cdots,X_n)$依概率收敛于$\theta$,即对于任意的$\varepsilon>0$,有

$$\lim_{n\to\infty}P\{|\hat{\theta}(X_1,X_2,\cdots,X_n)-\theta|<\varepsilon\}=1,$$

则称$\hat{\theta}(X_1,X_2,\cdots,X_n)$是$\theta$的**相合估计量**.

例 4 设总体X的数学期望$E(X)=\mu$存在,$X_1,X_2,\cdots,X_n$为来自X的一个样本,试证明样本均值$\overline{X}$是μ的相合估计量.

证明 由题意,样本$X_1,X_2,\cdots,X_n$相互独立且与总体X同分布,则$E(X_i)=\mu,i=1,2,\cdots,n$.由辛钦大数定律,有

$$\lim_{n\to\infty}P\{|\overline{X}-\mu|<\varepsilon\}=\lim_{n\to\infty}P\left\{\left|\frac{1}{n}\sum_{i=1}^{n}X_i-\mu\right|<\varepsilon\right\}=1,$$

即样本均值$\overline{X}$是μ的相合估计量.

§7.3 区间估计

区间估计的历史可以追溯到20世纪初,当时普遍使用点估计法来估计总体的未知参数.点估计法提供了具体的数值作为总体未知参数的估计值,但这种方法缺乏关于估计值准确性的度量,因此统计学家们开始尝试给出估计值的可信范围.1934年,统计学家奈曼(Neyman)提出了区间估计理论,标志着现代区间估计理论的诞生.随着数理统计的成熟和发展,区间估计逐渐成为统计推断的重要组成部分.

和数理统计中的大部分方法一样,区间估计也是从样本数据出发的.设总体X的分布中含有未知参数θ,从X中抽取样本$X_1,X_2,\cdots,X_n$,所谓对参数θ进行区间估计,即是用样本构造两个统计量$\underline{\theta}=\underline{\theta}(X_1,X_2,\cdots,X_n)$和$\overline{\theta}=\overline{\theta}(X_1,X_2,\cdots,X_n)$,并以这两个统计量为端点构造一个区间$(\underline{\theta},\overline{\theta})=(\underline{\theta}(X_1,X_2,\cdots,X_n),\overline{\theta}(X_1,X_2,\cdots,X_n))$,使得参数$\theta$落在这个区间内.由于$\underline{\theta}$和$\overline{\theta}$是随机变量,因此$(\underline{\theta},\overline{\theta})$是随机区间且$\theta\in(\underline{\theta},\overline{\theta})$是随机事件.我们希望区间$(\underline{\theta},\overline{\theta})$尽可能覆盖参数$\theta$,即$P\{\underline{\theta}<\theta<\overline{\theta}\}$尽可能大,由此引入置信区间和置信水平的概念.

定义 7.3.1 设总体X的分布函数为$F(x;\theta)$,其中$\theta\in\Theta$为未知参数,这里Θ是θ可能的取值范围,$X_1,X_2,\cdots,X_n$为来自总体X的一个样本.对于给定的实数$\alpha\in(0,1)$,若存在两个统计量$\underline{\theta}=\underline{\theta}(X_1,X_2,\cdots,X_n)$和$\overline{\theta}=\overline{\theta}(X_1,X_2,\cdots,X_n)$满足

$$P\{\underline{\theta}(X_1,X_2,\cdots,X_n)<\theta<\overline{\theta}(X_1,X_2,\cdots,X_n)\}=1-\alpha,$$

则称随机区间$(\underline{\theta},\overline{\theta})$是参数$\theta$的置信水平为$1-\alpha$的**置信区间**,其中$\underline{\theta}$和$\overline{\theta}$分别称为$\theta$的双侧置信区间的**置信下限**和**置信上限**,$1-\alpha$称为**置信水平**(也称为**置信度**).

注　(1) 定义7.3.1中的置信水平$1-\alpha$描述了随机区间$(\underline{\theta},\overline{\theta})$覆盖参数$\theta$的概率.从频率的角度来看,如果保持样本容量$n$不变,将一组样本值$x_1,x_2,\cdots,x_n$代入置信区间就可以得到一个确定的区间$(\underline{\theta}(x_1,x_2,\cdots,x_n),\overline{\theta}(x_1,x_2,\cdots,x_n))$,那么100组样本值就对应100个确定的区间,其中有的区间包含θ的真实值,有的不包含θ的真实值.如果置信水平$1-\alpha=0.99$,就意味着平均100个区间中有99个区间包含θ的真实值.

(2) 一方面,我们希望置信区间$(\underline{\theta},\overline{\theta})$尽最大可能包含$\theta$,即置信水平$1-\alpha$越大越好;另一方面,区间的长度$\overline{\theta}-\underline{\theta}$代表了估计的精度,我们又希望$\overline{\theta}-\underline{\theta}$尽可能小.但在样本容量不变的条件下,减小置信区间的长度会导致区间的置信水平下降,反之亦然,这两个要求是相互矛盾的.那么该如何平衡置信水平和估计的精度呢?一直以来,人们广泛认可奈曼提出的原则:优先考虑置信水平,即先确定置信水平$1-\alpha$,在此基础上求精度最高的置信区间.

(3) 对于给定的置信水平$1-\alpha$,若总体X是连续型随机变量,则可以找到满足$P\{\underline{\theta}<\theta<\overline{\theta}\}=1-\alpha$的置信区间$(\underline{\theta},\overline{\theta})$;而如果总体$X$是离散型随机变量,有时会找不到区间$(\underline{\theta},\overline{\theta})$,使得$P\{\underline{\theta}<\theta<\overline{\theta}\}$恰好等于$1-\alpha$.在这种情况下,通常可以找使得$P\{\underline{\theta}<\theta<\overline{\theta}\}$不小于$1-\alpha$且尽可能接近$1-\alpha$的置信区间.

枢轴量法是构造未知参数θ的置信区间的最常用方法,其具体步骤如下:

(1) 构造一个函数$W=W(X_1,X_2,\cdots,X_n;\theta)$,它是样本$X_1,X_2,\cdots,X_n$和未知参数$\theta$的函数.要求$W$不包含其他未知参数,并且$W$的分布已知且其分布不依赖于参数$\theta$.称函数$W$为**枢轴量**.

(2) 对于给定的置信水平$1-\alpha$,适当地选取两个常数a,b,使得

$$P\{a<W(X_1,X_2,\cdots,X_n;\theta)<b\}=1-\alpha.$$

(3) 将不等式$a<W(X_1,X_2,\cdots,X_n;\theta)<b$写为等价形式

$$\underline{\theta}(X_1,X_2,\cdots,X_n)<\theta<\overline{\theta}(X_1,X_2,\cdots,X_n),$$

则有

$$P\{\underline{\theta}(X_1,X_2,\cdots,X_n)<\theta<\overline{\theta}(X_1,X_2,\cdots,X_n)\}=1-\alpha,$$

从而$(\underline{\theta},\overline{\theta})$就是$\theta$的一个置信水平为$1-\alpha$的置信区间.

§7.4　正态总体均值与方差的区间估计

在使用枢轴量法求未知参数的置信区间时,如果总体是一般的随机变量,那么构造枢轴量是比较复杂的.但是如果总体服从正态分布$N(\mu,\sigma^2)$,那么可借助正态总体的抽样分布

定理(定理 6.2.1 ~ 6.2.4) 来构造参数 μ 和 σ^2 的枢轴量. 本节针对正态总体讨论其参数 μ 和 σ^2 的区间估计.

一、单个正态总体的区间估计

设 $X_1,X_2,\cdots,X_n$ 为来自正态总体 $X\sim N(\mu,\sigma^2)$ 的一个样本, $\overline{X}$ 和 S^2 分别是样本均值和样本方差, 给定置信水平为 $1-\alpha$. 接下来分多种情况讨论参数 μ 和 σ^2 的区间估计.

1. 均值 μ 的置信区间

对正态总体中的参数 μ 进行区间估计时, 需要分两种情况: σ^2 已知和 σ^2 未知, 并分别构造枢轴量进行区间估计.

(1) σ^2 已知, 求 μ 的置信区间.

由于总体 $X\sim N(\mu,\sigma^2)$ 且 σ^2 已知, 因此根据定理 6.2.1, 可构造枢轴量为

$$\frac{\overline{X}-\mu}{\sigma/\sqrt{n}}\sim N(0,1).$$

选取标准正态分布 $N(0,1)$ 的上 $\frac{\alpha}{2}$ 分位点 $z_{\frac{\alpha}{2}}$ (见图 7-1), 则有

$$P\left\{-z_{\frac{\alpha}{2}}<\frac{\overline{X}-\mu}{\sigma/\sqrt{n}}<z_{\frac{\alpha}{2}}\right\}=1-\alpha,$$

即

$$P\left\{\overline{X}-\frac{\sigma}{\sqrt{n}}z_{\frac{\alpha}{2}}<\mu<\overline{X}+\frac{\sigma}{\sqrt{n}}z_{\frac{\alpha}{2}}\right\}=1-\alpha,$$

由此得到参数 μ 的置信水平为 $1-\alpha$ 的置信区间为

$$\left(\overline{X}-\frac{\sigma}{\sqrt{n}}z_{\frac{\alpha}{2}},\overline{X}+\frac{\sigma}{\sqrt{n}}z_{\frac{\alpha}{2}}\right), \tag{7.7}$$

常简写为

$$\left(\overline{X}\pm\frac{\sigma}{\sqrt{n}}z_{\frac{\alpha}{2}}\right).$$

这是一个随机区间, 记录一组样本值 $x_1,x_2,\cdots,x_n$, 计算出样本均值的观察值 $\overline{x}$ 并代入 (7.7) 式, 就得到了置信区间在这组样本值下的取值 $\left(\overline{x}\pm\frac{\sigma}{\sqrt{n}}z_{\frac{\alpha}{2}}\right)$, 其中 $z_{\frac{\alpha}{2}}$ 可以通过查附表 2 得到.

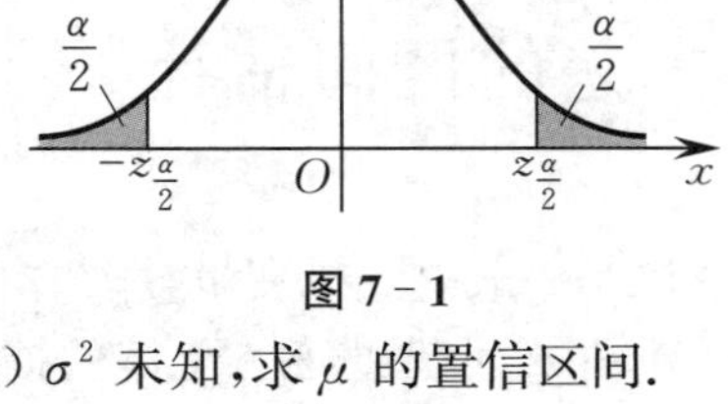

图 7-1

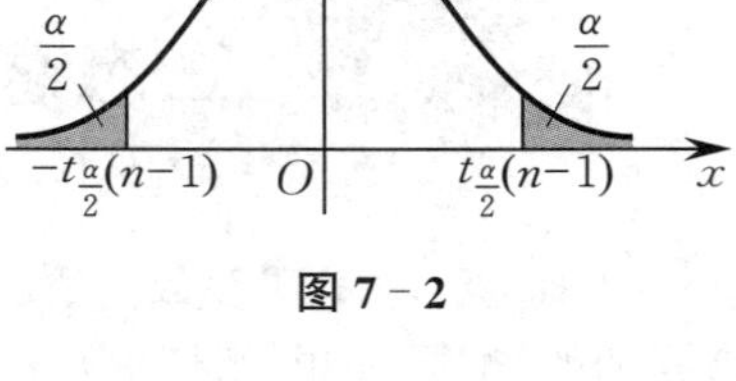

图 7-2

(2) σ^2 未知, 求 μ 的置信区间.

因为这种情况下 σ 也是未知参数，所以 $\dfrac{\overline{X}-\mu}{\sigma/\sqrt{n}}$ 不再符合枢轴量的要求. 根据定理 6.2.3，构造枢轴量为

$$\frac{\overline{X}-\mu}{S/\sqrt{n}} \sim t(n-1).$$

选取 $t(n-1)$ 分布的上 $\dfrac{\alpha}{2}$ 分位点 $t_{\frac{\alpha}{2}}(n-1)$（见图 7-2），则有

$$P\left\{-t_{\frac{\alpha}{2}}(n-1)<\frac{\overline{X}-\mu}{S/\sqrt{n}}<t_{\frac{\alpha}{2}}(n-1)\right\}=1-\alpha,$$

即

$$P\left\{\overline{X}-\frac{S}{\sqrt{n}}t_{\frac{\alpha}{2}}(n-1)<\mu<\overline{X}+\frac{S}{\sqrt{n}}t_{\frac{\alpha}{2}}(n-1)\right\}=1-\alpha,$$

由此得到参数 μ 的置信水平为 $1-\alpha$ 的置信区间为

$$\left(\overline{X}-\frac{S}{\sqrt{n}}t_{\frac{\alpha}{2}}(n-1), \overline{X}+\frac{S}{\sqrt{n}}t_{\frac{\alpha}{2}}(n-1)\right),$$

常简写为

$$\left(\overline{X}\pm\frac{S}{\sqrt{n}}t_{\frac{\alpha}{2}}(n-1)\right).$$

2. 方差 σ^2 的置信区间

这里只介绍 μ 未知的情况下参数 σ^2 的区间估计. 根据定理 6.2.2，构造枢轴量为

$$\frac{(n-1)S^2}{\sigma^2} \sim \chi^2(n-1).$$

选取 $\chi^2(n-1)$ 分布的两个分位点 $\chi^2_{1-\frac{\alpha}{2}}(n-1)$ 和 $\chi^2_{\frac{\alpha}{2}}(n-1)$（见图 7-3），则有

$$P\left\{\chi^2_{1-\frac{\alpha}{2}}(n-1)<\frac{(n-1)S^2}{\sigma^2}<\chi^2_{\frac{\alpha}{2}}(n-1)\right\}=1-\alpha,$$

即

$$P\left\{\frac{(n-1)S^2}{\chi^2_{\frac{\alpha}{2}}(n-1)}<\sigma^2<\frac{(n-1)S^2}{\chi^2_{1-\frac{\alpha}{2}}(n-1)}\right\}=1-\alpha,$$

由此得到 σ^2 的置信水平为 $1-\alpha$ 的置信区间为

$$\left(\frac{(n-1)S^2}{\chi^2_{\frac{\alpha}{2}}(n-1)}, \frac{(n-1)S^2}{\chi^2_{1-\frac{\alpha}{2}}(n-1)}\right).$$

故 σ 的置信水平为 $1-\alpha$ 的置信区间为

$$\left(\frac{\sqrt{n-1}S}{\sqrt{\chi^2_{\frac{\alpha}{2}}(n-1)}}, \frac{\sqrt{n-1}S}{\sqrt{\chi^2_{1-\frac{\alpha}{2}}(n-1)}}\right).$$

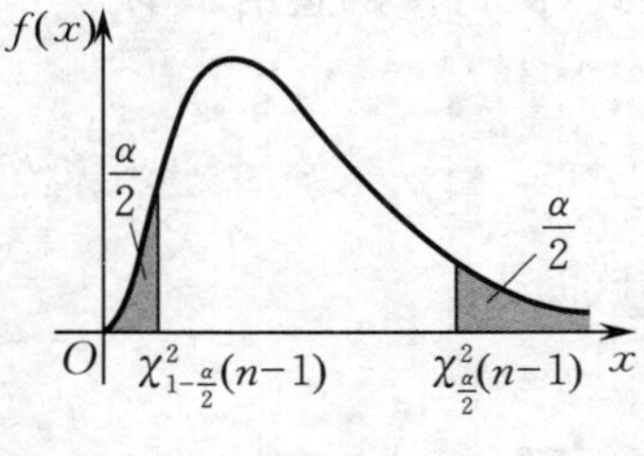

图 7-3

注　根据奈曼提出的原则，我们要在给定置信水平 $1-\alpha$ 的基础上求精度最高的置信区间. 以上三种情况涉及标准正态分布、t 分布和 χ^2 分布，其中标准正态分布和 t 分布的概率密度的图形是单峰且对称的，因此取对称的分位点，所得的置信区间长度最短；而 χ^2 分布的概

率密度的图形不对称，很难找到长度最短的置信区间，我们习惯上仍取对称的分位点[如 $\chi^2_{1-\frac{\alpha}{2}}(n-1)$ 与 $\chi^2_{\frac{\alpha}{2}}(n-1)$]来确定置信区间.

例 1 为了评估环境状况并制定相应的保护措施，常用正态分布对污染物浓度建模. 假设某条河流上某个监测站点的月平均污染物浓度(单位：mg/L)$X \sim N(\mu, \sigma^2)$，过去的一年中测定每月的平均污染物浓度如表 7-2 所示.

表 7-2

月份	1	2	3	4	5	6	7	8	9	10	11	12
浓度	10.2	10.1	9.8	10.5	10.3	10.4	10.6	10.2	9.9	10.3	10.1	10.0

(1) 若已知 $\sigma^2=0.04$，试求 μ 的置信水平为 0.95 的置信区间；

(2) 若 σ^2 未知，试求 μ 的置信水平为 0.95 的置信区间；

(3) 若 μ 未知，试求 σ^2 的置信水平为 0.95 的置信区间.

解 由题意，样本容量 $n=12$，计算可得样本均值 $\overline{x}=10.2$，样本方差 $s^2=0.0564$.

(1) 已知 $\sigma^2=0.04$，选用枢轴量 $\dfrac{\overline{X}-\mu}{\sigma/\sqrt{n}} \sim N(0,1)$，得到 μ 的置信水平为 $1-\alpha$ 的置信区间为

$$\left(\overline{X}-\frac{\sigma}{\sqrt{n}}z_{\frac{\alpha}{2}}, \overline{X}+\frac{\sigma}{\sqrt{n}}z_{\frac{\alpha}{2}}\right).$$

将 $\overline{x}=10.2, \sigma=0.2, n=12, \alpha=1-0.95=0.05$ 和 $z_{\frac{\alpha}{2}}=z_{0.025}=1.96$ 代入上式，得到 μ 的置信水平为 0.95 的置信区间为

$$(10.087, 10.313).$$

(2) 当 σ^2 未知时，选用枢轴量 $\dfrac{\overline{X}-\mu}{S/\sqrt{n}} \sim t(n-1)$，得到 μ 的置信水平为 $1-\alpha$ 的置信区间为

$$\left(\overline{X}-\frac{S}{\sqrt{n}}t_{\frac{\alpha}{2}}(n-1), \overline{X}+\frac{S}{\sqrt{n}}t_{\frac{\alpha}{2}}(n-1)\right).$$

将 $\overline{x}=10.2, s=0.237, n=12, \alpha=1-0.95=0.05$ 和 $t_{\frac{\alpha}{2}}(n-1)=t_{0.025}(11)=2.2010$ 代入上式，得到 μ 的置信水平为 0.95 的置信区间为

$$(10.049, 10.351).$$

(3) 当 μ 未知时，选用枢轴量 $\dfrac{(n-1)S^2}{\sigma^2} \sim \chi^2(n-1)$，得到 σ^2 的置信水平为 $1-\alpha$ 的置信区间为

$$\left(\frac{(n-1)S^2}{\chi^2_{\frac{\alpha}{2}}(n-1)}, \frac{(n-1)S^2}{\chi^2_{1-\frac{\alpha}{2}}(n-1)}\right).$$

将 $s^2=0.0564, n=12, \alpha=1-0.95=0.05, \chi^2_{\frac{\alpha}{2}}(n-1)=\chi^2_{0.025}(11)=21.920$ 和 $\chi^2_{1-\frac{\alpha}{2}}(n-1)=\chi^2_{0.975}(11)=3.816$ 代入上式，得到 σ^2 的置信水平为 0.95 的置信区间为

$$(0.028, 0.163).$$

二、两个正态总体的区间估计

在实际工程和生产中经常面临这样的问题：已知产品的某个关键性能指标（如强度、精度或能耗等）服从正态分布，但在不同的生产批次、不同的生产线或经过一段时间后，由于原材料的差异、设备的老化、操作人员的变动或生产工艺的调整等因素，可能会导致产品性能指标的总体均值或方差发生变化. 在这种情况下，需要了解这些变化的程度和影响，以便采取适当的措施进行调整或优化. 这就要求我们考虑两个正态总体均值差或方差比的估计问题，以量化这些变化的具体幅度.

给定置信水平 $1-\alpha$，假设有两个相互独立的正态总体 $X\sim N(\mu_1,\sigma_1^2)$ 和 $Y\sim N(\mu_2,\sigma_2^2)$，$X_1,X_2,\cdots,X_n$ 是来自 X 的一个样本，$\overline{X},S_1^2$ 分别表示其样本均值和样本方差；$Y_1,Y_2,\cdots,Y_m$ 是来自 Y 的一个样本，$\overline{Y},S_2^2$ 分别表示其样本均值和样本方差. 下面分别讨论两个正态总体均值差 $\mu_1-\mu_2$ 和方差比 $\dfrac{\sigma_1^2}{\sigma_2^2}$ 的置信区间.

1. 两个正态总体均值差 $\mu_1-\mu_2$ 的置信区间

(1) σ_1^2 和 σ_2^2 已知，求 $\mu_1-\mu_2$ 的置信区间.

当 σ_1^2 和 σ_2^2 已知时，根据定理 6.2.4，构造枢轴量为

$$\frac{(\overline{X}-\overline{Y})-(\mu_1-\mu_2)}{\sqrt{\dfrac{\sigma_1^2}{n}+\dfrac{\sigma_2^2}{m}}}\sim N(0,1).$$

选取标准正态分布 $N(0,1)$ 的对称分位点 $z_{\frac{\alpha}{2}}$ 和 $-z_{\frac{\alpha}{2}}$，则有

$$P\left\{-z_{\frac{\alpha}{2}}<\frac{(\overline{X}-\overline{Y})-(\mu_1-\mu_2)}{\sqrt{\dfrac{\sigma_1^2}{n}+\dfrac{\sigma_2^2}{m}}}<z_{\frac{\alpha}{2}}\right\}=1-\alpha,$$

即

$$P\left\{\overline{X}-\overline{Y}-z_{\frac{\alpha}{2}}\sqrt{\frac{\sigma_1^2}{n}+\frac{\sigma_2^2}{m}}<\mu_1-\mu_2<\overline{X}-\overline{Y}+z_{\frac{\alpha}{2}}\sqrt{\frac{\sigma_1^2}{n}+\frac{\sigma_2^2}{m}}\right\}=1-\alpha,$$

由此得到 $\mu_1-\mu_2$ 的置信水平为 $1-\alpha$ 的置信区间为

$$\left(\overline{X}-\overline{Y}-z_{\frac{\alpha}{2}}\sqrt{\frac{\sigma_1^2}{n}+\frac{\sigma_2^2}{m}},\overline{X}-\overline{Y}+z_{\frac{\alpha}{2}}\sqrt{\frac{\sigma_1^2}{n}+\frac{\sigma_2^2}{m}}\right).$$

(2) $\sigma_1^2=\sigma_2^2=\sigma^2$ 未知，求 $\mu_1-\mu_2$ 的置信区间.

当 $\sigma_1^2=\sigma_2^2=\sigma^2$ 未知时，根据定理 6.2.4，构造枢轴量为

$$\frac{(\overline{X}-\overline{Y})-(\mu_1-\mu_2)}{S_w\sqrt{\dfrac{1}{n}+\dfrac{1}{m}}}\sim t(n+m-2),$$

其中 $S_w=\sqrt{S_w^2}$ 且 $S_w^2=\dfrac{(n-1)S_1^2+(m-1)S_2^2}{n+m-2}$. 选取 t 分布的对称分位点 $t_{\frac{\alpha}{2}}(n+m-2)$ 和 $-t_{\frac{\alpha}{2}}(n+m-2)$，则有

$$P\left\{-t_{\frac{\alpha}{2}}(n+m-2)<\frac{(\overline{X}-\overline{Y})-(\mu_1-\mu_2)}{S_w\sqrt{\frac{1}{n}+\frac{1}{m}}}<t_{\frac{\alpha}{2}}(n+m-2)\right\}=1-\alpha,$$

即

$$P\left\{\overline{X}-\overline{Y}-t_{\frac{\alpha}{2}}(n+m-2)S_w\sqrt{\frac{1}{n}+\frac{1}{m}}<\mu_1-\mu_2<\overline{X}-\overline{Y}+t_{\frac{\alpha}{2}}(n+m-2)S_w\sqrt{\frac{1}{n}+\frac{1}{m}}\right\}=1-\alpha,$$

由此得到 $\mu_1-\mu_2$ 的置信水平为 $1-\alpha$ 的置信区间为

$$\left(\overline{X}-\overline{Y}-t_{\frac{\alpha}{2}}(n+m-2)S_w\sqrt{\frac{1}{n}+\frac{1}{m}},\overline{X}-\overline{Y}+t_{\frac{\alpha}{2}}(n+m-2)S_w\sqrt{\frac{1}{n}+\frac{1}{m}}\right).$$

例 2 某加工厂用两条流水线生产小包装番茄酱，现从这两条流水线上各随机抽取一个样本，样本容量分别为 $n=6,m=7$，称重（单位：g）后算得 $\overline{x}=10.6,s_1^2=0.025,\overline{y}=10.1,s_2^2=0.01$. 假设这两条流水线上所装番茄酱的质量分别服从正态分布 $N(\mu_1,\sigma^2)$ 和 $N(\mu_2,\sigma^2)$，求 $\mu_1-\mu_2$ 的置信水平为 0.90 的置信区间.

解 $\mu_1-\mu_2$ 的置信水平为 $1-\alpha$ 的置信区间为

$$\left(\overline{X}-\overline{Y}-t_{\frac{\alpha}{2}}(n+m-2)S_w\sqrt{\frac{1}{n}+\frac{1}{m}},\overline{X}-\overline{Y}+t_{\frac{\alpha}{2}}(n+m-2)S_w\sqrt{\frac{1}{n}+\frac{1}{m}}\right).$$

已知 $n=6,m=7,\alpha=1-0.90=0.10,t_{\frac{\alpha}{2}}(n+m-2)=t_{0.05}(11)=1.795\,9$，经计算可得 $\overline{x}-\overline{y}=0.5,s_w=\sqrt{\dfrac{(n-1)s_1^2+(m-1)s_2^2}{n+m-2}}\approx0.129\,7$，代入数据，则 $\mu_1-\mu_2$ 的置信水平为 0.90 的置信区间为

$$(0.370\,4,0.629\,6).$$

2. 两个正态总体方差比 $\dfrac{\sigma_1^2}{\sigma_2^2}$ 的置信区间

这里仅讨论 μ_1,μ_2 均未知的情况. 根据定理 6.2.4，构造枢轴量为

$$\frac{S_1^2/S_2^2}{\sigma_1^2/\sigma_2^2}\sim F(n-1,m-1).$$

选取 F 分布的对称分位点 $F_{\frac{\alpha}{2}}(n-1,m-1)$ 和 $F_{1-\frac{\alpha}{2}}(n-1,m-1)$，则有

$$P\left\{F_{1-\frac{\alpha}{2}}(n-1,m-1)<\frac{S_1^2/S_2^2}{\sigma_1^2/\sigma_2^2}<F_{\frac{\alpha}{2}}(n-1,m-1)\right\}=1-\alpha,$$

即

$$P\left\{\frac{S_1^2}{S_2^2}\cdot\frac{1}{F_{\frac{\alpha}{2}}(n-1,m-1)}<\frac{\sigma_1^2}{\sigma_2^2}<\frac{S_1^2}{S_2^2}\cdot\frac{1}{F_{1-\frac{\alpha}{2}}(n-1,m-1)}\right\}=1-\alpha,$$

由此得到 $\frac{\sigma_1^2}{\sigma_2^2}$ 的置信水平为 $1-\alpha$ 的置信区间为

$$\left(\frac{S_1^2}{S_2^2}\cdot\frac{1}{F_{\frac{\alpha}{2}}(n-1,m-1)},\frac{S_1^2}{S_2^2}\cdot\frac{1}{F_{1-\frac{\alpha}{2}}(n-1,m-1)}\right).$$

故 $\frac{\sigma_1}{\sigma_2}$ 的置信水平为 $1-\alpha$ 的置信区间为

$$\left(\frac{S_1}{S_2}\cdot\frac{1}{\sqrt{F_{\frac{\alpha}{2}}(n-1,m-1)}},\frac{S_1}{S_2}\cdot\frac{1}{\sqrt{F_{1-\frac{\alpha}{2}}(n-1,m-1)}}\right).$$

例 3 甲、乙两个化验员独立地测定某种聚合物的含氯量(单位:mg/L),他们采用相同的方法对样本容量都是 10 的样本进行测定,得到测定值的方差分别为 $s_{甲}^2=0.541\ 9$ 和 $s_{乙}^2=0.606\ 5$. 设该种聚合物的含氯量服从正态分布,$\sigma_{甲}^2$,$\sigma_{乙}^2$ 分别表示甲、乙两个化验员所考察的总体的方差,试利用样本数据求 $\frac{\sigma_{甲}^2}{\sigma_{乙}^2}$ 的置信水平为 0.95 的置信区间.

解 $\frac{\sigma_{甲}^2}{\sigma_{乙}^2}$ 的置信水平为 $1-\alpha$ 的置信区间为

$$\left(\frac{S_{甲}^2}{S_{乙}^2}\cdot\frac{1}{F_{\frac{\alpha}{2}}(n-1,m-1)},\frac{S_{甲}^2}{S_{乙}^2}\frac{1}{F_{1-\frac{\alpha}{2}}(n-1,m-1)}\right).$$

代入数据 $s_{甲}^2=0.541\ 9$,$s_{乙}^2=0.606\ 5$,$n=10$,$m=10$,$\alpha=1-0.95=0.05$,$F_{\frac{\alpha}{2}}(n-1,m-1)=F_{0.025}(9,9)=4.03$ 和 $F_{1-\frac{\alpha}{2}}(n-1,m-1)=F_{0.975}(9,9)=\frac{1}{F_{0.025}(9,9)}$,可得 $\frac{\sigma_{甲}^2}{\sigma_{乙}^2}$ 的置信水平为 0.95 的置信区间为

$$(0.222,3.601).$$

§7.5 单侧置信区间

在实际应用中,我们常常只关注某些关键参数的上限或下限. 例如,在航空航天领域,飞机发动机叶片的疲劳强度越高越好,以确保飞机的安全性. 在这种情况下,疲劳强度的下限是一个重要指标,它直接关系到飞机能否安全运行. 在电子设备的安全性评估中,电子元器件的工作温度越低越好,以避免过热损坏电子设备,这时工作温度的上限便成为一个重要的考量点. 这些问题都可以归结为寻求未知参数的单侧置信区间.

定义 7.5.1 设总体 X 的分布函数为 $F(x;\theta)$，其中 $\theta \in \Theta$ 为未知参数，这里 Θ 是 θ 可能的取值范围，$X_1,X_2,\cdots,X_n$ 为来自 X 的一个样本. 对于给定的实数 $\alpha \in (0,1)$，若存在统计量 $\underline{\theta}=\underline{\theta}(X_1,X_2,\cdots,X_n)$ 满足

$$P\{\theta>\underline{\theta}(X_1,X_2,\cdots,X_n)\}=1-\alpha,$$

则称随机区间 $(\underline{\theta},+\infty)$ 是 θ 的置信水平为 $1-\alpha$ 的**单侧置信区间**，其中 $\underline{\theta}$ 称为 θ 的置信水平为 $1-\alpha$ 的**单侧置信下限**. 类似地，若存在统计量 $\overline{\theta}=\overline{\theta}(X_1,X_2,\cdots,X_n)$ 满足

$$P\{\theta<\overline{\theta}(X_1,X_2,\cdots,X_n)\}=1-\alpha,$$

则称随机区间 $(-\infty,\overline{\theta})$ 是 θ 的置信水平为 $1-\alpha$ 的**单侧置信区间**，其中 $\overline{\theta}$ 称为 θ 的置信水平为 $1-\alpha$ 的**单侧置信上限**.

例 1 为研究某型号汽车轮胎的磨损特性，假定轮胎磨坏时所行驶的路程(单位：km) 服从正态分布 $N(\mu,\sigma^2)$. 现随机抽取 16 只该型号汽车轮胎，记录其磨坏时所行驶的路程，测得样本均值和样本标准差的观察值分别为 $\overline{x}=41\ 116$ 和 $s=6\ 346$，求这种型号汽车轮胎磨坏时平均行驶路程 μ 的置信水平为 0.95 的单侧置信下限.

解 由于 σ^2 未知，根据定理 6.2.3，构造枢轴量为

$$\frac{\overline{X}-\mu}{S/\sqrt{n}}\sim t(n-1).$$

选取 $t(n-1)$ 分布的上 α 分位点(见图 7-4)，则有

$$P\left\{\frac{\overline{X}-\mu}{S/\sqrt{n}}<t_\alpha(n-1)\right\}=1-\alpha,$$

即

$$P\left\{\mu>\overline{X}-\frac{S}{\sqrt{n}}t_\alpha(n-1)\right\}=1-\alpha,$$

由此得到 μ 的置信水平为 $1-\alpha$ 的单侧置信下限为

$$\underline{\mu}=\overline{X}-\frac{S}{\sqrt{n}}t_\alpha(n-1).$$

将样本数据 $\overline{x}=41\ 116$，$s=6\ 346$，$n=16$，$\alpha=1-0.95=0.05$ 和 $t_\alpha(n-1)=t_{0.05}(15)=1.753\ 1$ 代入上式，可得 μ 的置信水平为 0.95 的单侧置信下限为 $\underline{\mu}=38\ 335$.

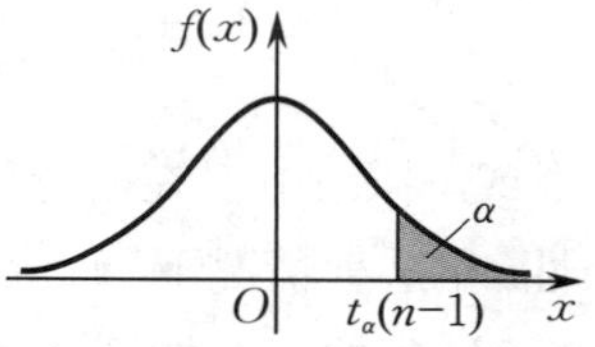

图 7-4

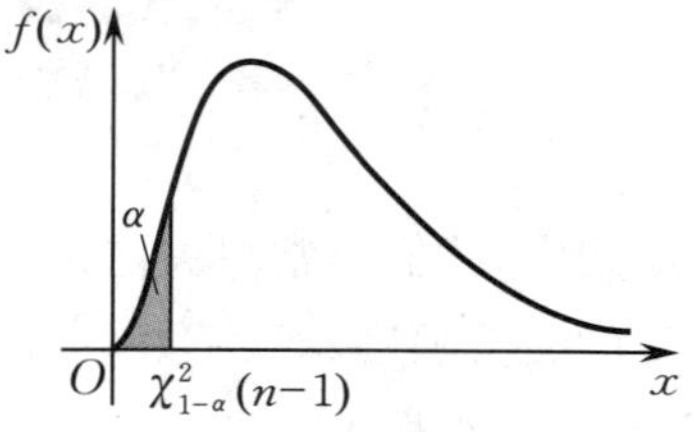

图 7-5

例 2 用仪器间接测量炉子的温度(单位：℃)，已知其测量值服从正态分布 $N(\mu,$

σ^2). 现重复测量 5 次,结果为 1 250,1 265,1 245,1 260,1 275,试求 σ 的置信水平为 0.95 的单侧置信上限.

解　由于 μ 未知,根据定理 6.2.2,构造枢轴量为

$$\frac{(n-1)S^2}{\sigma^2} \sim \chi^2(n-1).$$

选择 $\chi^2(n-1)$ 分布的上 $1-\alpha$ 分位点 $\chi^2_{1-\alpha}(n-1)$(见图 7-5),则有

$$P\left\{\frac{(n-1)S^2}{\sigma^2} > \chi^2_{1-\alpha}(n-1)\right\} = 1-\alpha,$$

即

$$P\left\{\sigma^2 < \frac{(n-1)S^2}{\chi^2_{1-\alpha}(n-1)}\right\} = 1-\alpha,$$

由此得到 σ 的置信水平为 $1-\alpha$ 的单侧置信上限为

$$\overline{\sigma} = S\sqrt{\frac{n-1}{\chi^2_{1-\alpha}(n-1)}}.$$

将样本数据 $s=11.9$,$n=5$,$\alpha=1-0.95=0.05$,$\chi^2_{1-\alpha}(n-1)=\chi^2_{0.95}(4)=0.711$ 代入上式,可得 σ 的置信水平为 0.95 的单侧置信上限为 $\overline{\sigma}=28.2$.

将关于正态总体未知参数的区间估计的讨论列成表格,如表 7-3 所示.

表 7-3

	未知参数	条件	枢轴量及其分布	置信区间	单侧置信限
单个正态总体	μ	σ^2 已知	$\dfrac{\overline{X}-\mu}{\sigma/\sqrt{n}} \sim N(0,1)$	$\left(\overline{X} \pm \dfrac{\sigma}{\sqrt{n}} z_{\frac{\alpha}{2}}\right)$	$\overline{\mu} = \overline{X} + \dfrac{\sigma}{\sqrt{n}} z_\alpha$ $\underline{\mu} = \overline{X} - \dfrac{\sigma}{\sqrt{n}} z_\alpha$
	μ	σ^2 未知	$\dfrac{\overline{X}-\mu}{S/\sqrt{n}} \sim t(n-1)$	$\left(\overline{X} \pm \dfrac{S}{\sqrt{n}} t_{\frac{\alpha}{2}}(n-1)\right)$	$\overline{\mu} = \overline{X} + \dfrac{S}{\sqrt{n}} t_\alpha(n-1)$ $\underline{\mu} = \overline{X} - \dfrac{S}{\sqrt{n}} t_\alpha(n-1)$
	σ^2	μ 未知	$\dfrac{(n-1)S^2}{\sigma^2} \sim \chi^2(n-1)$	$\left(\dfrac{(n-1)S^2}{\chi^2_{\frac{\alpha}{2}}(n-1)}, \dfrac{(n-1)S^2}{\chi^2_{1-\frac{\alpha}{2}}(n-1)}\right)$	$\overline{\sigma^2} = \dfrac{(n-1)S^2}{\chi^2_{1-\alpha}(n-1)}$ $\underline{\sigma^2} = \dfrac{(n-1)S^2}{\chi^2_\alpha(n-1)}$
两个正态总体	$\mu_1-\mu_2$	σ_1^2,σ_2^2 已知	$\dfrac{(\overline{X}-\overline{Y})-(\mu_1-\mu_2)}{\sqrt{\dfrac{\sigma_1^2}{n}+\dfrac{\sigma_2^2}{m}}} \sim N(0,1)$	$\left(\overline{X}-\overline{Y} \pm z_{\frac{\alpha}{2}}\sqrt{\dfrac{\sigma_1^2}{n}+\dfrac{\sigma_2^2}{m}}\right)$	$\overline{\mu_1-\mu_2} = \overline{X}-\overline{Y}+z_\alpha\sqrt{\dfrac{\sigma_1^2}{n}+\dfrac{\sigma_2^2}{m}}$ $\underline{\mu_1-\mu_2} = \overline{X}-\overline{Y}-z_\alpha\sqrt{\dfrac{\sigma_1^2}{n}+\dfrac{\sigma_2^2}{m}}$

续表

	未知参数	条件	枢轴量及其分布	置信区间	单侧置信限
两个正态总体	$\mu_1-\mu_2$	$\sigma_1^2=\sigma_2^2=\sigma^2$ 未知	$\dfrac{(\overline{X}-\overline{Y})-(\mu_1-\mu_2)}{S_w\sqrt{\dfrac{1}{n}+\dfrac{1}{m}}} \sim t(n+m-2)$	$\left(\overline{X}-\overline{Y}\pm t_{\frac{\alpha}{2}}(n+m-2)\times S_w\sqrt{\dfrac{1}{n}+\dfrac{1}{m}}\right)$	$\overline{\mu_1-\mu_2}=\overline{X}-\overline{Y}+t_\alpha(n+m-2)\times S_w\sqrt{\dfrac{1}{n}+\dfrac{1}{m}}$ $\underline{\mu_1-\mu_2}=\overline{X}-\overline{Y}-t_\alpha(n+m-2)\times S_w\sqrt{\dfrac{1}{n}+\dfrac{1}{m}}$
	$\dfrac{\sigma_1^2}{\sigma_2^2}$	μ_1,μ_2 未知	$\dfrac{S_1^2/S_2^2}{\sigma_1^2/\sigma_2^2}\sim F(n-1,m-1)$	$\left(\dfrac{S_1^2}{S_2^2}\cdot\dfrac{1}{F_{\frac{\alpha}{2}}(n-1,m-1)},\ \dfrac{S_1^2}{S_2^2}\cdot\dfrac{1}{F_{1-\frac{\alpha}{2}}(n-1,m-1)}\right)$	$\overline{\dfrac{\sigma_1^2}{\sigma_2^2}}=\dfrac{S_1^2}{S_2^2}\cdot\dfrac{1}{F_{1-\alpha}(n-1,m-1)}$ $\underline{\dfrac{\sigma_1^2}{\sigma_2^2}}=\dfrac{S_1^2}{S_2^2}\cdot\dfrac{1}{F_\alpha(n-1,m-1)}$

数学家简介

皮尔逊

习 题 七

1. 设 $X_1,X_2,\cdots,X_n$ 为来自总体 $X\sim N(\mu,\sigma^2)$ 的一个样本，且 $\sum\limits_{i=1}^{n-1}c(X_{i+1}-X_i)^2$ 为 σ^2 的无偏估计量，则 $c=$__________.

2. 设 $X_1,X_2,\cdots,X_n(n\geqslant 3)$ 为来自总体 $X\sim N(\mu,\sigma^2)$ 的一个样本，$\overline{X}$ 为样本均值，则 $\hat{\mu}_1=\overline{X},\hat{\mu}_2=2\overline{X}-X_1,\hat{\mu}_3=\dfrac{1}{5}X_1+\dfrac{3}{10}X_2+\dfrac{1}{2}X_3$ 作为 μ 的估计量时，最有效的是__________.

3. 设某批产品的废品率为 p，现从中随机抽取 75 件，发现有 10 件废品，则 p 的最大似然估计值是__________.

4. 在地质勘探或建筑施工中，需要精确测量特定距离. 某施工人员对某一距离进行测量，设测量值(单位：m)$X\sim N(\mu,\sigma^2)$，其中 μ 和 σ^2 均未知. 现独立测量了 5 次，得到数据 2 781，2 836，2 807，2 763，2 858，求 μ 和 σ^2 的矩估计值.

5. 设总体 X 服从二项分布 $B(N,p)$，其中 N 已知，p 未知，$X_1,X_2,\cdots,X_n$ 为来自 X 的一个样本，$x_1,x_2,\cdots,x_n$ 为相应的样本值，求参数 p 的矩估计量和矩估计值.

6. 设总体 X 的概率密度为

$$f(x;\theta)=\begin{cases}\dfrac{1}{\theta-1}, & 1<x<\theta,\\ 0, & \text{其他},\end{cases}$$

其中 θ 未知，$X_1,X_2,\cdots,X_n$ 为来自 X 的一个样本，$x_1,x_2,\cdots,x_n$ 为相应的样本值，求参数 θ 的矩估计量和最大似然估计量.

7. 设 X_1,X_2,X_3 为来自总体 $X\sim N(\mu,\sigma^2)$ 的一个样本，其中 μ 和 σ^2 均未知，记

$$T_1=\frac{1}{6}X_1+\frac{1}{2}X_2+\frac{1}{3}X_3,$$

$$T_2=\frac{1}{3}X_1+\frac{1}{3}X_2+\frac{1}{3}X_3,$$

$$T_3=\frac{1}{5}X_1+\frac{1}{4}X_2+\frac{1}{3}X_3.$$

(1) 判别 T_1,T_2,T_3 中哪些是参数 μ 的无偏估计量；

(2) 在上述参数 μ 的无偏估计量中哪个最有效?

8. 设总体 X 的概率密度为

$$f(x;\theta)=\begin{cases}(\theta+1)x^{\theta}, & 0<x<1,\\ 0, & \text{其他},\end{cases}$$

其中 $\theta>0$ 未知，$X_1,X_2,\cdots,X_n$ 为来自 X 的一个样本，$x_1,x_2,\cdots,x_n$ 为相应的样本值，求参数 θ 的矩估计量和最大似然估计量.

9. 设总体 X 服从区间 $(\theta,2\theta)$ 上的均匀分布，其中 $\theta>0$ 未知，$X_1,X_2,\cdots,X_n$ 为来自 X 的一个样本，$x_1,x_2,\cdots,x_n$ 为相应的样本值，求参数 θ 的矩估计量和最大似然估计量.

10. 设总体 X 的概率密度为

$$f(x;\theta)=\begin{cases}\dfrac{\theta^2}{x^3}\mathrm{e}^{-\frac{\theta}{x}}, & x>0,\\ 0, & \text{其他},\end{cases}$$

其中 $\theta>0$ 未知，$X_1,X_2,\cdots,X_n$ 为来自 X 的一个样本，$x_1,x_2,\cdots,x_n$ 为相应的样本值，求参数 θ 的矩估计量和最大似然估计量.

11. 设总体 X 的分布函数为

$$F(x;\theta)=\begin{cases}1-\mathrm{e}^{-\frac{x^2}{\theta}}, & x\geqslant 0,\\ 0, & x<0,\end{cases}$$

其中 $\theta>0$ 未知，$X_1,X_2,\cdots,X_n$ 为来自 X 的一个样本，$x_1,x_2,\cdots,x_n$ 为相应的样本值，求参数 θ 的最大似然估计量 $\hat{\theta}$，并判别 $\hat{\theta}$ 是否是 θ 的无偏估计量.

12. 已知某工厂生产的一批滚珠的直径(单位:mm) $X\sim N(\mu,0.05)$. 今从中随机抽取 8 个，测得其直径分别为

$$14.7,\quad 15.1,\quad 14.8,\quad 14.9,\quad 15.2,\quad 14.2,\quad 14.6,\quad 15.1,$$

求直径均值的置信水平为 0.95 的置信区间.

13. 在涂料和油漆行业中，清漆的干燥时间是一个关键的质量指标，直接影响到涂装效率和最终产品的外观质量. 为了确保清漆的性能满足行业标准和客户期望，一家专业涂料制造商决定对最新批次的清漆进行干燥时间的精确测量. 制造商从该批次清漆中随机选取了 9 个样品，对其干燥时间(单位:h) 进行了记录，数据如下：

7.0， 5.7， 5.8， 6.5， 7.0， 6.3， 5.6， 6.1， 5.0.

假定干燥时间的总体服从正态分布 $N(\mu,\sigma^2)$，求 μ 的置信水平为 0.95 的置信区间.

14. 为了深入分析某地居民的烟草消费情况，一项针对日常吸烟量的专项调查在社区内展开. 调查对象涵盖了 144 名成年人，通过问卷的形式收集了他们每日吸烟量(单位：支)的数据，计算得到他们日平均吸烟量为 $\overline{x}=12$. 设每日吸烟量服从正态分布 $N(\mu,\sigma^2)$，且已知 $\sigma^2=16$，求 μ 的置信水平分别为 0.95 和 0.99 的置信区间.

15. 随机地取某种炮弹 9 发做试验，测得炮口速度(单位：m/s)的样本标准差为 11. 设炮口速度服从正态分布 $N(\mu,\sigma^2)$，求 σ 的置信水平为 0.95 的置信区间.

16. 为了研究某厂所生产的真丝被面的销路，某地举办了一次展销会，对 1 000 名成年人进行调查，得知其中有 600 人喜欢这种产品，试以 0.95 的置信水平确定该地成年人喜欢此种产品的比率的置信区间.

17. 随机地从 A 种导线抽取 4 根，从 B 种导线抽取 5 根，测得其电阻(单位：Ω) 如下：

A 种导线：0.143， 0.142， 0.137， 0.143，

B 种导线：0.140， 0.142， 0.136， 0.138， 0.140.

设两测试数据的总体分别服从正态分布 $N(\mu_1,\sigma^2)$ 和 $N(\mu_2,\sigma^2)$ 且相互独立，其中 μ_1,μ_2,σ^2 均未知，试求 $\mu_1-\mu_2$ 的置信水平为 0.95 的置信区间.

18. 为了比较 A，B 两种型号灯泡的寿命(单位：h)，从 A 型号灯泡中随机地抽取 80 只，测得样本标准差为 $s_1=80$，从 B 型号灯泡中随机地抽取 100 只，测得样本标准差为 $s_2=100$. 假定两种型号灯泡的寿命分别服从正态分布 $N(\mu_1,\sigma_1^2)$ 和 $N(\mu_2,\sigma_2^2)$ 且相互独立，试求 $\dfrac{\sigma_1^2}{\sigma_2^2}$ 的置信水平为 0.90 的置信区间.

19. 从一批电子元件中随机地取出 5 只做寿命试验，测得其寿命(单位：h) 如下：

1 050， 1 100， 1 120， 1 250， 1 280.

若寿命服从正态分布，试求寿命均值的置信水平为 0.95 的单侧置信下限.

20. 设总体 X 服从指数分布，其概率密度为

$$f(x)=\begin{cases}\dfrac{1}{\theta}e^{-\frac{x}{\theta}}, & x>0,\\ 0, & x\leqslant 0,\end{cases}$$

其中 $\theta>0$ 未知，$X_1,X_2,\cdots,X_n$ 为来自 X 的一个样本.

(1) 证明：$\dfrac{2n\overline{X}}{\theta}\sim\chi^2(2n)$；

(2) 求 θ 的置信水平为 $1-\alpha$ 的单侧置信下限.

第八章

假设检验

本章将介绍统计推断的另一个重要内容——假设检验.假设检验分为参数假设检验和非参数假设检验,在§8.2和§8.3中介绍正态总体的参数假设检验问题,在§8.4中介绍一类非参数假设检验——非参数χ^2检验.

§8.1 假设检验的基本概念

为了说明假设检验的基本思想，先来看统计学家费希尔(Fisher) 提出的女士品茶试验.

引例 1 （**女士品茶试验**） 一位女士声称自己能够通过品尝奶茶分辨出制作的时候茶和牛奶哪个先倒入杯中. 费希尔想检验一下这位女士的味觉是否真的这么敏锐，于是他做了 8 杯奶茶，其中 4 杯先加牛奶后加茶，其余 4 杯先加茶后加牛奶，随机打乱次序后请这位女士品尝，并请她选出先加牛奶后加茶的 4 杯. 如果这位女士 4 杯都选对了，是否可以认定她具有分辨奶茶制作顺序的能力？

费希尔的方法是先提出一个假设

$$H_0：这位女士没有分辨奶茶制作顺序的能力.$$

基于这一假设，她仅凭运气选对全部 4 杯奶茶的概率为$\dfrac{C_4^4}{C_8^4} \approx 0.014$，这个概率非常小. 根据实际推断原理，概率很小的事件在一次试验中几乎不会发生，因此这位女士应该不会全部选对. 可是现实结果是她选对了全部的 4 杯，说明所做的假设 H_0 是不合理的，所以我们应该拒绝接受这一假设，转而认为这位女士有分辨奶茶制作顺序的能力.

在女士品茶试验中使用的统计推断方法就是假设检验，其基本思想是实际推断原理，即小概率事件在一次试验中几乎不会发生. 上面的引例认为概率约为 0.014 的事件是小概率事件，如果这位女士选对了 4 杯中的 3 杯，在假设 H_0 成立的条件下她凭运气选对 3 杯的概率为$\dfrac{C_4^3 C_4^1}{C_8^4} \approx 0.229$，那么这个事件是不是小概率事件？多小概率的事件才算是小概率事件？为此，我们需要给出小概率事件的标准，即给定一个阈值 $\alpha \in (0,1)$，如果事件 A 满足 $P(A) \leqslant \alpha$，则称 A 为**小概率事件**，称阈值 α 为**显著性水平**. 回到女士品茶试验中，如果我们设定显著性水平 $\alpha = 0.05$，那么选对全部 4 杯是小概率事件，而 4 杯中选对 3 杯就不是小概率事件. 也就是说，如果这位女士 4 杯都选对了，则认为她有分辨奶茶制作顺序的能力；如果她只选对了 3 杯，就要接受她没有分辨奶茶制作顺序的能力这一假设.

一、假设检验问题的提法

根据样本所提供的信息，推断或检验事先给出的关于总体的假设是否合理，这就是假设检验. 下面再以生产过程中的品控问题为例，具体阐述假设检验的适用场景、涉及的概念和求解步骤.

假设你是某品牌饮料公司的质量控制经理，需要确保生产线上的每瓶饮料都能达到规定的容量标准. 然而，由于时间和成本的限制，无法逐一检查每瓶饮料，因此只能采用抽样检查的方式来监控生产过程，即定期抽取一定瓶数的饮料进行测量，如每隔一个小时就从生产线上抽取 5 瓶饮料进行测量，并记录下它们的实际容量. 根据测量结果，你需要决定是否应该停止生产线以修复可能出现的问题. 事实上，做出决策并不容易，需要平衡两种风险：一是过度反应，即在实际上并没有问题的时候停止生产线；二是忽视问题，导致不合格的产品流出. 在这种情况下，假设检验就派上用场了. 具体来说，需要先做一对假设，即

原假设 H_0：生产线上的瓶装饮料容量符合规定标准

和

备择假设 H_1：生产线上的瓶装饮料容量不符合规定标准.

然后在原假设 H_0 成立的条件下计算这些测量结果出现的概率，如果概率很小，那么就有足够的理由怀疑生产线存在问题，从而停产修复. 这样，假设检验可以帮助你在有限的信息条件下做出合理的决策，同时最小化因判断错误带来的损失.

以上问题和求解方法的数学表述如下.

引例 2　已知某品牌生产线上的瓶装饮料容量（单位：mL）X 服从正态分布 $N(\mu,\sigma^2)$，其中标准差 $\sigma=6$，该品牌规定的瓶装饮料容量标准为 340 mL. 为了确定生产线上的瓶装饮料容量是否符合规定标准，现随机抽取 5 瓶饮料进行容量测量，得到以下数据：

$$333,\quad 334,\quad 340,\quad 332,\quad 334.$$

问：生产线上的瓶装饮料容量是否符合规定标准？

解　要判断生产线上的瓶装饮料容量是否符合规定标准，就要判断总体的均值 μ 是否等于 340，为此提出两个对立的假设

$$H_0:\mu=\mu_0(\mu_0=340),\quad H_1:\mu\neq\mu_0.$$

称 H_0 为**原假设**，称 H_1 为**备择假设**. 在实际应用中，通常把不应轻易否定的命题作为原假设.

为了确定接受还是拒绝原假设 H_0，需要利用样本信息构造一个统计量，称之为**检验统计量**. 由于这里已知 $\sigma=6$ 且原假设为 $H_0:\mu=\mu_0$，根据定理 6.2.1，可以选取检验统计量为

$Z=\dfrac{\overline{X}-\mu_0}{\sigma/\sqrt{n}}\sim N(0,1)$（在原假设 H_0 成立的条件下）.

给定显著性水平 $\alpha\in(0,1)$，以此确定小概率事件的标准，利用选定的检验统计量构造一个小概率事件. 根据实际推断原理，在原假设 H_0 成立的前提下，如果这个小概率事件出现了，就拒绝原假设 H_0，否则接受原假设 H_0. 前面已选定了检验统计量 $Z\sim N(0,1)$，根据标准正态分布的定义，可以找一个比较大的正数 k，使得 $P\{Z\leqslant -k \text{ 或 } Z\geqslant k\}=\alpha$，则事件 $\{Z\leqslant -k \text{ 或 } Z\geqslant k\}$ 就是小概率事件. 当检验统计量 Z 在区域 $\{Z\leqslant -k \text{ 或 } Z\geqslant k\}$ 内取值时，就拒绝原假设 H_0，因此称这个区域为**拒绝域**，拒绝域的边界点称为**临界点**. 事实上，由标准正态分布的上 $\dfrac{\alpha}{2}$ 分位点的定义（见图 8－1），取 $k=z_{\frac{\alpha}{2}}$，则有

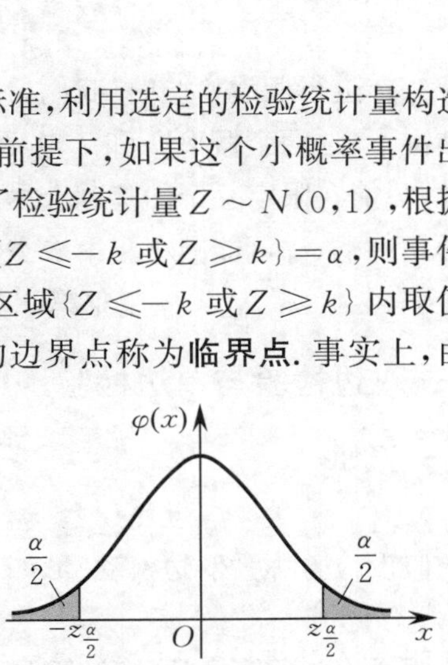

图 8－1

$$P\{Z\leqslant -z_{\frac{\alpha}{2}} \text{ 或 } Z\geqslant z_{\frac{\alpha}{2}}\}=P\{|Z|\geqslant z_{\frac{\alpha}{2}}\}=\alpha,$$

由此得到拒绝域为 $\{|Z|\geqslant z_{\frac{\alpha}{2}}\}$. 进一步，令 $\alpha=0.05$，我们可以用测得的样本值检验小概率事件 $\{|Z|\geqslant z_{0.025}\}$ 在这次抽样中是否发生. 具体来说，查表可得 $z_{0.025}=1.96$，则拒绝域为 $\{|Z|\geqslant 1.96\}$. 计算得样本均值 $\overline{x}=334.6$，则检验统计量的取值为

$$z=\frac{\overline{x}-\mu_0}{\sigma/\sqrt{n}}=\frac{334.6-340}{6/\sqrt{5}}\approx-2.012<-1.96.$$

这表明小概率事件发生了,所以应该拒绝原假设 H_0,接受备择假设 H_1,即认为生产线上的瓶装饮料容量不符合规定标准.

通过引例 2 的求解,总结假设检验的基本步骤如下:

(1) 根据实际问题提出原假设 H_0 和备择假设 H_1;

(2) 构造检验统计量并确定其分布;

(3) 对于给定的显著性水平 $\alpha\in(0,1)$,在假定原假设 H_0 为真的情况下求出拒绝域,即

$$P\{\text{检验统计量的取值属于拒绝域}\mid H_0\text{ 为真}\}\leqslant\alpha;$$

(4) 利用样本值计算出检验统计量的取值,根据取值是否落在拒绝域内做出决策:拒绝 H_0 还是接受 H_0.

二、两类错误

值得注意的是,假设检验的基础思想是实际推断原理,但无论怎么精选检验统计量和显著性水平,利用假设检验所做的决策都不是绝对正确的,也有可能犯错,因为小概率事件也有可能发生.具体来说,可能犯的错误分为以下两类.

第一类错误(弃真),即当原假设 H_0 为真时,检验结果却拒绝了 H_0.犯第一类错误的概率等于显著性水平 α,即

$$P\{\text{拒绝 }H_0\mid H_0\text{ 为真}\}=\alpha.$$

第二类错误(取伪),即当原假设 H_0 不真时,检验结果却接受了 H_0.记犯第二类错误的概率为 β,则

$$P\{\text{接受 }H_0\mid H_0\text{ 不真}\}=\beta.$$

在进行假设检验时,我们希望犯这两类错误的概率都尽量小,但是在样本容量 n 固定的情况下,这两个概率 α 和 β 中,减小其中一个必然会导致另一个增大,不可能同时减小.因此,只能在限定一个的基础上尽量减小另一个.通常的做法是在给定犯第一类错误的概率 α 的条件下,尽可能减小犯第二类错误的概率 β.在实际应用中,α 一般取比较小的数,如 0.1,0.05,0.01 等.优先控制犯第一类错误的概率的假设检验称为**显著性检验**.

三、双边检验与单边检验

形如

$$H_0:\mu=\mu_0,\quad H_1:\mu\neq\mu_0$$

的假设检验称为**双边检验**.形如

$$H_0:\mu\leqslant\mu_0,\quad H_1:\mu>\mu_0$$

的假设检验称为**右边检验**.形如

$$H_0:\mu\geqslant\mu_0,\quad H_1:\mu<\mu_0$$

的假设检验称为**左边检验**.左边检验和右边检验统称为**单边检验**.

四、正态总体参数的假设检验

在接下来的 §8.2 和 §8.3 中，我们将专门研究正态总体参数的假设检验问题，其基本步骤可以进一步具体化为

(1) 根据实际问题提出原假设 H_0 和备择假设 H_1.

(2) 构造检验统计量 ξ 并确定其分布. 检验统计量选取的原则是含有待检验参数且不包含其他未知参数.

(3) 检验统计量 ξ 服从四种分布(标准正态分布、t 分布、χ^2 分布和 F 分布) 之一. 对于给定的显著性水平 $\alpha \in (0,1)$，有

$$P\{\xi \leqslant \xi_{1-\frac{\alpha}{2}} \text{ 或 } \xi \geqslant \xi_{\frac{\alpha}{2}}\} = \alpha, \tag{8.1}$$

其中 $\xi_{1-\frac{\alpha}{2}}, \xi_{\frac{\alpha}{2}}$ 为 ξ 分布的分位点，可以通过查附表得到. 由此得到拒绝域为 $\{\xi \leqslant \xi_{1-\frac{\alpha}{2}}$ 或 $\xi \geqslant \xi_{\frac{\alpha}{2}}\}$.

(4) 利用样本值计算出检验统计量的取值，根据取值是否落在拒绝域内做出决策：拒绝 H_0 还是接受 H_0.

类似地，如果对正态总体的参数进行单边检验，那么其他步骤保持不变，只要在上面的步骤(3) 中，将(8.1) 式更换为

$$P\{\xi \leqslant \xi_{1-\alpha}\} = \alpha \quad (\text{左边检验})$$

或

$$P\{\xi \geqslant \xi_{\alpha}\} = \alpha \quad (\text{右边检验}).$$

由此得到左边检验和右边检验的拒绝域分别为 $\{\xi \leqslant \xi_{1-\alpha}\}$ 和 $\{\xi \geqslant \xi_{\alpha}\}$.

§8.2　单个正态总体参数的假设检验

本节针对单个正态总体的参数进行假设检验，主要以双边检验来讨论，相关结论可推广到单边检验. 设总体 $X \sim N(\mu, \sigma^2)$，$X_1, X_2, \cdots, X_n$ 为来自 X 的一个样本，$\overline{X}$ 和 S^2 分别为样本均值和样本方差，$x_1, x_2, \cdots, x_n$ 为相应的样本值.

一、单个正态总体均值的假设检验

1. σ^2 已知，关于 μ 的假设检验

在上一节引例 2 中，我们已经探讨过这种情况. 首先提出假设

$$H_0: \mu = \mu_0, \quad H_1: \mu \neq \mu_0,$$

然后选取检验统计量 $Z = \dfrac{\overline{X} - \mu_0}{\sigma / \sqrt{n}} \sim N(0,1)$，在给定的显著性水平 α 下，得到拒绝域为 $\{|Z| \geqslant z_{\frac{\alpha}{2}}\}$. 这种利用检验统计量 Z 给出的检验法称为 Z **检验法**.

2. σ^2 未知，关于 μ 的假设检验

提出假设

$$H_0:\mu=\mu_0,\quad H_1:\mu\neq\mu_0.$$

由于 σ^2 未知，根据定理 6.2.3，选取检验统计量

$$t=\frac{\overline{X}-\mu_0}{S/\sqrt{n}}\sim t(n-1).$$

对于给定的显著性水平 $\alpha\in(0,1)$，t 分布的上 $\frac{\alpha}{2}$ 分位点满足

$$P\{|t|\geqslant t_{\frac{\alpha}{2}}(n-1)\}=\alpha\text{（见图 8-2）},$$

由此得到拒绝域为 $\{|t|\geqslant t_{\frac{\alpha}{2}}(n-1)\}$. 这种利用检验统计量 t 给出的检验法称为 t **检验法**.

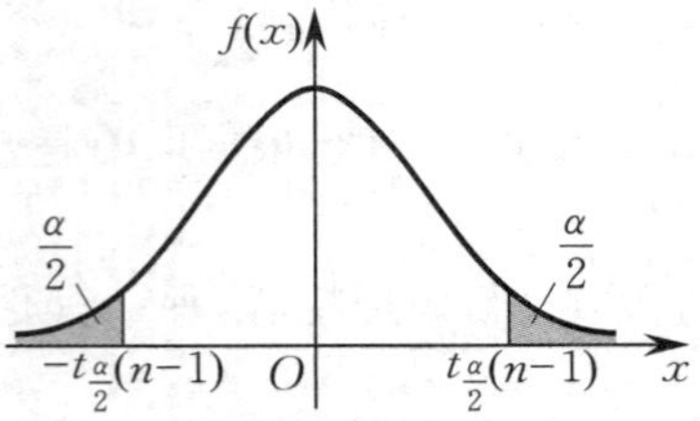

图 8-2

例 1 科学家们使用一套先进的地震监测系统来评估某地区的地震活动，该系统能够连续记录地震的里氏震级. 假设地震震级的测量值 X（单位：里氏震级）服从正态分布 $N(\mu,\sigma^2)$，为了测试该系统对小里氏震级地震的敏感度和准确性，科学家们从该地区收集了 8 次地震的测量数据，得到以下结果：

$$4.2,\quad 4.3,\quad 4.5,\quad 4.1,\quad 4.4,\quad 4.6,\quad 4.3,\quad 4.2.$$

在显著性水平 $\alpha=0.05$ 下，科学家们想要验证：

(1) 已知总体标准差 $\sigma=0.2$，该地区地震的平均里氏震级是否与历史记录中的平均里氏震级 4.4 有显著差异；

(2) 总体标准差 σ 未知，该地区地震的平均里氏震级是否与历史记录中的平均里氏震级 4.4 有显著差异.

解 计算可得 $\overline{x}=4.325$，$s^2=0.028$.

(1) 提出假设

$$H_0:\mu=\mu_0=4.4,\quad H_1:\mu\neq\mu_0=4.4.$$

这是单个正态总体均值的双边检验，已知 $\sigma=0.2$，故用 Z 检验法. 选取检验统计量

$$Z=\frac{\overline{X}-\mu_0}{\sigma/\sqrt{n}}\sim N(0,1),$$

得拒绝域为 $\{|Z|\geqslant z_{\frac{\alpha}{2}}\}$. 已知显著性水平 $\alpha=0.05$，则拒绝域为 $\{|Z|\geqslant z_{0.025}=1.96\}$. 将 $n=8$，$\overline{x}=4.325$，$\mu_0=4.4$ 和 $\sigma=0.2$ 代入检验统计量，得

$$z=\frac{4.325-4.4}{0.2/\sqrt{8}}\approx -1.06.$$

由于$|z|\approx 1.06<1.96$,没有落在拒绝域内,因此接受原假设H_0,即认为该地区地震的平均里氏震级与历史记录中的平均里氏震级4.4无显著差异.

(2) 提出假设

$$H_0:\mu=\mu_0=4.4,\quad H_1:\mu\neq\mu_0=4.4.$$

这是单个正态总体均值的双边检验,σ未知,故用t检验法.选取检验统计量

$$t=\frac{\overline{X}-\mu_0}{S/\sqrt{n}}\sim t(n-1),$$

得拒绝域为$\{|t|\geqslant t_{\frac{\alpha}{2}}(n-1)\}$.已知显著性水平$\alpha=0.05$,样本容量$n=8$,则拒绝域为$\{|t|\geqslant t_{0.025}(7)=2.3646\}$.将$n=8$,$\overline{x}=4.325$,$\mu_0=4.4$和$s=\sqrt{s^2}=0.167$代入检验统计量,得

$$t=\frac{4.325-4.4}{0.167/\sqrt{8}}\approx -1.2703.$$

由于$|t|\approx 1.2703<2.3646$,没有落在拒绝域内,因此接受原假设H_0,即认为该地区地震的平均里氏震级与历史记录中的平均里氏震级4.4无显著差异.

例 2　在一家专业生产航空航天用特种合金的工厂中,为了确保合金的微观结构和性能达到最高标准,需要精确控制熔炼炉的温度.工厂使用一种先进的非接触式红外温度计来监控熔炼炉的温度,以避免因温度过高导致的材料性能退化.在一次例行校准过程中,工程师使用该温度计重复测量了熔炼炉的温度5次,得到的结果分别为

1 250 ℃,　1 265 ℃,　1 275 ℃,　1 245 ℃,　1 260 ℃.

假设温度测量值X(单位:℃)服从正态分布$N(\mu,\sigma^2)$,则在显著性水平$\alpha=0.05$下,是否有足够的统计证据表明该温度计测量的平均温度不小于规定的上限1 277 ℃?

解　计算可得$\overline{x}=1259$,$s=11.937$.这是单个正态总体均值的单边检验,σ未知,故用t检验法.提出假设

$$H_0:\mu\geqslant\mu_0=1277,\quad H_1:\mu<\mu_0=1277.$$

选取检验统计量

$$t=\frac{\overline{X}-\mu_0}{S/\sqrt{n}}\sim t(n-1),$$

得

$$P\{t\leqslant -t_\alpha(n-1)\}=\alpha,$$

故拒绝域为$\{t\leqslant -t_\alpha(n-1)\}$.已知显著性水平$\alpha=0.05$,样本容量$n=5$,则拒绝域为$\{t\leqslant -t_{0.05}(4)=-2.1318\}$.将$n=5$,$\overline{x}=1259$,$\mu_0=1277$和$s=11.937$代入检验统计量,得

$$t=\frac{1259-1277}{11.937/\sqrt{5}}\approx -3.3718<-2.1318.$$

由于 t 落在拒绝域内，因此拒绝原假设 H_0，即认为该温度计测量的平均温度小于规定的上限 1 277 ℃.

例 3 依据某地区最新的环境保护法规，企业向河流排放的废水中某种特定的有毒化学物质含量不得超过法定限值 3×10^{-3} mg/L. 为确保法规得到有效执行，当地环保组织对沿河一家工厂进行了专项检查，重点监测该工厂排放废水中此有毒化学物质的含量. 在为期 15 天的密集监测期间，环保组织每天采集并分析该工厂排放废水的样本，测得样本中此有毒化学物质的含量(单位：10^{-3} mg/L) 分别为

$$3.1,\quad 3.2,\quad 3.3,\quad 2.9,\quad 3.5,\quad 3.4,\quad 2.5,\quad 4.3,$$
$$2.9,\quad 3.6,\quad 3.2,\quad 3.0,\quad 2.7,\quad 3.5,\quad 2.9.$$

假定废水中此有毒化学物质的含量服从正态分布 $N(\mu,\sigma^2)$，则在显著性水平 $\alpha=0.05$ 下，该工厂排放的废水中此有毒化学物质的平均含量是否超过法定限值 3×10^{-3} mg/L?

解 计算可得 $\overline{x}=3.2$，$s=0.436$. 这是单个正态总体均值的单边检验，σ 未知，故用 t 检验法. 提出假设

$$H_0:\mu\leqslant\mu_0=3,\quad H_1:\mu>\mu_0=3.$$

选取检验统计量

$$t=\frac{\overline{X}-\mu_0}{S/\sqrt{n}}\sim t(n-1),$$

得

$$P\{t\geqslant t_\alpha(n-1)\}=\alpha,$$

故拒绝域为 $\{t\geqslant t_\alpha(n-1)\}$. 已知显著性水平 $\alpha=0.05$，样本容量 $n=15$，则拒绝域为 $\{t\geqslant t_{0.05}(14)=1.761\ 3\}$. 将 $n=15$，$\overline{x}=3.2$，$\mu_0=3$ 和 $s=0.436$ 代入检验统计量，得

$$t=\frac{3.2-3}{0.436/\sqrt{15}}\approx1.776\ 6>1.761\ 3.$$

由于 t 落在拒绝域内，因此拒绝原假设 H_0，即认定该工厂排放的废水中此有毒化学物质的平均含量超过法定限值 3×10^{-3} mg/L.

二、单个正态总体方差的假设检验

这里只介绍 μ 未知的情形. 提出假设

$$H_0:\sigma^2=\sigma_0^2,\quad H_1:\sigma^2\neq\sigma_0^2,$$

其中 σ_0^2 为已知常数. 根据定理 6.2.2，选取检验统计量

$$\chi^2=\frac{(n-1)S^2}{\sigma_0^2}\sim\chi^2(n-1).$$

对于给定的显著性水平 $\alpha\in(0,1)$，χ^2 分布的分位点满足

$$P\{\chi^2\leqslant\chi^2_{1-\frac{\alpha}{2}}(n-1)\text{ 或 }\chi^2\geqslant\chi^2_{\frac{\alpha}{2}}(n-1)\}=\alpha\text{(见图 8-3)},$$

由此得到拒绝域为 $\{\chi^2\leqslant\chi^2_{1-\frac{\alpha}{2}}(n-1)\text{ 或 }\chi^2\geqslant\chi^2_{\frac{\alpha}{2}}(n-1)\}$. 这种利用检验统计量 χ^2 给出的检验法称为 **χ^2 检验法**.

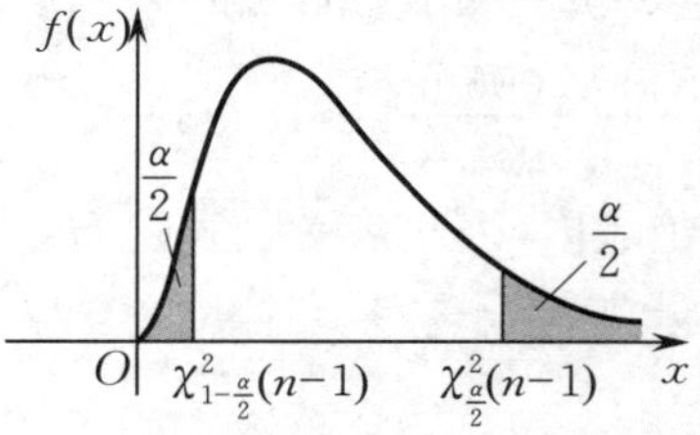

图 8-3

例 4　在例 1 中，假设地震里氏震级的测量值 X 服从正态分布 $N(\mu,\sigma^2)$，其中 μ 未知. 给定显著性水平 $\alpha=0.05$，根据收集到的 8 次地震测量数据，科学家们想验证该系统检测到的地震里氏震级的方差是否与历史记录中该地区地震活动的方差 0.2^2 有显著差异.

解　这是单个正态总体方差的双边检验，μ 未知，故用 χ^2 检验法. 提出假设

$$H_0:\sigma^2=\sigma_0^2=0.2^2,\quad H_1:\sigma^2\neq\sigma_0^2=0.2^2.$$

选取检验统计量

$$\chi^2=\frac{(n-1)S^2}{\sigma_0^2}\sim\chi^2(n-1),$$

得拒绝域为 $\{\chi^2\leqslant\chi^2_{1-\frac{\alpha}{2}}(n-1)$ 或 $\chi^2\geqslant\chi^2_{\frac{\alpha}{2}}(n-1)\}$. 已知显著性水平 $\alpha=0.05$，样本容量 $n=8$，则拒绝域为 $\{\chi^2\leqslant\chi^2_{0.975}(7)=1.690$ 或 $\chi^2\geqslant\chi^2_{0.025}(7)=16.013\}$. 将 $n=8$，$\sigma_0^2=0.2^2$ 和 $s^2=0.028$ 代入检验统计量，得

$$\chi^2=\frac{7\times0.028}{0.2^2}=4.9.$$

由于 $\chi^2=4.9$ 没有落在拒绝域内，因此接受原假设 H_0，即认为该系统检测到的地震里氏震级的方差与历史记录中该地区地震活动的方差 0.2^2 无显著差异.

例 5　在通信设备的制造过程中，导线的电阻值必须高度一致，以确保信号传输的可靠性和效率. 特别是在高速数据传输系统中，微小的电阻变化都有可能导致信号的衰减和失真，影响数据的完整性和系统的整体性能. 为此，制造商设定了严格的质量控制标准，要求导线的电阻标准差不得超过 0.005 Ω，以保证信号传输的一致性，减少潜在的信号干扰. 目前，工程师正在检验一批用于高速数据传输的导线是否符合质量控制标准. 假设这批导线的电阻值(单位：Ω)$X\sim N(\mu,\sigma^2)$，从中随机抽取 9 根导线并测量其电阻值，测得样本标准差 $s=0.0066$，则在显著性水平 $\alpha=0.05$ 下，工程师能否认定这批导线的电阻波动超过了规定的最大标准差 0.005 Ω?

解　这是单个正态总体方差的单边检验，μ 未知，故用 χ^2 检验法. 提出假设

$$H_0:\sigma^2\leqslant\sigma_0^2=0.005^2,\quad H_1:\sigma^2>\sigma_0^2=0.005^2.$$

选取检验统计量

$$\chi^2=\frac{(n-1)S^2}{\sigma_0^2}\sim\chi^2(n-1),$$

得

$$P\{\chi^2\geqslant\chi^2_\alpha(n-1)\}=\alpha,$$

故拒绝域为 $\{\chi^2\geqslant\chi^2_\alpha(n-1)\}$. 已知显著性水平 $\alpha=0.05$，样本容量 $n=9$，则拒绝域为

$\{\chi^2 \geqslant \chi^2_{0.05}(8)=15.507\}$. 将 $n=9,\sigma_0^2=0.005^2$ 和 $s^2=0.0066^2$ 代入检验统计量,得

$$\chi^2=\frac{8\times 0.0066^2}{0.005^2}\approx 13.939<15.507.$$

由于 $\chi^2\approx 13.939$ 没有落在拒绝域内,因此接受原假设 H_0,即可以认定这批导线的电阻波动没有超过规定的最大标准差 0.005 Ω.

§8.3 两个正态总体参数的假设检验

本节考虑两个正态总体参数的假设检验,同样主要以双边检验来讨论,相关结论可推广到单边检验上去.

设总体 $X\sim N(\mu_1,\sigma_1^2)$ 与 $Y\sim N(\mu_2,\sigma_2^2)$ 相互独立,$X_1,X_2,\cdots,X_n$ 为来自 X 的一个样本,$Y_1,Y_2,\cdots,Y_m$ 为来自 Y 的一个样本,记它们的样本均值分别为 $\overline{X},\overline{Y}$,样本方差分别为 S_1^2,S_2^2,相应的样本值分别为 $x_1,x_2,\cdots,x_n$ 和 $y_1,y_2,\cdots,y_m$.

一、两个正态总体均值差的假设检验

1. σ_1^2,σ_2^2 已知,关于 $\mu_1-\mu_2$ 的假设检验

提出假设

$$H_0:\mu_1-\mu_2=0,\quad H_1:\mu_1-\mu_2\neq 0.$$

由于 σ_1^2,σ_2^2 已知,根据定理 6.2.4,选取检验统计量

$$Z=\frac{(\overline{X}-\overline{Y})-(\mu_1-\mu_2)}{\sqrt{\dfrac{\sigma_1^2}{n}+\dfrac{\sigma_2^2}{m}}}=\frac{\overline{X}-\overline{Y}}{\sqrt{\dfrac{\sigma_1^2}{n}+\dfrac{\sigma_2^2}{m}}}\sim N(0,1).$$

对于给定的显著性水平 $\alpha\in(0,1)$,有

$$P\{|Z|\geqslant z_{\frac{\alpha}{2}}\}=\alpha,$$

由此得到拒绝域为 $\{|Z|\geqslant z_{\frac{\alpha}{2}}\}$.

2. $\sigma_1^2=\sigma_2^2=\sigma^2$ 未知,关于 $\mu_1-\mu_2$ 的假设检验

提出假设

$$H_0:\mu_1-\mu_2=0,\quad H_1:\mu_1-\mu_2\neq 0.$$

由于 $\sigma_1^2=\sigma_2^2$,但具体数值未知,根据定理 6.2.4,选取检验统计量

$$t=\frac{(\overline{X}-\overline{Y})-(\mu_1-\mu_2)}{S_w\sqrt{\dfrac{1}{n}+\dfrac{1}{m}}}=\frac{\overline{X}-\overline{Y}}{S_w\sqrt{\dfrac{1}{n}+\dfrac{1}{m}}}\sim t(n+m-2),$$

其中 $S_w^2=\dfrac{(n-1)S_1^2+(m-1)S_2^2}{n+m-2}$ 且 $S_w=\sqrt{S_w^2}$. 对于给定的显著性水平 $\alpha\in(0,1)$,有

$$P\{|t|\geqslant t_{\frac{\alpha}{2}}(n+m-2)\}=\alpha,$$

由此得到拒绝域为$\{|t|\geqslant t_{\frac{\alpha}{2}}(n+m-2)\}$.

例 1　在精密仪器制造领域，加工精度是衡量产品质量的关键指标. 为了提高产品的可靠性和市场竞争力，某精密仪器制造商正在考虑对其生产线上的自动车床加工工艺进行升级. 新旧两种工艺都旨在减少加工过程中的偏差，从而提升最终产品的精度和一致性. 该制造商从生产线上随机选取了 10 个样本，使用新旧两种工艺分别对同一种精密零件进行加工，并测量两种工艺下的加工偏差(单位:μm)，收集到的数据如下：

旧工艺加工偏差:2.7,2.4,2.5,3.1,2.7,3.5,2.9,2.7,3.5,3.3；

新工艺加工偏差:2.6,2.1,2.7,2.8,2.3,3.1,2.4,2.4,2.7,2.3.

假设新旧两种工艺下测量的加工偏差分别服从正态分布$N(\mu_1,\sigma^2)$和$N(\mu_2,\sigma^2)$，其中μ_1，μ_2，σ^2均未知. 试问:在统计学意义上，新旧两种工艺的加工偏差是否存在显著差异(取显著性水平$\alpha=0.01$)？

解　提出假设

$$H_0:\mu_1=\mu_2,\quad H_1:\mu_1\neq\mu_2.$$

选取检验统计量

$$t=\frac{\overline{X}-\overline{Y}}{S_w\sqrt{\frac{1}{n}+\frac{1}{m}}}\sim t(n+m-2),$$

得拒绝域为$\{|t|\geqslant t_{\frac{\alpha}{2}}(n+m-2)\}$. 已知显著性水平$\alpha=0.01$，样本容量$n=m=10$，则拒绝域为$\{|t|\geqslant t_{0.005}(18)=2.878\,4\}$. 计算可得$\overline{x}=2.93$，$\overline{y}=2.54$，$s_w=0.351\,6$，代入检验统计量，得

$$|t|=\frac{|2.93-2.54|}{0.351\,6\times\sqrt{\frac{1}{10}+\frac{1}{10}}}\approx 2.480\,3.$$

由于$|t|=2.480\,3<2.878\,4$，没有落在拒绝域内，因此接受原假设H_0，即认为新旧两种工艺的加工偏差不存在显著差异.

例 2　在矿业资源开发中，精确评估不同矿石的成分含量对合理规划开采计划和提炼流程至关重要. 一家矿业公司近期获取了甲、乙两种不同的铁矿石样本，希望通过科学分析比较这两种矿石的含铁量，从而优化后续的采矿策略和提炼成本控制. 假设甲、乙两种矿石中的含铁量(单位:%)分别服从正态分布$N(\mu_1,11)$和$N(\mu_2,8)$. 现分别从这两种矿石中各取若干样品测量其含铁量，得到数据如下：

甲矿石:样本容量$n=10$，样本均值$\overline{x}=16.01$，样本方差$\sigma_1^2=11$；

乙矿石:样本容量$m=5$，样本均值$\overline{y}=18.98$，样本方差$\sigma_2^2=8$.

试问:在显著性水平$\alpha=0.01$下，是否有足够的统计证据表明甲矿石的含铁量低于乙矿石？

解　提出假设

$$H_0:\mu_1\geqslant\mu_2,\quad H_1:\mu_1<\mu_2.$$

由于σ_1^2，σ_2^2已知，因此选取检验统计量

$$Z=\frac{\overline{X}-\overline{Y}}{\sqrt{\frac{\sigma_1^2}{n}+\frac{\sigma_2^2}{m}}}\sim N(0,1),$$

得

$$P\{Z\leqslant -z_\alpha\}=\alpha,$$

故拒绝域为$\{Z\leqslant -z_\alpha\}$. 已知显著性水平 $\alpha=0.01$,则拒绝域为$\{Z\leqslant -z_{0.01}\approx -2.325\}$. 将 $n=10, m=5, \sigma_1^2=11, \sigma_2^2=8, \overline{x}=16.01$ 和 $\overline{y}=18.98$ 代入检验统计量,得

$$z=\frac{16.01-18.98}{\sqrt{\frac{11}{10}+\frac{8}{5}}}\approx -1.807>-2.325.$$

由于 z 没有落在拒绝域内,因此接受原假设 H_0,即不能认为甲矿石的含铁量低于乙矿石.

二、两个正态总体方差的假设检验

提出假设

$$H_0:\sigma_1^2=\sigma_2^2,\quad H_1:\sigma_1^2\neq\sigma_2^2.$$

根据定理 6.2.4,选取检验统计量

$$F=\frac{S_1^2/S_2^2}{\sigma_1^2/\sigma_2^2}=\frac{S_1^2}{S_2^2}\sim F(n-1,m-1).$$

对于给定的显著性水平 $\alpha\in(0,1)$,F 分布的分位点满足

$$P\{F\leqslant F_{1-\frac{\alpha}{2}}(n-1,m-1)\text{ 或 }F\geqslant F_{\frac{\alpha}{2}}(n-1,m-1)\}=\alpha\text{(见图 8-4)},$$

由此得到拒绝域为$\{F\leqslant F_{1-\frac{\alpha}{2}}(n-1,m-1)$ 或 $F\geqslant F_{\frac{\alpha}{2}}(n-1,m-1)\}$. 这种利用检验统计量 F 给出的检验法称为 F **检验法**.

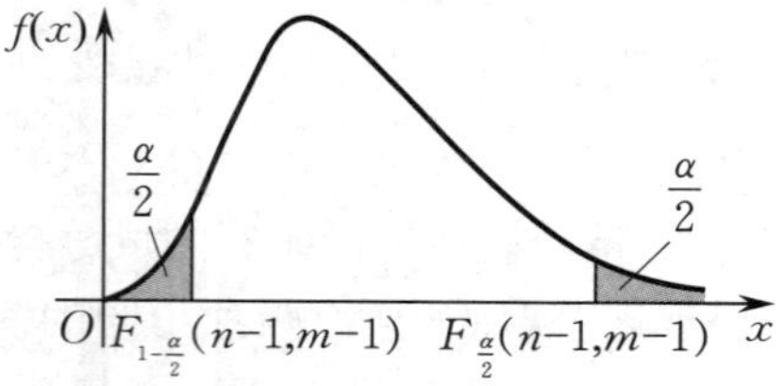

图 8-4

例 3 在精密机械制造领域,滚珠作为轴承和其他精密组件中的关键部件,其尺寸的一致性和精度直接影响着整体设备的性能和寿命. 一家机械制造企业对生产线上的甲、乙两台车床进行了严格的滚珠直径质量控制测试. 根据长期的生产经验,甲、乙两台车床生产的滚珠直径(单位:mm)均服从正态分布,分别为 $N(\mu_1,\sigma_1^2)$ 和 $N(\mu_2,\sigma_2^2)$. 现企业希望通过数据分析进一步确认两台车床间可能存在的差异,特别是滚珠直径方差的差异,以优化生产流程和质量控制策略,于是从甲车床生产的滚珠中随机抽取了 8 个样本,测得的直径分别为

15.0, 14.5, 15.2, 15.5, 14.8, 15.1, 15.2, 14.8;

从乙车床生产的滚珠中随机抽取了 9 个样本,测得的直径分别为

15.2，　15.0，　14.8，　15.2，　15.0，　15.0，　14.8，　15.1，　14.8.

试问：在显著性水平 $\alpha=0.05$ 下，是否有足够的统计证据表明甲、乙两台车床生产的滚珠直径的方差有显著差异？

解　提出假设

$$H_0:\sigma_1^2=\sigma_2^2,\quad H_1:\sigma_1^2\neq\sigma_2^2.$$

选取检验统计量

$$F=\frac{S_1^2}{S_2^2}\sim F(n-1,m-1),$$

得拒绝域为$\{F\leqslant F_{1-\frac{\alpha}{2}}(n-1,m-1)$ 或 $F\geqslant F_{\frac{\alpha}{2}}(n-1,m-1)\}$. 已知样本容量 $n=8,m=9$，显著性水平 $\alpha=0.05$，则拒绝域为$\{F\leqslant F_{0.975}(7,8)=\dfrac{1}{F_{0.05}(8,7)}=0.20$ 或 $F\geqslant F_{0.025}(7,8)=4.53\}$. 计算可得 $s_1^2=0.0955$ 和 $s_2^2=0.0261$，代入检验统计量，得

$$F=\frac{s_1^2}{s_2^2}=3.66\in(0.20,4.53).$$

由于 F 没有落在拒绝域内，因此接受原假设 H_0，即认为甲、乙两台车床生产的滚珠直径的方差没有显著差异.

将关于正态总体均值和方差的假设检验的讨论列成表格，如表 8-1 所示.

表 8-1

原假设 H_0	备择假设 H_1	条件	检验统计量及其分布	拒绝域
$\mu\geqslant\mu_0$ $\mu\leqslant\mu_0$ $\mu=\mu_0$	$\mu<\mu_0$ $\mu>\mu_0$ $\mu\neq\mu_0$	σ^2 已知	$Z=\dfrac{\overline{X}-\mu_0}{\sigma/\sqrt{n}}\sim N(0,1)$	$\{Z\leqslant -z_\alpha\}$ $\{Z\geqslant z_\alpha\}$ $\{\lvert Z\rvert\geqslant z_{\frac{\alpha}{2}}\}$
$\mu\geqslant\mu_0$ $\mu\leqslant\mu_0$ $\mu=\mu_0$	$\mu<\mu_0$ $\mu>\mu_0$ $\mu\neq\mu_0$	σ^2 未知	$t=\dfrac{\overline{X}-\mu_0}{S/\sqrt{n}}\sim t(n-1)$	$\{t\leqslant -t_\alpha(n-1)\}$ $\{t\geqslant t_\alpha(n-1)\}$ $\{\lvert t\rvert\geqslant t_{\frac{\alpha}{2}}(n-1)\}$
$\mu_1-\mu_2\leqslant 0$ $\mu_1-\mu_2\geqslant 0$ $\mu_1-\mu_2=0$	$\mu_1-\mu_2>0$ $\mu_1-\mu_2<0$ $\mu_1-\mu_2\neq 0$	σ_1^2,σ_2^2 已知	$Z=\dfrac{\overline{X}-\overline{Y}}{\sqrt{\dfrac{\sigma_1^2}{n}+\dfrac{\sigma_2^2}{m}}}\sim N(0,1)$	$\{Z\geqslant z_\alpha\}$ $\{Z\leqslant -z_\alpha\}$ $\{\lvert Z\rvert\geqslant z_{\frac{\alpha}{2}}\}$
$\mu_1-\mu_2\leqslant 0$ $\mu_1-\mu_2\geqslant 0$ $\mu_1-\mu_2=0$	$\mu_1-\mu_2>0$ $\mu_1-\mu_2<0$ $\mu_1-\mu_2\neq 0$	$\sigma_1^2=\sigma_2^2=\sigma^2$ 未知	$t=\dfrac{\overline{X}-\overline{Y}}{S_w\sqrt{\dfrac{1}{n}+\dfrac{1}{m}}}\sim t(n+m-2)$	$\{t\geqslant t_\alpha(n+m-2)\}$ $\{t\leqslant -t_\alpha(n+m-2)\}$ $\{\lvert t\rvert\geqslant t_{\frac{\alpha}{2}}(n+m-2)\}$

续表

原假设 H_0	备择假设 H_1	条件	检验统计量及其分布	拒绝域
$\sigma^2 \leqslant \sigma_0^2$ $\sigma^2 \geqslant \sigma_0^2$ $\sigma^2 = \sigma_0^2$	$\sigma^2 > \sigma_0^2$ $\sigma^2 < \sigma_0^2$ $\sigma^2 \neq \sigma_0^2$	μ 未知	$\chi^2 = \dfrac{(n-1)S^2}{\sigma_0^2}$ $\sim \chi^2(n-1)$	$\{\chi^2 \geqslant \chi_\alpha^2(n-1)\}$ $\{\chi^2 \leqslant \chi_{1-\alpha}^2(n-1)\}$ $\{\chi^2 \leqslant \chi_{1-\frac{\alpha}{2}}^2(n-1)$ 或 $\chi^2 \geqslant \chi_{\frac{\alpha}{2}}^2(n-1)\}$
$\sigma_1^2 \leqslant \sigma_2^2$ $\sigma_1^2 \geqslant \sigma_2^2$ $\sigma_1^2 = \sigma_2^2$	$\sigma_1^2 > \sigma_2^2$ $\sigma_1^2 < \sigma_2^2$ $\sigma_1^2 \neq \sigma_2^2$	μ_1, μ_2 未知	$F = \dfrac{S_1^2}{S_2^2}$ $\sim F(n-1, m-1)$	$\{F \geqslant F_\alpha(n-1, m-1)\}$ $\{F \leqslant F_{1-\alpha}(n-1, m-1)\}$ $\{F \geqslant F_{\frac{\alpha}{2}}(n-1, m-1)$ 或 $F \leqslant F_{1-\frac{\alpha}{2}}(n-1, m-1)\}$

*§ 8.4 分布拟合检验

假设检验分为参数假设检验和非参数假设检验，在 § 8.2 和 § 8.3 中，我们研究了正态总体参数的假设检验问题，其前提是已知总体的分布形式. 然而在很多实际应用中，总体的精确分布往往是未知的. 例如，在遗传学中，某些基因频率的分布可能不是单纯的正态分布，在自然选择、遗传漂变或基因流的影响下，某些基因型可能占据主导地位，形成偏斜、双峰或多模态分布. 在这种情况下，我们需要基于样本数据对总体分布或其类型进行假设检验，即**分布拟合检验**，这是一类非参数假设检验问题. 本节介绍一种分布拟合检验方法 —— 非参数 χ^2 检验法.

设总体 X 的分布函数未知，$X_1, X_2, \cdots, X_n$ 为来自 X 的一个样本，$x_1, x_2, \cdots, x_n$ 为相应的样本值. 提出假设

$$H_0: X \text{ 的分布函数是 } F(x), \quad H_1: X \text{ 的分布函数不是 } F(x). \tag{8.2}$$

如果总体 X 为离散型随机变量，那么假设(8.2) 等价于假设

$$H_0: X \text{ 的分布律为 } P\{X = x_i\} = p_i, i = 1, 2, \cdots;$$

如果总体 X 为连续型随机变量，那么假设(8.2) 等价于假设

$$H_0: X \text{ 的概率密度为 } f(x).$$

通常分布律或概率密度的具体表达式可根据实际背景及样本数据来推测，然后利用非参数 χ^2 检验法来检验原假设 H_0 是否成立.

注 在非参数假设检验中可以不明确写出备择假设 H_1.

一、总体可分为有限类且总体分布中不含未知参数

设 $A_1, A_2, \cdots, A_r$ 是样本空间 S 的一个完备事件组，即 $S = A_1 \cup A_2 \cup \cdots \cup A_r$ 且 $A_iA_j = \varnothing (i \neq j)$，总体 X 定义在样本空间 S 上. 提出假设

$$H_0: P(A_i) = p_i, i = 1, 2, \cdots, r,$$

其中 p_i 已知且 $\sum_{i=1}^{r} p_i = 1$. 现对总体 X 观察 n 次，其中事件 A_i 出现的频数为 n_i，则 $\sum_{i=1}^{r} n_i = n$.

若原假设 H_0 为真，根据大数定律，则有频率 $\frac{n_i}{n}$ 依概率收敛于概率 p_i，这意味着事件 A_i 出现的频数 n_i 与理论频数 np_i 应该比较接近. 皮尔逊提出了一个检验统计量

$$\chi^2 = \sum_{i=1}^{r} \frac{(n_i - np_i)^2}{np_i},$$

并进一步证明：当原假设 H_0 为真且样本容量 n 充分大时（一般要求 $n \geqslant 50$），χ^2 近似服从自由度为 $r-1$ 的 χ^2 分布. 给定显著性水平 α，可得拒绝域为

$$\left\{\chi^2 = \sum_{i=1}^{r} \frac{(n_i - np_i)^2}{np_i} \geqslant \chi^2_{\alpha}(r-1)\right\}.$$

注 这里要求 $np_i \geqslant 5 (i = 1, 2, \cdots, r)$，否则相邻的 np_i 应该合并.

例 1 某公司人事部门想了解职工的病假日是否均匀分布在星期一到星期五，以便合理安排工作，于是抽取了 100 名病假职工资料，其病假日分布数据如表 8-2 所示.

表 8-2

病假日	星期一	星期二	星期三	星期四	星期五
频数	17	27	10	28	18

试问：该公司职工的病假日是否均匀分布在一周的五个工作日中（取显著性水平 $\alpha = 0.05$）？

解 设事件 $A_i (i = 1, 2, 3, 4, 5)$ 表示职工的病假日在星期一到星期五，相应的概率为 p_i. 若病假日均匀分布在五个工作日中，则应有 $p_i = \frac{1}{5}$. 提出假设

$$H_0: P(A_i) = \frac{1}{5}.$$

选取检验统计量 $\chi^2 = \sum_{i=1}^{r} \frac{(n_i - np_i)^2}{np_i} \sim \chi^2(r-1)$，可得拒绝域为 $\{\chi^2 \geqslant \chi^2_{\alpha}(r-1)\}$. 已知 $r = 5$，显著性水平 $\alpha = 0.05$，则拒绝域为 $\{\chi^2 \geqslant \chi^2_{0.05}(4) = 9.488\}$. 利用样本值求得

$$\begin{aligned}
\chi^2 &= \sum_{i=1}^{5} \frac{(n_i - np_i)^2}{np_i} \\
&= \frac{(17-20)^2}{20} + \frac{(27-20)^2}{20} + \frac{(10-20)^2}{20} + \frac{(28-20)^2}{20} + \frac{(18-20)^2}{20} \\
&= 11.3 > 9.488.
\end{aligned}$$

由于χ^2落在拒绝域内,因此拒绝原假设H_0,即认为该公司职工的病假日在一周的五个工作日中不是均匀分布的.

二、总体可分为有限类但总体分布中含有未知参数

设$A_1,A_2,\cdots,A_r$是样本空间S的一个完备事件组,总体X定义在样本空间S上.提出假设

$$H_0:P(A_i)=p_i,i=1,2,\cdots,r,$$

其中p_i为未知参数$\theta_1,\theta_2,\cdots,\theta_k$的函数,即$p_i=p_i(\theta_1,\theta_2,\cdots,\theta_k)$.现对总体$X$观察$n$次,其中事件$A_i$出现的频数为$n_i$,则$\sum_{i=1}^{r}n_i=n$.

首先利用总体X的样本求出参数$\theta_j(j=1,2,\cdots,k)$的最大似然估计$\hat{\theta}_j$,并利用$\hat{\theta}_j$计算出$\hat{p}_i(\hat{\theta}_1,\hat{\theta}_2,\cdots,\hat{\theta}_k)(i=1,2,\cdots,r)$.然后构造检验统计量

$$\chi^2=\sum_{i=1}^{r}\frac{(n_i-n\hat{p}_i)^2}{n\hat{p}_i}.$$

可以证明:当原假设H_0为真时,检验统计量χ^2近似服从自由度为$r-k-1$的χ^2分布.给定显著性水平α,可得拒绝域为

$$\left\{\chi^2=\sum_{i=1}^{r}\frac{(n_i-n\hat{p}_i)^2}{n\hat{p}_i}\geqslant\chi_\alpha^2(r-k-1)\right\}.$$

例2 某科学家为探究由特定元素释放的β粒子在固定时间间隔内撞击计数器的频率,设计了试验并进行了100次观测,所得观测数据如表8-3所示.根据这份试验数据,可否认为β粒子在固定时间间隔内出现的次数X服从泊松分布(取显著性水平$\alpha=0.05$)?

表8-3

β粒子的个数	0	1	2	3	4	5	6	7	8	9	10	11	≥12
频数	1	5	16	17	26	11	9	9	2	1	2	1	0

解 提出假设

$$H_0:P\{X=i\}=p_i\frac{\lambda^i e^{-\lambda}}{i!},i=0,1,2,\cdots,$$

其中λ未知.令事件$A_i=\{X=i\}(i=0,1,2,\cdots,11)$,$A_{12}=\{X\geqslant 12\}$,则上述假设等价于假设

$$H_0:P(A_i)=p_i=\frac{\lambda^i e^{-\lambda}}{i!}(i=0,1,2,\cdots,11),\ P(A_{12})=p_{12}=1-\sum_{i=0}^{11}\frac{\lambda^i e^{-\lambda}}{i!}.$$

利用最大似然估计法求得参数λ的最大似然估计值为$\hat{\lambda}=\overline{x}=4.2$.由此可得

$$\hat{p}_i=\frac{4.2^i e^{-4.2}}{i!},\quad i=0,1,2,\cdots,11,$$

$$\hat{p}_{12}=1-\sum_{i=0}^{11}\frac{4.2^i e^{-4.2}}{i!}=0.002.$$

具体的讨论结果如表 8-4 所示.

表 8-4

<table>
<tr><th>A_i</th><th>n_i</th><th>$\hat{p}_i$</th><th>$n\hat{p}_i$</th><th>$n_i - n\hat{p}_i$</th><th>$\frac{(n_i - n\hat{p}_i)^2}{n\hat{p}_i}$</th></tr>
<tr><td>A_0</td><td>1</td><td>0.015</td><td>1.5</td><td rowspan="2">−1.8</td><td rowspan="2">0.415</td></tr>
<tr><td>A_1</td><td>5</td><td>0.063</td><td>6.3</td></tr>
<tr><td>A_2</td><td>16</td><td>0.132</td><td>13.2</td><td>2.8</td><td>0.594</td></tr>
<tr><td>A_3</td><td>17</td><td>0.185</td><td>18.5</td><td>−1.5</td><td>0.122</td></tr>
<tr><td>A_4</td><td>26</td><td>0.194</td><td>19.4</td><td>6.6</td><td>2.245</td></tr>
<tr><td>A_5</td><td>11</td><td>0.163</td><td>16.3</td><td>−5.3</td><td>1.723</td></tr>
<tr><td>A_6</td><td>9</td><td>0.114</td><td>11.4</td><td>−2.4</td><td>0.505</td></tr>
<tr><td>A_7</td><td>9</td><td>0.069</td><td>6.9</td><td>2.1</td><td>0.639</td></tr>
<tr><td>A_8</td><td>2</td><td>0.036</td><td>3.6</td><td rowspan="5">−0.5</td><td rowspan="5">0.038</td></tr>
<tr><td>A_9</td><td>1</td><td>0.017</td><td>1.7</td></tr>
<tr><td>A_{10}</td><td>2</td><td>0.007</td><td>0.7</td></tr>
<tr><td>A_{11}</td><td>1</td><td>0.003</td><td>0.3</td></tr>
<tr><td>A_{12}</td><td>0</td><td>0.002</td><td>0.2</td></tr>
<tr><td>合计</td><td></td><td></td><td></td><td></td><td>6.281</td></tr>
</table>

因 $n\hat{p}_i < 5$ 的组需要与相邻组适当合并使得 $n\hat{p}_i \geqslant 5$,故上表的前两行与最后五行需要合并,并组后 $r=8$. 又 $k=1$,则

$$\chi_\alpha^2(r-k-1)=\chi_{0.05}^2(8-1-1)=12.592>6.281.$$

因此接受原假设 H_0,即认为 β 粒子在固定时间间隔内出现的次数服从泊松分布.

三、总体为连续型随机变量

提出假设

$$H_0: \text{总体 } X \text{ 的分布函数为 } F(x),$$

其中 $F(x)$ 中含有 k 个未知参数 $\theta_1,\theta_2,\cdots,\theta_k$. 在这种情形下检验 H_0 的步骤如下:

(1) 把 X 的取值范围分成 r 个区间

$$A_1=(a_0,a_1],\quad A_2=(a_1,a_2],\quad \cdots,\quad A_r=(a_{r-1},a_r].$$

(2) 统计样本落入 r 个区间中每个区间的频数,记为 $n_1,n_2,\cdots,n_r$,并要求 $n_i \geqslant 5, i=1,2,\cdots,r$.

(3) 根据样本值用最大似然估计法求出未知参数 $\theta_1,\theta_2,\cdots,\theta_k$ 的最大似然估计值,从而求出

$$\hat{p}_i=P\{a_{i-1}<X\leqslant a_i\},\quad i=1,2,\cdots,r.$$

这样就把原检验问题转化为总体为有限类的检验问题.

例 3 为了探究 12 岁男孩身高的分布特性,一项研究在某一特定地区展开. 研究者

从该地区的人群中采取随机抽样的方式选出了120位12岁的男孩作为样本，对其身高进行了精确的测量，收集到的数据(单位:cm)如表8-5所示.根据这份数据，能否认为该地区12岁男孩的身高服从正态分布(取显著性水平$\alpha=0.05$)?

表8-5

128.1	144.4	150.3	146.2	140.6	139.7	134.1	120.3	147.9	143.0
143.1	143.7	126.4	125.6	127.7	154.4	142.7	141.2	133.4	131.0
125.4	130.3	146.3	146.8	142.7	137.6	136.9	132.3	131.8	147.7
135.8	134.8	139.1	139.0	122.7	134.7	138.4	136.6	136.2	141.6
141.0	138.4	145.1	141.4	139.9	140.6	140.2	131.0	150.4	142.7
144.3	136.4	134.5	132.3	152.7	148.1	139.6	138.9	136.1	135.9
140.3	137.3	134.6	145.2	128.2	135.9	140.2	136.6	139.5	135.7
139.8	129.1	141.4	139.7	136.2	138.4	138.1	132.9	142.9	144.7
138.8	138.3	135.3	140.6	142.2	152.1	142.4	142.7	136.2	135.0
154.3	147.9	141.3	143.8	138.1	139.7	127.4	146.3	155.8	141.2
146.4	139.4	140.8	127.7	150.7	160.3	148.5	147.5	138.9	123.1
126.1	150.2	143.7	156.9	133.1	142.8	136.8	133.1	144.5	142.4

解 设X表示该地区12岁男孩的身高(单位:cm).提出假设

$$H_0: X \sim N(\mu, \sigma^2).$$

因为$X \sim N(\mu, \sigma^2)$是连续型随机变量，所以为了利用非参数χ^2检验法，首先将X的取值分组，如表8-6所示.

表8-6

区间	$\leqslant 126$	(126,130]	(130,134]	(134,138]	(138,142]	(142,146]	(146,150]	(150,154]	>154
频数	5	8	10	22	33	20	11	6	5

由于正态分布中含有两个未知参数μ和σ^2，因此需要对其进行参数估计.利用样本数据可得μ和σ^2的最大似然估计值分别为

$$\hat{\mu} = \overline{x} = 139.5, \quad \hat{\sigma}^2 = \frac{1}{n}\sum_{i=1}^{n}(x_i - \overline{x})^2 = 55.$$

由此可得

$$\hat{p}_1 = P\{X \leqslant 126\} = \Phi\left(\frac{126-\hat{\mu}}{\hat{\sigma}}\right),$$

$$\hat{p}_2 = P\{126 < X \leqslant 130\} = \Phi\left(\frac{130-\hat{\mu}}{\hat{\sigma}}\right) - \Phi\left(\frac{126-\hat{\mu}}{\hat{\sigma}}\right),$$

$$\cdots\cdots$$

$$\hat{p}_9 = P\{X > 154\} = 1 - \Phi\left(\frac{154-\hat{\mu}}{\hat{\sigma}}\right).$$

具体的讨论结果如表 8－7 所示.

表 8－7

A_i	n_i	$\hat{p}_i$	$n\hat{p}_i$	$n_i-n\hat{p}_i$	$\dfrac{(n_i-n\hat{p}_i)^2}{n\hat{p}_i}$
$X\leqslant 126$	5	0.034 4	4.128	0.844	0.059
$126<X\leqslant 130$	8	0.066 9	8.028		
$130<X\leqslant 134$	10	0.129 4	15.528	−5.528	1.968
$134<X\leqslant 138$	22	0.191 0	22.92	−0.92	0.037
$138<X\leqslant 142$	33	0.212 4	25.488	7.512	2.214
$142<X\leqslant 146$	20	0.177 5	21.3	−1.3	0.079
$146<X\leqslant 150$	11	0.111 6	13.392	−2.392	0.427
$150<X\leqslant 154$	6	0.052 2	6.264	1.664	0.297
$X>154$	5	0.025 6	3.072		
合计					5.081

上表的前两行与最后两行都需要并组，并组后 $r=7$. 又 $k=2$，则

$$\chi_{\alpha}^{2}(r-k-1)=\chi_{0.05}^{2}(7-2-1)=9.488>5.081.$$

因此接受原假设 H_0，即认为该地区 12 岁男孩的身高服从正态分布.

注　对连续型随机变量进行检验时，需要将其取值区间分组，因此检验结果依赖于分组的方式，分组不同有可能得出不同的结论，这是连续分布情形下非参数 χ^2 检验法的不足之处.

习　题　八

数学家简介

费希尔

1. 从一批矿砂中随机抽取 5 个样品，测得其镍含量数据(单位：%)如下：

$$3.24,\quad 3.27,\quad 3.24,\quad 3.26,\quad 3.24.$$

设镍含量总体服从正态分布，问：在显著性水平 $\alpha=0.01$ 下可否认为这批矿砂的镍含量均值为 3.25%？

2. 已知单个某种产品质量(单位：g) 的均值是 12，标准差是 1. 更新设备以后，从所生产的产品中随机取出 100 个，测得样本均值 $\overline{x}=12.5$，问：设备更新前后产品的平均质量是否有变化(取显著性水平 $\alpha=0.10$，假设单个产品的质量服从正态分布)？

3. 从已知标准差 $\sigma=5.2$ 的正态总体中抽取样本容量为 $n=16$ 的样本，计算得样本均值 $\overline{x}=27.56$，试在显著性水平 $\alpha=0.05$ 下检验假设 $H_0:\mu=26$.

4. 某元件为合格品的标准是使用寿命不低于 1 000 h. 今从一批这种元件中随机地抽取

25 个,测得其使用寿命的平均值为 950 h. 已知该种元件的使用寿命(单位:h) 服从标准差为 $\sigma=100$ 的正态分布,试在显著性水平 $\alpha=0.05$ 下确定这批元件是否合格.

5. 某器材厂生产一种保险丝,其熔化时间(单位:s) 在通常情况下的方差为 400. 今从某天生产的产品中随机抽取样本容量为 25 的样本,测量其熔化时间,计算得 $\overline{x}=62.24$,$s^2=404.77$,问:这天保险丝熔化时间的方差与通常情况下有无显著差异(取显著性水平 $\alpha=0.01$,假定熔化时间服从正态分布)?

6. 从正态总体 $N(\mu,\sigma^2)$(μ 未知) 中随机抽取样本容量为 8 的样本,计算得 $\overline{x}=61$,$\sum\limits_{i=1}^{8}(x_i-61)^2=652.8$,试在显著性水平 $\alpha=0.05$ 下检验假设 $H_0:\sigma^2=8^2$.

7. 从正态总体 $N(10,\sigma^2)$ 中随机抽取样本容量为 5 的样本,样本值为 9.4,11.3,8.7,10.6,9.7,试在显著性水平 $\alpha=0.05$ 下检验假设 $H_0:\sigma=1$.

8. 甲、乙两个铸造厂生产同一种铸件,假设两铸造厂生产的铸件的质量(单位:kg) 都服从正态分布. 现分别从两铸造厂生产的铸件中随机取出几个样本,测得其质量如表 8-8 所示,问:乙铸造厂铸件质量的方差是否比甲铸造厂小(取显著性水平 $\alpha=0.05$)?

表 8-8

甲铸造厂	93.3	92.0	94.7	90.1	95.6	90.0	94.7
乙铸造厂	95.6	94.9	96.2	95.1	95.8	96.3	

9. 分别对 10 名失眠患者试用 A,B 两种药品,然后测量患者延长的睡眠时间(单位:h),计算得 $\overline{x}=2.33$,$s_1^2=3.61$,$\overline{y}=0.75$,$s_2^2=2.89$,问:可否认为 A,B 两种药品对延长睡眠时间的平均效果没有显著差异? 假设 A,B 两种药品延长的睡眠时间均服从正态分布,且两者方差没有差别,取显著性水平 $\alpha=0.01$.

10. 从两个正态总体 X,Y 中分别抽取样本容量为 9,11 的样本,计算得 $\sum\limits_{i=1}^{9}(x_i-\overline{x})^2=96$,$\sum\limits_{i=1}^{11}(y_i-\overline{y})^2=45$,试在显著性水平 $\alpha=0.02$ 下检验两个总体的方差是否相等.

11. 化工试验中要考虑温度对产品断裂力的影响,在 70 ℃ 及 80 ℃ 的条件下分别进行 8 次试验,测得产品断裂力(单位:kN) 的数据如下:

70 ℃ 时:20.5, 18.8, 19.8, 20.9, 21.5, 19.5, 21.0, 21.2;

80 ℃ 时:17.7, 20.3, 20.0, 18.8, 19.0, 20.1, 20.2, 19.1.

已知在两种温度下产品的断裂力服从等方差的正态分布,检验两种温度下产品断裂力的均值是否有显著差异(取显著性水平 $\alpha=0.05$).

*12. 某灯泡厂在使用一项新工艺的前后各取 10 只灯泡进行寿命试验,计算得到采用新工艺前灯泡寿命的样本均值为 2 460 h,标准差为 56 h;采用新工艺后灯泡寿命的样本均值为 2 550 h,标准差为 48 h. 已知灯泡的寿命服从正态分布,能否认为采用新工艺后灯泡的平均寿命有显著提高(取显著性水平 $\alpha=0.01$)?

*13. 下面列出的是从某工厂随机选取的 20 只部件的装配时间(单位:min):

9.8, 10.4, 10.6, 9.6, 9.7, 9.9, 10.9, 11.1, 9.6, 10.2,
10.3, 9.6, 9.9, 11.2, 10.6, 9.8, 10.5, 10.1, 10.5, 9.7.

设装配时间服从正态分布，是否可以认为装配时间的均值显著大于 10 min（取显著性水平 $\alpha=0.05$）？

* 14. 测定某种溶液中的水分（单位：%），由它的 10 个测定值计算得到 $s=0.037$. 设测定值服从正态分布，σ^2 为其方差，试在显著性水平 $\alpha=0.05$ 下检验假设 $H_0:\sigma\geqslant 0.04$.

15. 在一小时内电话用户每分钟对电话站的呼叫次数统计如表 8-9 所示，能否认为每分钟的电话呼叫次数服从泊松分布（取显著性水平 $\alpha=0.05$）？

表 8-9

呼叫次数	0	1	2	3	4	5	6	$\geqslant 7$
频数	8	16	17	10	6	2	1	0

16. 在自动精密车床的加工过程中任意抽取 200 个小轴，测得小轴的直径与规定尺寸的偏差（单位：μm）如表 8-10 所示，能否认为小轴直径尺寸的偏差服从正态分布（取显著性水平 $\alpha=0.05$）？

表 8-10

偏差	频数
$-20\sim-15$	7
$-15\sim-10$	11
$-10\sim-5$	15
$-5\sim0$	24
$0\sim5$	49
$5\sim10$	41
$10\sim15$	26
$15\sim20$	17
$20\sim25$	7
$25\sim30$	3

17. 从一批灯泡中随机抽取 300 只做寿命试验，其结果（单位：h）如表 8-11 所示，试在显著性水平 $\alpha=0.05$ 下检验假设 H_0：灯泡寿命服从指数分布 $e(0.05)$.

表 8-11

寿命 t	$0\leqslant t<100$	$100\leqslant t<200$	$200\leqslant t<300$	$t\geqslant 300$
灯泡数	121	78	43	58

18. 从某车床生产的滚珠中随机抽取 50 个，测得它们的直径（单位：mm）数据如下：

15.0， 15.8， 15.2， 15.1， 15.9， 14.7， 14.8， 15.5， 15.6， 15.3，
15.1， 15.3， 15.0， 15.6， 15.7， 14.8， 14.5， 14.2， 14.9， 14.9，
15.2， 15.0， 15.3， 15.6， 15.1， 14.9， 14.2， 14.6， 15.8， 15.2，
15.9， 15.2， 15.0， 14.9， 14.8， 14.5， 15.1， 15.5， 15.5， 15.1，
15.1， 15.0， 15.3， 14.7， 14.5， 15.0， 15.5， 14.7， 14.6， 14.2.

试根据以上数据判别滚珠的直径是否服从正态分布（取显著性水平 $\alpha=0.05$）.

第九章

方差分析

在生产实践、科学试验和社会生活中，影响一个事件的因素往往有很多. 例如，在工业生产中，产品的质量往往受到原材料、设备、技术及员工素质等因素的影响；在农业生产中，农作物的产量受种子、肥料、土壤、水分、天气等因素的影响. 每一个因素的改变都有可能影响产品的数量和质量. 有些因素影响较大，有些因素影响较小. 为了使生产过程保持稳定，保证产品优质、高产，就有必要利用试验数据分析各个因素的影响是否显著，而数理统计中所采用的一种有效方法就是方差分析.

在试验中，我们将要考察的指标称为**试验指标**，影响试验指标的条件称为**因素**. 因素可分为两类，一类是人们可以控制的，另一类是人们不能控制的. 例如，原材料、设备、肥料等是可以控制的，而员工素质、气象条件等一般是难以控制的. 以下我们所说的因素都是指可以控制的因素. 为了分析某一个因素 A 对所考察的试验指标的影响，我们可以在试验时让其他因素保持不变，而只让因素 A 的状态改变，这样的试验叫作**单因素试验**，因素 A 所处的状态叫作**水平**. 如果有多个因素在改变，那么称这样的试验为**多因素试验**.

§9.1 单因素试验的方差分析

一、单因素试验

例 1 设有 Ⅰ,Ⅱ,Ⅲ 三台机器生产规格相同的铝合金薄板.现从生产的薄板中随机抽取几个样品,测得其厚度(单位:cm) 如表 9-1 所示.

表 9-1

机器 Ⅰ	机器 Ⅱ	机器 Ⅲ
0.236	0.257	0.258
0.238	0.253	0.264
0.248	0.255	0.259
0.245	0.254	0.267
0.243	0.261	0.262

这里,试验指标是薄板的厚度,机器是因素,不同的三台机器就是这个因素的三个不同的水平.如果假定除了机器这一因素外,材料的规格、操作人员的水平等其他条件都相同,那么这就是单因素试验.试验的目的是为了考察各台机器所生产的薄板的厚度有无显著差异,即考察机器这一因素对薄板厚度有无显著影响.如果薄板厚度有显著差异,就表明机器这一因素对薄板厚度的影响是显著的.

例 2 某灯泡厂使用三种不同材料的灯丝制成三批灯泡.现从这三批灯泡中分别抽样,测得灯泡的使用寿命(单位:h) 如表 9-2 所示.

表 9-2

批号	使用寿命
Ⅰ	1 600,1 610,1 650,1 680,1 700,1 720
Ⅱ	1 580,1 640,1 640,1 700,1 750,1 800
Ⅲ	1 540,1 550,1 570,1 600,1 660,1 680

这里,试验指标是灯泡的使用寿命,灯丝的材料是因素,不同的三种材料就是这个因素的三个不同的水平.这里我们假定除了灯丝的材料这一因素外,其他条件都相同,因此这是单因素试验.试验的目的是为了考察这三批灯泡的使用寿命是否有显著差异,即考察灯丝的材料这一因素对灯泡的使用寿命有无显著影响.如果灯泡的使用寿命有显著差异,就表明灯丝的材料这一因素对灯泡使用寿命的影响是显著的.

设因素 A 有 r 个不同的水平 $A_1,A_2,\cdots,A_r$.我们在因素 A 的每一个水平下进行独立试验,其结果是一个随机变量.设水平 A_i 对应的总体 ξ_i 服从正态分布 $N(\mu_i,\sigma^2)$,$i=1,2,\cdots,r$(假定 ξ_i 有相同的标准差 σ).例如,$\xi_1,\xi_2,\cdots,\xi_r$ 可以是用 r 种不同工艺生产的灯泡的使用寿命，或者是 r 个不同品种的小麦的单位面积产量，等等. 我们的目的就是要检验同方差的多个正态总体的均值是否相等，而方差分析方法就是解决这类问题的一种统计分析方法.

在水平 A_i 下进行$n_i(i=1,2,\cdots,r)$次试验，假定所有的试验都是相互独立的，得到的样本值如表 9－3 所示.

表 9－3

水平	样本值			
A_1	x_{11}	x_{12}	$\cdots$	x_{1n_1}
A_2	x_{21}	x_{22}	$\cdots$	x_{2n_2}
$\vdots$	$\vdots$	$\vdots$		$\vdots$
A_r	x_{r1}	x_{r2}	$\cdots$	x_{rn_r}

因为在水平 A_i 下的样本值 $x_{ij}(i=1,2,\cdots,r;j=1,2,\cdots,n_i)$ 与总体 ξ_i 服从相同的分布，所以有

$$x_{ij}\sim N(\mu_i,\sigma^2). \tag{9.1}$$

我们的任务就是根据这 r 组样本值来检验因素 A 对试验结果的影响是否显著. 如果因素 A 的影响不显著，那么所有的样本值就可以看作来自同一正态总体 $\xi\sim N(\mu,\sigma^2)$，因此要检验的原假设是

$$H_0:\mu_1=\mu_2=\cdots=\mu_r=\mu. \tag{9.2}$$

因为 $x_{ij}\sim N(\mu_i,\sigma^2)(i=1,2,\cdots,r;j=1,2,\cdots,n_i)$，所以 $x_{ij}-\mu_i\sim N(0,\sigma^2)$. 记 $\varepsilon_{ij}=x_{ij}-\mu_i(i=1,2,\cdots,r;j=1,2,\cdots,n_i)$，则

$$x_{ij}=\mu_i+\varepsilon_{ij},\quad \varepsilon_{ij}\sim N(0,\sigma^2).$$

再设总试验次数 $n=\sum\limits_{i=1}^{r}n_i,\alpha_i=\mu_i-\mu$，则

$$x_{ij}=\mu+\alpha_i+\varepsilon_{ij}\quad (i=1,2,\cdots,r;j=1,2,\cdots,n_i),$$

其中 $\sum\limits_{i=1}^{r}n_i\alpha_i=0$. 于是原假设 H_0 等价于假设

$$H_0':\alpha_1=\alpha_2=\cdots=\alpha_r=0.$$

方差分析问题实质上是一个假设检验问题. 下面探讨如何构造合适的检验统计量.

二、统计量的构造

先定义几个统计量.

(1) 组内平均值

$$\overline{x}_{i\cdot}=\frac{1}{n_i}\sum_{j=1}^{n_i}x_{ij}\quad (i=1,2,\cdots,r); \tag{9.3}$$

(2) 总平均值

$$\overline{x}=\frac{1}{n}\sum_{i=1}^{r}\sum_{j=1}^{n_i}x_{ij}=\frac{1}{n}\sum_{i=1}^{r}n_i\overline{x}_{i\cdot}; \tag{9.4}$$

(3) 总离均差平方和

$$S=\sum_{i=1}^{r}\sum_{j=1}^{n_i}(x_{ij}-\overline{x})^2; \tag{9.5}$$

(4) 组间离均差平方和

$$S_A=\sum_{i=1}^{r}n_i(\overline{x}_{i\cdot}-\overline{x})^2; \tag{9.6}$$

(5) 误差平方和

$$S_e=\sum_{i=1}^{r}\sum_{j=1}^{n_i}(x_{ij}-\overline{x}_{i\cdot})^2; \tag{9.7}$$

(6) 组间平均平方和

$$\overline{S}_A=\frac{S_A}{r-1}; \tag{9.8}$$

(7) 误差平均平方和

$$\overline{S}_e=\frac{S_e}{n-r}. \tag{9.9}$$

S_A 反映了各组样本之间的差异程度，即由于因素 A 的不同水平所引起的系统差异；S_e 反映了各种随机因素引起的试验误差.

对于上述统计量，我们有如下重要结论：

(1) $S=S_A+S_e$； (9.10)

(2) $\dfrac{S_e}{\sigma^2}\sim\chi^2(n-r)$； (9.11)

(3) S_A 与 S_e 是相互独立的；

(4) 若原假设 H_0 成立，则

$$\frac{S_A}{\sigma^2}\sim\chi^2(r-1). \tag{9.12}$$

证明　(1) 因为

$$\begin{aligned}S&=\sum_{i=1}^{r}\sum_{j=1}^{n_i}(x_{ij}-\overline{x})^2=\sum_{i=1}^{r}\sum_{j=1}^{n_i}[(x_{ij}-\overline{x}_{i\cdot})+(\overline{x}_{i\cdot}-\overline{x})]^2\\&=\sum_{i=1}^{r}\sum_{j=1}^{n_i}(x_{ij}-\overline{x}_{i\cdot})^2+\sum_{i=1}^{r}\sum_{j=1}^{n_i}(\overline{x}_{i\cdot}-\overline{x})^2+2\sum_{i=1}^{r}\sum_{j=1}^{n_i}(x_{ij}-\overline{x}_{i\cdot})(\overline{x}_{i\cdot}-\overline{x}),\end{aligned}$$

其中

$$\begin{aligned}2\sum_{i=1}^{r}\sum_{j=1}^{n_i}(x_{ij}-\overline{x}_{i\cdot})(\overline{x}_{i\cdot}-\overline{x})&=2\sum_{i=1}^{r}\left[(\overline{x}_{i\cdot}-\overline{x})\sum_{j=1}^{n_i}(x_{ij}-\overline{x}_{i\cdot})\right]\\&=2\sum_{i=1}^{r}\left[(\overline{x}_{i\cdot}-\overline{x})\left(\sum_{j=1}^{n_i}x_{ij}-n_i\overline{x}_{i\cdot}\right)\right]=0,\end{aligned}$$

所以 $S=S_A+S_e$.

(2) $S_e=\sum_{i=1}^{r}\sum_{j=1}^{n_i}(x_{ij}-\overline{x}_{i\cdot})^2=\sum_{j=1}^{n_i}(x_{1j}-\overline{x}_{1\cdot})^2+\sum_{j=1}^{n_i}(x_{2j}-\overline{x}_{2\cdot})^2+\cdots$

$$+\sum_{j=1}^{n_i}(x_{rj}-\overline{x}_{r\cdot})^2.$$

由于 $\sum_{j=1}^{n_i}(x_{ij}-\overline{x}_{i\cdot})^2(i=1,2,\cdots,r)$ 是总体 $N(\mu_i,\sigma^2)$ 的样本方差的 n_i-1 倍，因此由定理 6.2.2，有

$$\sum_{j=1}^{n_i}\frac{(x_{ij}-\overline{x}_{i\cdot})^2}{\sigma^2}\sim\chi^2(n_i-1).$$

又因各 x_{ij} 相互独立，故由 χ^2 分布的可加性知

$$\frac{S_e}{\sigma^2}\sim\chi^2\left(\sum_{i=1}^{r}(n_i-1)\right),$$

即

$$\frac{S_e}{\sigma^2}\sim\chi^2(n-r).$$

(3) 与(4) 的证明略.

三、方差分析的方法

选取检验统计量

$$F=\frac{\overline{S}_A}{\overline{S}_e}=\frac{(S_A/\sigma^2)/(r-1)}{(S_e/\sigma^2)/(n-r)},\tag{9.13}$$

则利用上述结论及 F 分布的定义可知

$$F\sim F(r-1,n-r).\tag{9.14}$$

若因素 A 的各个水平对总体的影响相差不大，则组间离均差平方和 S_A 应较小，因此 F 也较小；反之，若因素 A 的各个水平对总体的影响显著不同，则组间离均差平方和 S_A 应较大，因此 F 也较大. 由此可见，我们可以根据 F 值的大小来检验原假设 H_0.

对于给定的显著性水平 α，可以由附表 5 查得相应的上 α 分位点 F_α. 若由样本值计算得到的 F 的值大于 F_α，则在显著性水平 α 下拒绝原假设 H_0，即认为因素 A 的不同水平对总体有显著影响；若 F 的值不大于 F_α，则接受原假设 H_0，即认为因素 A 的不同水平对总体没有显著影响.

显著性水平 α 通常取 0.05 和 0.01，然后按 F 的值所满足的不同条件参见表 9－4 做出不同的显著性判断.

表 9－4

条件	显著性
$F\leqslant F_{0.05}$	不显著
$F_{0.05}<F\leqslant F_{0.01}$	显著(可用“*”表示)
$F>F_{0.01}$	高度显著(可用“* *”表示)

通常还根据计算结果列出方差分析表，如表 9－5 所示.

表 9-5

方差来源	平方和	自由度	均方和	F 值	临界值
因素	S_A	$r-1$	$\overline{S}_A=\dfrac{S_A}{r-1}$	$F=\dfrac{\overline{S}_A}{\overline{S}_e}$	$F_{0.05}$ 或 $F_{0.01}$
误差	S_e	$n-r$	$\overline{S}_e=\dfrac{S_e}{n-r}$		
总和	S	$n-1$			

实际计算过程中,我们可以用以下简便公式计算 S,S_A 和 S_e. 记

$$X_{i\cdot}=\sum_{j=1}^{n_i}x_{ij}(i=1,2,\cdots,r),\quad X=\sum_{i=1}^{r}\sum_{j=1}^{n_i}x_{ij},$$

则

$$S=\sum_{i=1}^{r}\sum_{j=1}^{n_i}x_{ij}^2-n\overline{x}^2=\sum_{i=1}^{r}\sum_{j=1}^{n_i}x_{ij}^2-\frac{X^2}{n},$$

$$S_A=\sum_{i=1}^{r}n_i\overline{x}_{i\cdot}^2-n\overline{x}^2=\sum_{i=1}^{r}\frac{X_{i\cdot}^2}{n_i}-\frac{X^2}{n},$$

$$S_e=S-S_A.$$

例 3 利用例 1 的数据在显著性水平 $\alpha=0.05$ 下检验假设

$$H_0:\mu_1=\mu_2=\mu_3,\quad H_1:\mu_1,\mu_2,\mu_3 \text{ 不全相等}.$$

解 这里 $r=3,n_1=n_2=n_3=5,n=15$,所以总离均差平方和

$$S=\sum_{i=1}^{r}\sum_{j=1}^{n_i}x_{ij}^2-\frac{X^2}{n}=0.963\,912-\frac{1}{15}\times 3.8^2\approx 0.001\,245\,33,$$

组间离均差平方和

$$S_A=\sum_{i=1}^{r}\frac{X_{i\cdot}^2}{n_i}-\frac{X^2}{n}=0.963\,72-\frac{1}{15}\times 3.8^2\approx 0.001\,053\,33,$$

误差平方和

$$S_e=S-S_A\approx 0.000\,192.$$

又 S,S_A,S_e 的自由度依次为 $n-1=14$, $r-1=2$, $n-r=12$,得方差分析表如表 9-6 所示.

表 9-6

方差来源	平方和	自由度	均方和	F 值
因素	0.001 053 33	2	0.000 526 67	32.92
误差	0.000 192	12	0.000 016	
总和	0.001 245 33	14		

因为 $F_{0.05}(2,12)=3.89<32.92$,所以在显著性水平 $\alpha=0.05$ 下拒绝原假设 H_0,即认为各台机器生产的薄板厚度有显著差异.

§9.2 双因素试验的方差分析

进行某一项试验，当影响试验指标的因素不是一个而是多个时，要分析各因素的作用是否显著，就要用到多因素的方差分析. 本节就双因素试验的方差分析进行简述，回答 A 与 B 两个因素对所考察的试验指标是否有显著影响的问题.

设因素 A 有 r 个不同的水平 $A_1, A_2, \cdots, A_r$，因素 B 有 s 个不同的水平 $B_1, B_2, \cdots, B_s$，各对水平 (A_i, B_j) 对应的总体 ξ_{ij} 服从正态分布 $N(\mu_{ij}, \sigma^2)$，$i=1,2,\cdots,r$，$j=1,2,\cdots,s$（假定 ξ_{ij} 有相同的标准差 σ）. 所谓**无重复试验**就是在因素 A 和 B 的每一种水平搭配 (A_i, B_j) 下仅取一个样本值 x_{ij}，否则称为**有重复试验**. 我们假定所有的试验都是相互独立的.

一、双因素有重复试验的方差分析（有交互作用的方差分析）

所谓**交互作用**是指因素 A 和 B 的各个水平之间的不同组合对试验结果的影响.

先来看一个例子.

例 1 某化工厂为了了解不同的催化剂量（单位：mL）和不同的温度（单位：℃）对某种化工产品转化率（单位：%）的影响，做了两批试验，结果如表 9－7 所示. 通过分析表中数据探究不同的催化剂量对产品转化率有无显著影响，在不同温度下转化率有无显著差异，以及交互作用是否显著.

表 9－7

催化剂量（因素 A）	温度（因素 B）			
	10	24	38	52
2	14 10	11 11	13 9	10 12
4	9 7	10 8	7 11	6 10
6	5 11	13 14	12 13	14 10

这里，产品转化率受催化剂量和温度两个因素的影响，在两个因素的每一种水平搭配下都取了 2 个样本值，因此这是一个双因素有重复试验，同时需要考虑其交互作用.

1. 考虑交互作用时的双因素有重复试验的方差分析原理

因素 A 和 B 的交互作用记为 $A \times B$ 或简记为 I. 为了分析这种交互作用，对于它们的每一种搭配 (A_i, B_j) $(i=1,2,\cdots,r; j=1,2,\cdots,s)$，需要分别进行 $t \geqslant 2$ 次重复试验，即共需进行 rst 次试验. 全部样本值 x_{ijk} $(i=1,2,\cdots,r; j=1,2,\cdots,s; k=1,2,\cdots,t)$ 如表 9－8 所示.

表 9-8

因素 A	因素 B			
	B_1	B_2	…	B_s
A_1	x_{111} x_{112} ⋮ x_{11t}	x_{121} x_{122} ⋮ x_{12t}	…	x_{1s1} x_{1s2} ⋮ x_{1st}
A_2	x_{211} x_{212} ⋮ x_{21t}	x_{221} x_{222} ⋮ x_{22t}	…	x_{2s1} x_{2s2} ⋮ x_{2st}
⋮	⋮	⋮		⋮
A_r	x_{r11} x_{r12} ⋮ x_{r1t}	x_{r21} x_{r22} ⋮ x_{r2t}	…	x_{rs1} x_{rs2} ⋮ x_{rst}

因为样本值 x_{ijk} 与总体 ξ_{ij} 服从相同的分布，所以有

$$x_{ijk} \sim N(\mu_{ij},\sigma^2) \quad (i=1,2,\cdots,r;j=1,2,\cdots,s;k=1,2,\cdots,t).$$

令 $x_{ijk}=\mu_{ij}+\varepsilon_{ijk}$，则 $\varepsilon_{ijk}=x_{ijk}-\mu_{ij}$，$\varepsilon_{ijk}\sim N(0,\sigma^2)$，且 ε_{ijk} 相互独立($i=1,2,\cdots,r;j=1,2,\cdots,s;k=1,2,\cdots,t$).

我们的任务就是根据这些样本值来检验因素 A，B 及其交互作用 $I=A\times B$ 对试验结果的影响是否显著.

令

$$\mu=\frac{1}{rs}\sum_{i=1}^{r}\sum_{j=1}^{s}\mu_{ij} \quad (总均值),$$

$$\mu_{i\cdot}=\frac{1}{s}\sum_{j=1}^{s}\mu_{ij} \quad (在因素 A 的各水平下的均值),$$

$$\mu_{\cdot j}=\frac{1}{r}\sum_{i=1}^{r}\mu_{ij} \quad (在因素 B 的各水平下的均值),$$

$$\alpha_i=\mu_{i\cdot}-\mu \quad (因素 A 的各水平的效应),$$

$$\beta_j=\mu_{\cdot j}-\mu \quad (因素 B 的各水平的效应),$$

其中 $i=1,2,\cdots,r$，$j=1,2,\cdots,s$，则显然有

$$\sum_{i=1}^{r}\alpha_i=0,\quad \sum_{j=1}^{s}\beta_j=0.$$

又令

$$\gamma_{ij}=\mu_{ij}-\mu-\alpha_i-\beta_j \quad (水平 A_i 和 B_j 的交互作用),$$

易得

$$\sum_{i=1}^{r}\gamma_{ij}=0\ ,\quad \sum_{j=1}^{s}\gamma_{ij}=0\quad (i=1,2,\cdots,r;j=1,2,\cdots,s).$$

我们要研究问题的数学模型就是

$$\begin{cases}x_{ijk}=\mu+\alpha_i+\beta_j+\gamma_{ij}+\varepsilon_{ijk},\\ \varepsilon_{ijk}\sim N(0,\sigma^2),\varepsilon_{ijk}\text{ 相互独立}(i=1,2,\cdots,r;j=1,2,\cdots,s;k=1,2,\cdots,t),\\ \sum_{i=1}^{r}\alpha_i=0,\sum_{j=1}^{s}\beta_j=0,\\ \sum_{i=1}^{r}\gamma_{ij}=0,\sum_{j=1}^{s}\gamma_{ij}=0,\end{cases}\tag{9.15}$$

其中 $\mu,\alpha_i,\beta_j,\gamma_{ij},\sigma^2$ 都是未知参数. 对于这一模型,我们要检验的就是以下三个假设:

$$\begin{cases}H_{01}:\alpha_1=\alpha_2=\cdots=\alpha_r=0,\\ H_{11}:\alpha_1,\alpha_2,\cdots,\alpha_r\text{ 不全为零},\end{cases}\tag{9.16}$$

$$\begin{cases}H_{02}:\beta_1=\beta_2=\cdots=\beta_s=0,\\ H_{12}:\beta_1,\beta_2,\cdots,\beta_s\text{ 不全为零},\end{cases}\tag{9.17}$$

$$\begin{cases}H_{03}:\gamma_{ij}=0(i=1,2,\cdots,r;j=1,2,\cdots,s),\\ H_{13}:\gamma_{ij}\text{ 不全为零}(i=1,2,\cdots,r;j=1,2,\cdots,s).\end{cases}\tag{9.18}$$

下面探讨如何构造合适的检验统计量.

2. 统计量的构造

与单因素情况类似,首先引入以下记号:

$$\bar{x}_{ij\cdot}=\frac{1}{t}\sum_{k=1}^{t}x_{ijk}\quad (i=1,2,\cdots,r;j=1,2,\cdots,s),$$

$$\bar{x}_{i\cdot\cdot}=\frac{1}{st}\sum_{j=1}^{s}\sum_{k=1}^{t}x_{ijk}\quad (i=1,2,\cdots,r),$$

$$\bar{x}_{\cdot j\cdot}=\frac{1}{rt}\sum_{i=1}^{r}\sum_{k=1}^{t}x_{ijk}\quad (j=1,2,\cdots,s).$$

然后定义:

(1) 总平均值

$$\bar{x}=\frac{1}{rst}\sum_{i=1}^{r}\sum_{j=1}^{s}\sum_{k=1}^{t}x_{ijk};\tag{9.19}$$

(2) 总离均差平方和

$$S_T=\sum_{i=1}^{r}\sum_{j=1}^{s}\sum_{k=1}^{t}(x_{ijk}-\bar{x})^2;\tag{9.20}$$

(3) 因素 A 的离均差平方和

$$S_A=st\sum_{i=1}^{r}(\bar{x}_{i\cdot\cdot}-\bar{x})^2;\tag{9.21}$$

(4) 因素 B 的离均差平方和

$$S_B = rt\sum_{j=1}^{s}(\overline{x}_{\cdot j\cdot} - \overline{x})^2; \tag{9.22}$$

(5) 交互作用的离均差平方和

$$S_I = t\sum_{i=1}^{r}\sum_{j=1}^{s}(\overline{x}_{ij\cdot} - \overline{x}_{i\cdot\cdot} - \overline{x}_{\cdot j\cdot} + \overline{x})^2; \tag{9.23}$$

(6) 误差的平方和

$$S_e = \sum_{i=1}^{r}\sum_{j=1}^{s}\sum_{k=1}^{t}(x_{ijk} - \overline{x}_{ij\cdot})^2. \tag{9.24}$$

S_A 和 S_B 分别反映了因素 A 和 B 的不同水平所引起的系统差异；S_I 反映了因素 A 和 B 的不同水平互相搭配所引起的系统差异；而 S_e 则反映了各种随机因素引起的试验误差.

对于上述统计量，我们有如下重要结论：

(1) $S_T = S_A + S_B + S_I + S_e$；　(9.25)

(2) S_A, S_B, S_I, S_e 是相互独立的；

(3) $\dfrac{S_e}{\sigma^2} \sim \chi^2(rs(t-1))$；　(9.26)

(4) $$\begin{cases} \text{若原假设 } H_{01} \text{ 成立,则 } \dfrac{S_A}{\sigma^2} \sim \chi^2(r-1), \\ \text{若原假设 } H_{02} \text{ 成立,则 } \dfrac{S_B}{\sigma^2} \sim \chi^2(s-1), \\ \text{若原假设 } H_{03} \text{ 成立,则 } \dfrac{S_I}{\sigma^2} \sim \chi^2((r-1)(s-1)). \end{cases} \tag{9.27}$$

3. 方差分析的方法

利用以上结论，定义：

(1) 因素 A 的均方和

$$\overline{S}_A = \frac{S_A}{r-1};$$

(2) 因素 B 的均方和

$$\overline{S}_B = \frac{S_B}{s-1};$$

(3) 交互作用的均方和

$$\overline{S}_I = \frac{S_I}{(r-1)(s-1)};$$

(4) 误差的均方和

$$\overline{S}_e = \frac{S_e}{rs(t-1)}.$$

考察统计量 $F_A = \dfrac{\overline{S}_A}{\overline{S}_e}, F_B = \dfrac{\overline{S}_B}{\overline{S}_e}, F_I = \dfrac{\overline{S}_I}{\overline{S}_e}$. 由以上结论及 F 分布的定义可知：

当原假设 H_{01} 成立时，有

$$F_A \sim F(r-1, rs(t-1));$$

当原假设 H_{02} 成立时,有

$$F_B \sim F(s-1, rs(t-1));$$

当原假设 H_{03} 成立时,有

$$F_I \sim F((r-1)(s-1), rs(t-1)).$$

我们可以根据 F_A,F_B 与 F_I 的值的大小来检验上述原假设 H_{01},H_{02} 与 H_{03}.

对于给定的显著性水平 α,可以由附表5查得相应的上 α 分位点 F_α. 然后比较 F 的值与 F_α 的大小,进而判断因素的不同水平对总体是否有显著影响.

显著性水平 α 通常取 0.05 和 0.01,然后按 F 的值所满足的不同条件参见表 9-9 做出不同的显著性判断.

表 9-9

条件	显著性
$F \leqslant F_{0.05}$	不显著
$F_{0.05} < F \leqslant F_{0.01}$	显著(可用“*”表示)
$F > F_{0.01}$	高度显著(可用“**”表示)

通常还根据计算结果列出方差分析表,如表 9-10 所示.

表 9-10

方差来源	平方和	自由度	均方和	F 值	临界值
因素 A	S_A	$r-1$	$\overline{S}_A = \dfrac{S_A}{r-1}$	$F_A = \dfrac{\overline{S}_A}{\overline{S}_e}$	$F_{A0.05}$ 或 $F_{A0.01}$
因素 B	S_B	$s-1$	$\overline{S}_B = \dfrac{S_B}{s-1}$	$F_B = \dfrac{\overline{S}_B}{\overline{S}_e}$	$F_{B0.05}$ 或 $F_{B0.01}$
交互作用 I	S_I	$(r-1)(s-1)$	$\overline{S}_I = \dfrac{S_I}{(r-1)(s-1)}$	$F_I = \dfrac{\overline{S}_I}{\overline{S}_e}$	$F_{I0.05}$ 或 $F_{I0.01}$
误差	S_e	$rs(t-1)$	$\overline{S}_e = \dfrac{S_e}{rs(t-1)}$		
总和	S_T	$rst-1$			

注 有时为了简化计算,可以把全部样本值 $x_{ijk}(i=1,2,\cdots,r;j=1,2,\cdots,s;k=1,2,\cdots,t)$ 减去或加上一个常数 C,这并不影响离均差平方和的计算结果.

实际计算过程中,我们可以用以下简便公式来计算上表中的各个平方和. 记

$$X_{ij\cdot} = \sum_{k=1}^{t} x_{ijk} \quad (i=1,2,\cdots,r;j=1,2,\cdots,s),$$

$$X_{i\cdot\cdot} = \sum_{j=1}^{s}\sum_{k=1}^{t} x_{ijk}, \quad X_{\cdot j\cdot} = \sum_{i=1}^{r}\sum_{k=1}^{t} x_{ijk}, \quad X = \sum_{i=1}^{r}\sum_{j=1}^{s}\sum_{k=1}^{t} x_{ijk},$$

则

$$\begin{cases}S_T=\sum_{i=1}^{r}\sum_{j=1}^{s}\sum_{k=1}^{t}x_{ijk}^2-\frac{X^2}{rst},\\ S_A=\frac{1}{st}\sum_{i=1}^{r}X_{i\cdot\cdot}^2-\frac{X^2}{rst},\\ S_B=\frac{1}{rt}\sum_{j=1}^{s}X_{\cdot j\cdot}^2-\frac{X^2}{rst},\\ S_I=\frac{1}{t}\sum_{i=1}^{r}\sum_{j=1}^{s}X_{ij\cdot}^2-\frac{X^2}{rst}-S_A-S_B,\\ S_e=S_T-S_I-S_A-S_B.\end{cases}\tag{9.28}$$

例 2　利用例 1 的数据在显著性水平 $\alpha=0.05$ 下检验假设

$$\begin{cases}H_{01}:\alpha_1=\alpha_2=\cdots=\alpha_r=0,\\ H_{11}:\alpha_1,\alpha_2,\cdots,\alpha_r\ 不全为零,\end{cases}$$

$$\begin{cases}H_{02}:\beta_1=\beta_2=\cdots=\beta_s=0,\\ H_{12}:\beta_1,\beta_2,\cdots,\beta_s\ 不全为零,\end{cases}$$

$$\begin{cases}H_{03}:\gamma_{ij}=0(i=1,2,\cdots,r;j=1,2,\cdots,s),\\ H_{13}:\gamma_{ij}\ 不全为零(i=1,2,\cdots,r;j=1,2,\cdots,s).\end{cases}$$

解　这里 $r=3,s=4,t=2$. $X_{ij\cdot},X_{i\cdot\cdot},X_{\cdot j\cdot},X(i=1,2,3;j=1,2,3,4)$ 的计算结果如表 9－11 所示，表中括号内的数字是 $X_{ij\cdot}$.

表 9－11

催化剂量（因素 A）	温度（因素 B）				$X_{i\cdot\cdot}$
	10	24	38	52	
2	14 10(24)	11 11(22)	13 9(22)	10 12(22)	90
4	9 7(16)	10 8(18)	7 11(18)	6 10(16)	68
6	5 11(16)	13 14(27)	12 13(25)	14 10(24)	92
$X_{\cdot j\cdot}$	56	67	65	62	250

由表 9－11 中的数据可得

$$S_T=(14^2+10^2+\cdots+10^2)-\frac{250^2}{24}\approx 147.83,$$

$$S_A=\frac{1}{8}(90^2+68^2+92^2)-\frac{250^2}{24}\approx 44.33,$$

$$S_B=\frac{1}{6}(56^2+67^2+65^2+62^2)-\frac{250^2}{24}=11.5,$$

$$S_I=\frac{1}{2}(24^2+22^2+\cdots+24^2)-\frac{250^2}{24}-S_A-S_B=27,$$

$$S_e=S_T-S_A-S_B-S_I=65.$$

列出方差分析表,如表 9 - 12 所示.

表 9 - 12

方差来源	平方和	自由度	均方和	F 值
因素 A	44.33	2	22.165	4.09
因素 B	11.5	3	3.833	0.71
交互作用 I	27	6	4.5	0.83
误差	65	12	5.417	
总和	147.83	23		

由于 $F_{0.05}(2,12)=3.89<F_A$,因此在显著性水平 $\alpha=0.05$ 下拒绝原假设 H_{01},即认为催化剂量对转化率有显著影响.而 $F_{0.05}(3,12)=3.49>F_B$,$F_{0.05}(6,12)=3.00>F_I$,所以在显著性水平 $\alpha=0.05$ 下接受原假设 H_{02} 和 H_{03},即认为温度对转化率的影响不显著,且交互作用的影响也不显著.

例 3 在某种金属材料的生产过程中,对热处理温度(因素 A)与时间(因素 B)各取两个水平,产品强度(单位:MPa)的测定结果如表 9 - 13 所示.在同一条件下每个试验重复两次,设各水平搭配下强度的总体服从正态分布且方差相同,各样本相互独立,问:热处理温度、时间及这两者的交互作用对产品的强度是否有显著影响(取显著性水平 $\alpha=0.05$)?

表 9 - 13

因素 A	因素 B		$X_{i\cdot\cdot}$
	B_1	B_2	
A_1	37.5 39.0(76.5)	44.0 45.2(89.2)	165.7
A_2	47.2 44.5(91.7)	42.3 40.8(83.1)	174.8
$X_{\cdot j\cdot}$	168.2	172.3	340.5

解 按题意,提出类似假设 H_{01},H_{02},H_{03}.这里 $r=2$,$s=2$,$t=2$.计算得

$$S_T=(37.5^2+39.0^2+\cdots+40.8^2)-\frac{340.5^2}{8}\approx 75.78,$$

$$S_A=\frac{1}{4}(165.7^2+174.8^2)-\frac{340.5^2}{8}\approx 10.35,$$

$$S_B=\frac{1}{4}(168.2^2+172.3^2)-\frac{340.5^2}{8}\approx 2.10,$$

$$S_I=\frac{1}{2}(76.5^2+89.2^2+91.7^2+83.1^2)-\frac{340.5^2}{8}-S_A-S_B\approx 56.71,$$

$$S_e=S_T-S_A-S_B-S_I=6.62.$$

列出方差分析表,如表 9 - 14 所示.

表 9-14

方差来源	平方和	自由度	均方和	F 值
因素 A	10.35	1	10.35	6.23
因素 B	2.10	1	2.10	1.27
交互作用 I	56.71	1	56.71	34.16
误差	6.62	4	1.66	
总和	75.78	7		

因为 $F_I > F_{0.05}(1,4)=7.71 > F_A > F_B$，所以在显著性水平 $\alpha=0.05$ 下接受原假设 H_{01} 与 H_{02}，拒绝原假设 H_{03}，即认为热处理温度、时间对产品的强度没有显著影响，而两者交互作用的影响显著.

二、双因素无重复试验的方差分析(无交互作用的方差分析)

在以上讨论中，我们考虑了双因素试验中两个因素的交互作用. 为了检验交互作用的效应是否显著，对于两个因素的每一种水平搭配(A_i,B_j)，至少要做两次试验. 这是因为在模型(9.15)中，若 $k=1$，则 $\gamma_{ij}+\varepsilon_{ij1}$ 总以结合在一起的形式出现，这样交互作用与误差就不能分离开来. 在实际问题中，如果我们已经知道没有交互作用或交互作用对试验结果的影响很小，那么可以不考虑交互作用. 此时，即使 $k=1$，也能对因素 A，B 的效应进行分析. 现对因素 A 和 B 的每一种水平搭配(A_i,B_j)仅取一个样本值 x_{ij}，即做无重复试验. 我们假定所有的试验都是相互独立的. 全部样本值 x_{ij} 如表 9-15 所示.

表 9-15

因素 A	因素 B			
	B_1	B_2	…	B_s
A_1	x_{11}	x_{12}	…	x_{1s}
A_2	x_{21}	x_{22}	…	x_{2s}
⋮	⋮	⋮		⋮
A_r	x_{r1}	x_{r2}	…	x_{rs}

因为样本值 x_{ij} 与总体 ξ_{ij} 服从相同的分布，所以有

$$x_{ij} \sim N(\mu_{ij},\sigma^2), \quad (i=1,2,\cdots,r;j=1,2,\cdots,s).$$

我们的任务就是根据这些样本值来检验因素 A 和 B 对试验结果的影响是否显著.

因为没有交互作用的影响，所以将模型(9.15)改为

$$\begin{cases} x_{ij}=\mu+\alpha_i+\beta_j+\varepsilon_{ij}, \\ \varepsilon_{ij} \sim N(0,\sigma^2),\varepsilon_{ij}\text{ 相互独立}(i=1,2,\cdots,r;\ j=1,2,\cdots,s), \\ \sum\limits_{i=1}^{r}\alpha_i=0,\ \sum\limits_{j=1}^{s}\beta_j=0. \end{cases} \tag{9.29}$$

对于这一模型，我们要检验的就是以下两个假设：

$$\begin{cases} H_{01}: \alpha_1 = \alpha_2 = \cdots = \alpha_r = 0, \\ H_{11}: \alpha_1, \alpha_2, \cdots, \alpha_r \text{ 不全为零}, \end{cases}$$

$$\begin{cases} H_{02}: \beta_1 = \beta_2 = \cdots = \beta_s = 0, \\ H_{12}: \beta_1, \beta_2, \cdots, \beta_s \text{ 不全为零}. \end{cases}$$

记

$$\begin{cases} \overline{x}_{i\cdot} = \dfrac{1}{s} \sum\limits_{j=1}^{s} x_{ij}, \\ \overline{x}_{\cdot j} = \dfrac{1}{r} \sum\limits_{i=1}^{r} x_{ij}, \\ \overline{x} = \dfrac{1}{rs} \sum\limits_{i=1}^{r} \sum\limits_{j=1}^{s} x_{ij}, \\ S_T = \sum\limits_{i=1}^{r} \sum\limits_{j=1}^{s} (x_{ij} - \overline{x})^2, \\ S_A = s \sum\limits_{i=1}^{r} (\overline{x}_{i\cdot} - \overline{x})^2, \\ S_B = r \sum\limits_{j=1}^{s} (\overline{x}_{\cdot j} - \overline{x})^2, \\ S_e = \sum\limits_{i=1}^{r} \sum\limits_{j=1}^{s} (x_{ij} - \overline{x}_{i\cdot} - \overline{x}_{\cdot j} + \overline{x})^2. \end{cases} \tag{9.30}$$

S_A 与 S_B 除了反映误差引起的波动外，还分别反映了由原假设 H_{01} 和 H_{02} 的不真所引起的波动；而 S_e 只是反映了误差引起的波动，这是因为交互作用不存在.

同样，我们有如下重要结论：

(1) $S_T = S_A + S_B + S_e$；

(2) S_A, S_B, S_e 是相互独立的；

(3) $\dfrac{S_e}{\sigma^2} \sim \chi^2((r-1)(s-1))$；

(4) $\begin{cases} \text{若原假设 } H_{01} \text{ 成立，则 } \dfrac{S_A}{\sigma^2} \sim \chi^2(r-1), \\ \text{若原假设 } H_{02} \text{ 成立，则 } \dfrac{S_B}{\sigma^2} \sim \chi^2(s-1). \end{cases}$

利用以上结论，定义：

(1) 因素 A 的均方和

$$\overline{S}_A = \frac{S_A}{r-1};$$

(2) 因素 B 的均方和

$$\overline{S}_B = \frac{S_B}{s-1};$$

(3) 误差的均方和

$$\overline{S}_e = \frac{S_e}{(r-1)(s-1)}.$$

考察统计量 $F_A = \dfrac{\overline{S}_A}{\overline{S}_e}, F_B = \dfrac{\overline{S}_B}{\overline{S}_e}$. 利用上面的结论及 F 分布的定义可知：

当原假设 H_{01} 成立时，有

$$F_A \sim F(r-1,(r-1)(s-1));$$

当原假设 H_{02} 成立时，有

$$F_B \sim F(s-1,(r-1)(s-1)).$$

我们可以根据 F_A 与 F_B 的值的大小来检验上述原假设 H_{01} 与 H_{02}.

对于给定的显著性水平 α，可以由附表 5 查得相应的上 α 分位点 F_α. 然后比较 F 的值与 F_α 的大小，进而判断因素的不同水平对总体是否有显著影响.

显著性水平 α 通常取 0.05 和 0.01，然后按 F 的值所满足的不同条件参见表 9－16 做出不同的显著性判断.

表 9－16

条件	显著性
$F \leqslant F_{0.05}$	不显著
$F_{0.05} < F \leqslant F_{0.01}$	显著(可用"*"表示)
$F > F_{0.01}$	高度显著(可用"* *"表示)

通常还根据计算结果列出方差分析表，如表 9－17 所示.

表 9－17

方差来源	平方和	自由度	均方和	F 值	临界值
因素 A	S_A	$r-1$	$\overline{S}_A = \dfrac{S_A}{r-1}$	$F_A = \dfrac{\overline{S}_A}{\overline{S}_e}$	$F_{A0.05}$ 或 $F_{A0.01}$
因素 B	S_B	$s-1$	$\overline{S}_B = \dfrac{S_B}{s-1}$	$F_B = \dfrac{\overline{S}_B}{\overline{S}_e}$	$F_{B0.05}$ 或 $F_{B0.01}$
误差	S_e	$(r-1)(s-1)$	$\overline{S}_e = \dfrac{S_e}{(r-1)(s-1)}$		
总和	S_T	$rs-1$			

实际计算过程中，我们可以用以下简化公式来计算上表中的各个平方和：

$$\begin{cases} S_T = \sum\limits_{i=1}^{r}\sum\limits_{j=1}^{s} x_{ij}^2 - \dfrac{X^2}{rs}, \\ S_A = \dfrac{1}{s}\sum\limits_{i=1}^{r} X_{i\cdot}^2 - \dfrac{X^2}{rs}, \\ S_B = \dfrac{1}{r}\sum\limits_{j=1}^{s} X_{\cdot j}^2 - \dfrac{X^2}{rs}, \\ S_e = S_T - S_A - S_B, \end{cases} \tag{9.31}$$

其中 $X=\sum_{i=1}^{r}\sum_{j=1}^{s}x_{ij},X_{i\cdot}=\sum_{j=1}^{s}x_{ij},X_{\cdot j}=\sum_{i=1}^{r}x_{ij}$.

例 4 为了研究金属管的防腐蚀功能，现考虑4种不同的涂料涂层，并将金属管埋没在3种不同性质的土壤中，历经一定时间后，测得金属管受腐蚀的最大深度(单位：mm) 如表9-18所示. 设两因素间没有交互作用，试在显著性水平 $\alpha=0.05$ 下检验涂料涂层、土壤类型对金属管受腐蚀的最大深度的平均值有无显著影响.

表 9-18

涂料涂层(因素 A)	土壤类型(因素 B)			$X_{i\cdot}$
	B_1	B_2	B_3	
A_1	1.63	1.35	1.27	4.25
A_2	1.34	1.30	1.22	3.86
A_3	1.19	1.14	1.27	3.60
A_4	1.80	1.69	1.82	5.31
$X_{\cdot j}$	5.96	5.48	5.58	17.02

解 按题意，提出类似假设 H_{01},H_{02}. 这里 $r=4,s=3$. 计算得

$$S_T=(1.63^2+1.34^2+\cdots+1.82^2)-\frac{17.02^2}{12}\approx 0.663,$$

$$S_A=\frac{1}{3}(4.25^2+3.86^2+3.60^2+5.31^2)-\frac{17.02^2}{12}\approx 0.566,$$

$$S_B=\frac{1}{4}(5.96^2+5.48^2+5.58^2)-\frac{17.02^2}{12}\approx 0.032,$$

$$S_e=S_T-S_A-S_B=0.065.$$

列出方差分析表，如表9-19所示.

表 9-19

方差来源	平方和	自由度	均方和	F 值
因素 A	0.566	3	0.189	17.18
因素 B	0.032	2	0.016	1.45
误差	0.065	6	0.011	
总和	0.663	11		

因为 $F_A>F_{0.05}(3,6)=4.76$，所以在显著性水平 $\alpha=0.05$ 下拒绝原假设 H_{01}，即认为涂料涂层对金属管受腐蚀的最大深度的平均值有显著影响. 而 $F_B<F_{0.05}(2,6)=5.14$，所以在显著性水平 $\alpha=0.05$ 下接受原假设 H_{02}，即认为土壤类型对金属管受腐蚀的最大深度的平均值无显著影响.

数学家简介

贝叶斯

习 题 九

1. 对于高压电路网络，需要使用抗张强度较大且均匀性较好的电缆. 每一条电缆是由 12 根同样长度的导线合并而成的. 现在为了检验一批电缆所用导线的抗张强度是否来自同一正态总体，抽查了 9 条电缆并测量其每根导线的抗张强度，测量值(单位:MPa) 如表 9 - 20 所示(为了简化计算，全部测量值都减去了 340). 试检验这 9 条电缆的抗张强度是否有显著差异.

表 9 - 20

	电缆								
	A_1	A_2	A_3	A_4	A_5	A_6	A_7	A_8	A_9
测量值	5	−11	0	−12	7	1	−1	−1	2
	−13	−13	−10	4	1	0	0	0	6
	−5	−8	−15	2	5	−5	2	7	7
	−2	8	−12	10	0	−4	1	5	8
	−10	−3	−2	−5	10	−1	−4	10	15
	−6	−12	−8	−8	6	0	2	8	11
	−5	−12	−5	−12	5	2	7	1	−7
	0	−10	0	0	2	5	5	2	7
	−3	5	−4	−5	0	1	1	−3	10
	2	−6	−1	−3	−1	−2	0	6	7
	−7	−12	−5	−3	−10	6	−4	0	8
	−5	−10	−11	0	−2	7	2	5	1

2. 用 5 种不同的施肥方案分别对同面积的试验田施肥，得到某种农作物的收获量(单位:kg) 如表 9 - 21 所示，试检验这 5 种施肥方案对农作物的收获量是否有显著影响.

表 9 - 21

	施肥方案				
	Ⅰ	Ⅱ	Ⅲ	Ⅳ	Ⅴ
收获量	67	98	60	79	90
	67	96	69	64	70
	55	91	50	81	79
	42	66	35	70	88

3. 某人进行农业试验，选择了 4 个不同品种的小麦及 3 块试验田，每块试验田又分成面积相等的 4 小块，各种植一个品种的小麦，得到小麦的收获量(单位：kg) 如表 9 – 22 所示，试检验小麦品种及试验田对收获量是否有显著影响.

表 9 – 22

小麦品种	试验田		
	B_1	B_2	B_3
A_1	26	25	24
A_2	30	23	25
A_3	22	21	20
A_4	20	21	19

4. 在橡胶生产过程中，某厂选择了 4 种不同的配料方案及 5 种不同的硫化时间，测得产品的抗断强度(单位：kN/cm^2) 如表 9 – 23 所示，试检验配料方案及硫化时间对产品的抗断强度是否有显著影响.

表 9 – 23

配料方案	硫化时间				
	B_1	B_2	B_3	B_4	B_5
A_1	151	157	144	134	136
A_2	144	162	128	138	132
A_3	134	133	130	122	125
A_4	131	126	124	126	121

5. 某厂生产某种化工产品，选择了 3 种不同浓度的原料及 4 种不同的温度，每种搭配重复试验两次，测得产品的得率(单位：%) 如表 9 – 24 所示，试检验原料浓度、温度及其交互作用对产品的得率是否有显著影响.

表 9 – 24

原料浓度	温度			
	B_1	B_2	B_3	B_4
A_1	10，14	11，11	9，13	10，12
A_2	7，9	8，10	7，11	6，10
A_3	5，11	13，14	12，13	10，14

6. 考察合成纤维中对纤维弹性(单位：Pa) 有影响的两个因素：收缩率及总拉伸倍数，各取 4 个水平，每种搭配重复两次试验，试验结果如表 9 – 25 所示，试检验收缩率、总拉伸倍数及其交互作用对纤维弹性是否有显著影响.

表 9 - 25

收缩率	总拉伸倍数			
	B_1	B_2	B_3	B_4
A_1	71,73	72,73	73,75	75,77
A_2	73,75	74,76	77,78	74,74
A_3	73,76	77,79	74,75	73,74
A_4	73,75	72,73	70,71	69,69

第十章

回 归 分 析

现实生活中的许多现象之间存在相互依赖、相互制约的关系，而很多关系是非确定性关系，即相关关系. 例如，人的年龄与血压之间有密切的关系，儿童的年龄与身高之间也有密切的关系，但这些关系无法用确定的函数关系式表达. 具有相关关系的变量之间虽然具有某种不确定性，但是通过大量的观测数据，可以发现它们之间存在一定的统计规律. 数理统计中研究这些统计规律或者研究变量之间相关关系的方法就是所谓的回归分析. 描述一个变量与另一个变量之间关系的回归分析称为一元回归分析；描述一个变量与另外多个变量之间关系的回归分析称为多元回归分析.

§10.1 一元线性回归

设随机变量 Y 与变量 X 之间存在某种相关关系. 这里, X 是可以精确测量或控制的变量, 如年龄、试验时的温度、施加的压力等. 因此, 我们可以不把 X 看作随机变量, 而将其看作普通变量. 本章我们也只就这种情况加以讨论.

X 的变化将使 Y 发生相应的变化, 但它们之间的变化关系是不确定的, 即 Y 是随机变量, 因此 Y 有它的概率分布, 如图 10-1 所示, 其中 $f(y)$ 为 Y 的概率密度.

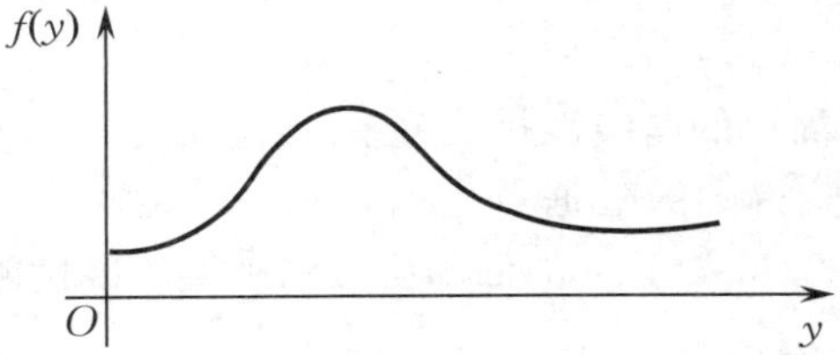

图 10-1

设对于 X 的任一可能值 x, Y 相应服从一定的概率分布, 其分布函数为 $F(y|x)$. 如果我们掌握了 $F(y|x)$ 随着 x 的取值而变化的规律, 那么就能完全掌握 Y 与 X 之间的相关关系. 然而这样做往往比较复杂. 我们转而考察 Y 的估计 $\hat{Y}$. 由于当 η 是一个随机变量时, $E[(\eta-c)^2]$ 在 $c=E(\eta)$ 时取到最小(证明略), 因此以 Y 的数学期望 $E(Y)$ 估计 Y 比较合理. 若 Y 的数学期望 $E(Y)$ 存在, 则其值随 X 的取值 x 而定, 它是 x 的函数. 将这一函数记为 $\mu_{Y|x}$ 或 $\mu(x)$, 称为 Y 关于 X 的**回归函数**, 并称 $\hat{y}=\mu(x)$ 为 Y 关于 X 的**回归方程**. 回归方程反映出 Y 的数学期望 $E(Y)$ 随 X 的变化而变化的规律, 近似描述了 Y 与 X 之间的相关关系.

然而, 要完全确定回归函数 $\mu(x)$ 也很困难, 回归分析的基本内容是估计 $\mu(x)$. 设进行了 n 次独立试验, 试验数据如表 10-1 所示, 其中 $x_i(i=1,2,\cdots,n)$ 及 $y_i(i=1,2,\cdots,n)$ 分别是变量 X 及随机变量 Y 在第 i 次试验中的样本值.

表 10-1

X	x_1	x_2	$\cdots$	x_n
Y	y_1	y_2	$\cdots$	y_n

常把点 $(x_i,y_i)(i=1,2,\cdots,n)$ 画在直角坐标系上, 得散点图(见图 10-2). 散点图可以帮助我们粗略地了解用什么形式的函数估计随机变量 Y 的数学期望 $E(Y)$ 要更好些. 同时, 所研究问题的背景也可帮助我们确定函数 $\mu(x)$ 的类型. 在确定了函数 $\mu(x)$ 的类型后, 可设

$$\mu(x)=\mu(x;\alpha_1,\alpha_2,\cdots,\alpha_k),$$

其中 $\alpha_1,\alpha_2,\cdots,\alpha_k$ 为未知参数. 余下的问题就是利用试验数据, 依照一定的准则选择参数

$\alpha_1,\alpha_2,\cdots,\alpha_k$ 的估计值 $\hat{\alpha}_1,\hat{\alpha}_2,\cdots,\hat{\alpha}_k$，使得方程 $\hat{y}=\mu(x;\hat{\alpha}_1,\hat{\alpha}_2,\cdots,\hat{\alpha}_k)$ 在一定意义下最佳地表现 Y 与 X 之间的相关关系.

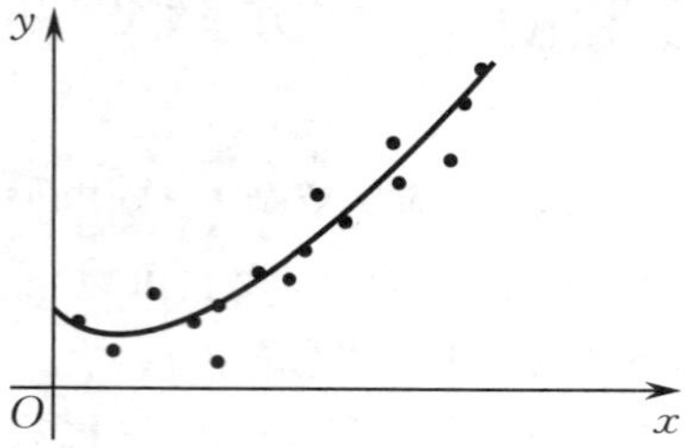

图 10-2

一、一元线性回归模型

变量的相关关系中最简单的是线性相关关系. 设随机变量 Y 与变量 X 之间存在线性相关关系，则由 n 次独立试验得到的数据点 $(x_i,y_i)(i=1,2,\cdots,n)$ 将散布在某一直线周围(见图 10-3)，因此可以认为 Y 关于 X 的回归函数的类型为线性函数，即 $\mu(x)=a+bx$. 下面来讨论如何估计参数 a,b.

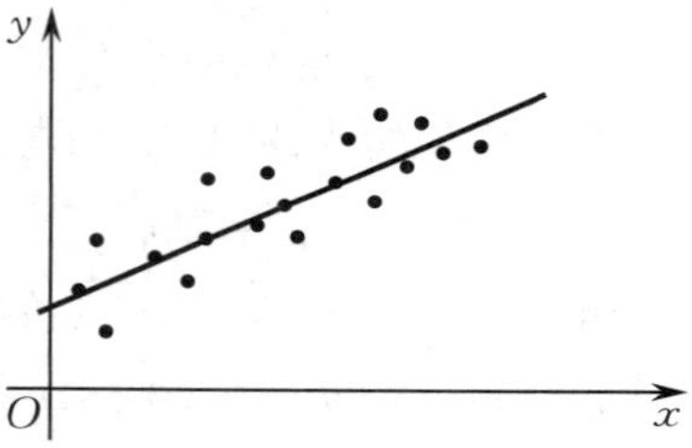

图 10-3

假设对于 X 的每一个值 x_i，Y_i 服从正态分布 $N(a+bx_i,\sigma^2)$，其中 a,b 与 σ^2 是不依赖于 x_i 的未知参数 $(i=1,2,\cdots,n)$. 若记 $\varepsilon_i=Y_i-(a+bx_i)$，则上述假设等价于假设

$$Y_i=(a+bx_i)+\varepsilon_i,\quad \varepsilon_i\sim N(0,\sigma^2),\quad i=1,2,\cdots,n, \tag{10.1}$$

其中 a,b 与 σ^2 是不依赖于 x_i 的未知参数. 称(10.1)式为**一元线性回归模型**，其中 b 称为**回归系数.**

二、a,b 的估计

由 $Y_1,Y_2,\cdots,Y_n$ 的相互独立性知，$Y_1,Y_2,\cdots,Y_n$ 的联合概率密度为

$$L(a,b)=\prod_{i=1}^{n}\frac{1}{\sqrt{2\pi}\sigma}\exp\left\{-\frac{1}{2\sigma^2}(y_i-a-bx_i)^2\right\}$$

$$=\left(\frac{1}{\sqrt{2\pi}\sigma}\right)^n\exp\left\{-\frac{1}{2\sigma^2}\sum_{i=1}^{n}(y_i-a-bx_i)^2\right\}. \tag{10.2}$$

我们利用最大似然估计法来估计未知参数 a,b. 显然，(10.2)式即为样本值 $y_1,y_2,\cdots,y_n$ 的似然函数，且似然函数 $L(a,b)$ 在函数

$$Q(a,b)=\sum_{i=1}^{n}(y_i-a-bx_i)^2 \tag{10.3}$$

取得最小值时最大.

对函数 $Q(a,b)$ 分别求关于 a,b 的偏导数,并令其等于零,得方程组

$$\begin{cases}\dfrac{\partial Q}{\partial a}=-2\sum\limits_{i=1}^{n}(y_i-a-bx_i)=0,\\ \dfrac{\partial Q}{\partial b}=-2\sum\limits_{i=1}^{n}(y_i-a-bx_i)x_i=0.\end{cases}$$

在上述方程组中用 $\hat{a},\hat{b}$ 代替 a,b,得

$$\begin{cases}n\hat{a}+\left(\sum\limits_{i=1}^{n}x_i\right)\hat{b}=\sum\limits_{i=1}^{n}y_i,\\ \left(\sum\limits_{i=1}^{n}x_i\right)\hat{a}+\left(\sum\limits_{i=1}^{n}x_i^2\right)\hat{b}=\sum\limits_{i=1}^{n}x_iy_i.\end{cases} \tag{10.4}$$

方程组(10.4)称为**正规方程组**.

由于 x_i 不全相同,因此正规方程组的系数行列式

$$D=\begin{vmatrix} n & n\overline{x} \\ n\overline{x} & \sum\limits_{i=1}^{n}x_i^2\end{vmatrix}=n\left(\sum_{i=1}^{n}x_i^2-n\overline{x}^2\right)=n\sum_{i=1}^{n}(x_i-\overline{x})^2\neq 0,$$

其中 $\overline{x}=\dfrac{1}{n}\sum\limits_{i=1}^{n}x_i$,即正规方程组有唯一解. 若记 $\overline{y}=\dfrac{1}{n}\sum\limits_{i=1}^{n}y_i$,解方程组(10.4)得

$$\begin{cases}\hat{a}=\overline{y}-\hat{b}\overline{x},\\ \hat{b}=\dfrac{\sum\limits_{i=1}^{n}x_iy_i-n\overline{x}\,\overline{y}}{\sum\limits_{i=1}^{n}(x_i-\overline{x})^2}=\dfrac{\sum\limits_{i=1}^{n}(x_i-\overline{x})(y_i-\overline{y})}{\sum\limits_{i=1}^{n}(x_i-\overline{x})^2}.\end{cases}$$

若记

$$l_{xx}=\sum_{i=1}^{n}(x_i-\overline{x})^2,$$

$$l_{yy}=\sum_{i=1}^{n}(y_i-\overline{y})^2,$$

$$l_{xy}=\sum_{i=1}^{n}(x_i-\overline{x})(y_i-\overline{y})=\sum_{i=1}^{n}x_iy_i-n\overline{x}\,\overline{y},$$

则

$$\begin{cases}\hat{a}=\overline{y}-\hat{b}\overline{x},\\ \hat{b}=\dfrac{l_{xy}}{l_{xx}}.\end{cases} \tag{10.5}$$

由(10.5)式得到参数 a,b 的估计 $\hat{a},\hat{b}$ 后,对于任意给定的 x,取 $\hat{a}+\hat{b}x$ 作为回归函数 $\mu(x)=a+bx$ 的估计,即 $\hat{\mu}(x)=\hat{a}+\hat{b}x$,称为 Y 关于 X 的**线性回归函数**,并称 $\hat{y}=\hat{\mu}(x)=$

$\hat{a}+\hat{b}x$ 为 Y 关于 X 的**线性回归方程**，对应的直线称为**回归直线**.

若 Y 不是正态随机变量，则直接用(10.3) 式估计参数 a,b，使得 Y 的观察值 y_i 与 $a+bx_i$ 偏差的平方和 $Q(a,b)$ 最小，这种方法叫作**最小二乘法**，它是求线性回归函数的一种常用方法. 若 Y 是正态随机变量，则使用最小二乘法与最大似然估计法得到的结果相同.

关于 l_{xx},l_{yy},l_{xy} 的计算，可以采用以下简化公式：

$$l_{xx}=\sum_{i=1}^{n}x_i^2-\frac{1}{n}\Big(\sum_{i=1}^{n}x_i\Big)^2,$$

$$l_{yy}=\sum_{i=1}^{n}y_i^2-\frac{1}{n}\Big(\sum_{i=1}^{n}y_i\Big)^2,$$

$$l_{xy}=\sum_{i=1}^{n}x_iy_i-\frac{1}{n}\Big(\sum_{i=1}^{n}x_i\Big)\Big(\sum_{i=1}^{n}y_i\Big).$$

例 1 某商场一年10个月内每月的销售收入 X(单位:万元) 与销售费用 Y(单位:万元) 的统计资料如表 10-2 所示，求 Y 关于 X 的线性回归方程.

表 10-2

x_i	y_i	x_i^2	y_i^2	x_iy_i
187	25	34 969	625	4 675
179	22	32 041	484	3 938
157	20	24 649	400	3 140
197	21	38 809	441	4 137
239	32	57 121	1 024	7 648
217	24	47 089	576	5 208
227	29	51 529	841	6 583
233	27	54 289	729	6 291
242	26	58 564	676	6 292
252	34	63 504	1 156	8 568
2 130	260	462 564	6 952	56 480

解 根据题意得

$$\overline{x}=\frac{2\ 130}{10}=213,\quad \overline{y}=\frac{260}{10}=26,$$

$$l_{xx}=462\ 564-\frac{2\ 130^2}{10}=8\ 874,\quad l_{xy}=56\ 480-\frac{2\ 130\times 260}{10}=1\ 100,$$

$$\hat{b}=\frac{l_{xy}}{l_{xx}}=\frac{1\ 100}{8\ 874}\approx 0.124,\quad \hat{a}=\overline{y}-\hat{b}\overline{x}=26-0.124\times 213=-0.412,$$

故所求线性回归方程为 $\hat{y}=-0.412+0.124x$.

三、σ^2 的估计

由 $\varepsilon_i\sim N(0,\sigma^2),i=1,2,\cdots,n$，得

$$\sigma^2=D(\varepsilon_i)=E\{[\varepsilon_i-E(\varepsilon_i)]^2\}=E(\varepsilon_i^2)=E\{[Y_i-(a+bx_i)]^2\}.$$

这表明 σ^2 越小，以回归函数 $\mu(x)=a+bx$ 近似代替 Y 的误差越小，利用回归函数研究 Y 与 X 的相关关系就越有效. 但 σ^2 未知，需要我们利用样本估计 σ^2. 为了估计 σ^2，先引入几个统计量.

(1) 总离均差平方和

$$S_T=\sum_{i=1}^{n}(y_i-\overline{y})^2; \tag{10.6}$$

(2) 回归平方和

$$S_R=\sum_{i=1}^{n}(\hat{y}_i-\overline{y})^2; \tag{10.7}$$

(3) 剩余平方和

$$S_e=\sum_{i=1}^{n}(y_i-\hat{y}_i)^2. \tag{10.8}$$

对于上述统计量，我们有如下重要结论：

(1) $S_T=S_R+S_e$； (10.9)

(2) $\dfrac{S_e}{\sigma^2}\sim\chi^2(n-2)$. (10.10)

证明　(1) 因为

$$\begin{aligned}S_T&=\sum_{i=1}^{n}(y_i-\overline{y})^2=\sum_{i=1}^{n}(\hat{y}_i-\overline{y}+y_i-\hat{y}_i)^2\\&=\sum_{i=1}^{n}(\hat{y}_i-\overline{y})^2+\sum_{i=1}^{n}(y_i-\hat{y}_i)^2+2\sum_{i=1}^{n}(\hat{y}_i-\overline{y})(y_i-\hat{y}_i),\end{aligned}$$

而

$$\begin{aligned}\sum_{i=1}^{n}(\hat{y}_i-\overline{y})(y_i-\hat{y}_i)&=\sum_{i=1}^{n}(\hat{a}+\hat{b}x_i-\hat{a}-\hat{b}\overline{x})(y_i-\hat{a}-\hat{b}x_i)\\&=\sum_{i=1}^{n}\hat{b}(x_i-\overline{x})(y_i-\overline{y}+\hat{b}\overline{x}-\hat{b}x_i)\\&=\hat{b}\sum_{i=1}^{n}(x_i-\overline{x})[(y_i-\overline{y})-\hat{b}(x_i-\overline{x})]\\&=\hat{b}\left[\sum_{i=1}^{n}(x_i-\overline{x})(y_i-\overline{y})-\hat{b}\sum_{i=1}^{n}(x_i-\overline{x})^2\right]\\&=\hat{b}\left(l_{xy}-\frac{l_{xy}}{l_{xx}}l_{xx}\right)=0,\end{aligned}$$

所以 $S_T=\sum_{i=1}^{n}(\hat{y}_i-\overline{y})^2+\sum_{i=1}^{n}(y_i-\hat{y}_i)^2=S_R+S_e$.

(2) 证明略.

由 $\dfrac{S_e}{\sigma^2}\sim\chi^2(n-2)$，得 $E\left(\dfrac{S_e}{\sigma^2}\right)=n-2$，所以 $E\left(\dfrac{S_e}{n-2}\right)=\sigma^2$，即 σ^2 的无偏估计量为

$$\hat{\sigma}^2=\frac{S_e}{n-2}. \tag{10.11}$$

又因为

$$S_R=\sum_{i=1}^{n}(\hat{y}_i-\overline{y})^2=\sum_{i=1}^{n}[(\hat{a}+\hat{b}x_i-(\hat{a}+\hat{b}\overline{x})]^2$$

$$=\sum_{i=1}^{n}\hat{b}^2(x_i-\overline{x})^2=\hat{b}^2 l_{xx}=\frac{l_{xy}^2}{l_{xx}}, \tag{10.12}$$

而 $l_{yy}=S_T=S_R+S_e$，所以 $S_e=S_T-S_R=l_{yy}-\frac{l_{xy}^2}{l_{xx}}$. 故 σ^2 的无偏估计量也可以写为

$$\hat{\sigma}^2=\frac{l_{yy}-\frac{l_{xy}^2}{l_{xx}}}{n-2}. \tag{10.13}$$

例 2 根据例 1 的数据求 σ^2 的无偏估计值.

解 因为 $l_{yy}=6\ 952-\frac{260^2}{10}=192$，所以 σ^2 的无偏估计值为

$$\hat{\sigma}^2=\frac{192-\frac{1\ 100^2}{8\ 874}}{10-2}\approx 6.956.$$

四、线性回归方程的显著性检验

首先必须指出的是，用最小二乘法求线性回归方程并不需要事先假设随机变量 Y 与变量 X 之间一定存在线性相关关系. 就最小二乘法本身而言，对于 Y 与 X 的任意试验数据 $(x_i,y_i)(i=1,2,\cdots,n)$，都可确定相应的线性回归方程，只是 Y 与 X 之间确实存在线性相关关系时，用最小二乘法求出的线性回归方程才能近似地表示它们之间的线性相关关系. 因此，我们必须检验 Y 与 X 之间是否存在线性相关关系，即进行线性相关的显著性检验. 对此有几种不同的检验方法，这里讨论线性回归的方差分析法.

显然，当且仅当回归系数 $b\neq 0$ 时，Y 与 X 之间存在线性相关关系. 因此，为了检验 Y 与 X 之间线性相关关系的显著性，应检验假设

$$H_0:b=0,\quad H_1:b\neq 0.$$

考虑样本值 $y_1,y_2,\cdots,y_n$ 的总离均差平方和 $S_T=\sum_{i=1}^{n}(y_i-\overline{y})^2$，它反映了 $y_1,y_2,\cdots,y_n$ 的分散程度. 由于

$$\frac{1}{n}\sum_{i=1}^{n}\hat{y}_i=\frac{1}{n}\sum_{i=1}^{n}(\hat{a}+\hat{b}x_i)=\hat{a}+\hat{b}\cdot\frac{1}{n}\sum_{i=1}^{n}x_i=\hat{a}+\hat{b}\overline{x}=\overline{y},$$

因此回归平方和 $S_R=\sum_{i=1}^{n}(\hat{y}_i-\overline{y})^2$ 是回归值 $\hat{y}_1,\hat{y}_2,\cdots,\hat{y}_n$ 的总离均差平方和，反映了 $\hat{y}_1,\hat{y}_2,\cdots,\hat{y}_n$ 的分散程度. 而这种分散是由它们在回归直线上所对应的 $x_1,x_2,\cdots,x_n$ 的变化引起的，这一点可由公式

$$S_R=\sum_{i=1}^{n}(\hat{y}_i-\overline{y})^2=\sum_{i=1}^{n}[\hat{b}(x_i-\overline{x})]^2$$

看得更清楚，因此S_R体现了Y与X之间线性相关的程度. 剩余平方和$S_e=\sum\limits_{i=1}^{n}(y_i-\hat{y}_i)^2$是函数$Q(a,b)=\sum\limits_{i=1}^{n}(y_i-a-bx_i)^2$的最小值，反映了样本值$y_1,y_2,\cdots,y_n$偏离回归直线的程度，这种偏离是由$Y$与$X$的线性影响之外的随机因素引起的.

若原假设H_0成立，则有$\dfrac{S_T}{\sigma^2}\sim\chi^2(n-1)$，$\dfrac{S_R}{\sigma^2}\sim\chi^2(1)$，$\dfrac{S_e}{\sigma^2}\sim\chi^2(n-2)$，且$S_R$与$S_e$相互独立，所以统计量$F=\dfrac{S_R}{S_e/(n-2)}$服从$F(1,n-2)$分布.

由于S_R体现了Y与X之间线性相关的程度，因此若Y与X之间的线性相关关系显著，则S_R的值较大，从而统计量F的值也较大；反之，若Y与X之间的线性相关关系不显著，则F的值较小. 所以，对于给定的显著性水平α，若$F>F_\alpha(1,n-2)$，则拒绝原假设H_0，即认为Y与X之间的线性相关关系显著；反之，若$F\leqslant F_\alpha(1,n-2)$，则接受原假设$H_0$，即认为$Y$与$X$之间的线性相关关系不显著. 通常，若$F>F_{0.01}(1,n-2)$，则认为$Y$与$X$之间的线性相关关系特别显著.

在计算S_T，S_R与S_e时，注意使用下列公式：

$$S_T=\sum_{i=1}^{n}(y_i-\overline{y})^2=l_{yy},$$

$$S_R=\sum_{i=1}^{n}(\hat{y}_i-\overline{y})^2=\sum_{i=1}^{n}[\hat{b}(x_i-\overline{x})]^2=\frac{l_{xy}^2}{l_{xx}},$$

$$S_e=S_T-S_R=l_{yy}-\frac{l_{xy}^2}{l_{xx}}.$$

最后列出线性回归的方差分析表，如表 10 - 3 所示.

表 10 - 3

方差来源	平方和	自由度	F 值	临界值
回归	$S_R=\dfrac{l_{xy}^2}{l_{xx}}$	1	$F=\dfrac{S_R}{S_e/(n-2)}$	$F_\alpha(1,n-2)$
剩余	$S_e=l_{yy}-\dfrac{l_{xy}^2}{l_{xx}}$	$n-2$		
总和	$S_T=l_{yy}$	$n-1$		

例 3　根据例 1 的数据检验该商场每月的销售费用Y与销售收入X之间的线性相关关系是否显著.

解　由$l_{xx}=8\ 874$，，$l_{yy}=192$，$l_{xy}=1\ 100$，得

$$S_R=\frac{l_{xy}^2}{l_{xx}}=\frac{1\ 100^2}{8\ 874}\approx136.35,$$

$$S_T = l_{yy} = 192,$$
$$S_e = S_T - S_R = 192 - 136.35 = 55.65,$$
$$F = \frac{S_R}{S_e/(n-2)} = \frac{136.35}{55.65/8} \approx 19.60.$$

列出方差分析表，如表 10－4 所示.

表 10－4

方差来源	平方和	自由度	F 值	临界值
回归	136.35	1	19.60	$F_{0.01}(1,8)=11.26$
剩余	55.65	8		
总和	192	9		

因为 $F > F_{0.01}(1,8)$，所以销售费用 Y 与销售收入 X 之间的线性相关关系特别显著，即例 1 求出的线性回归方程 $\hat{y} = -0.412 + 0.124x$ 是有意义的，它大致地描述了 Y 与 X 之间的变化规律.

五、回归系数的区间估计

当回归效果显著时，我们常需要对回归系数做区间估计. 因为 $\hat{b} \sim N\left(b, \frac{\sigma^2}{l_{xx}}\right)$（证明略），$\frac{(n-2)\hat{\sigma}^2}{\sigma^2} = \frac{S_e}{\sigma^2} \sim \chi^2(n-2)$，且 $\hat{b}$ 与 S_e 相互独立，故有

$$\frac{\hat{b}-b}{\sqrt{\sigma^2/l_{xx}}} \Bigg/ \sqrt{\frac{(n-2)\hat{\sigma}^2}{\sigma^2}\Big/(n-2)} \sim t(n-2),$$

即 $\frac{\hat{b}-b}{\hat{\sigma}}\sqrt{l_{xx}} \sim t(n-2)$. 选取 t 分布的对称分位点 $t_{\frac{\alpha}{2}}(n-2)$ 与 $-t_{\frac{\alpha}{2}}(n-2)$，使得

$$P\left\{-t_{\frac{\alpha}{2}}(n-2) < \frac{\hat{b}-b}{\hat{\sigma}}\sqrt{l_{xx}} < t_{\frac{\alpha}{2}}(n-2)\right\} = 1-\alpha,$$

即

$$P\left\{\hat{b} - t_{\frac{\alpha}{2}}(n-2)\frac{\hat{\sigma}}{\sqrt{l_{xx}}} < b < \hat{b} + t_{\frac{\alpha}{2}}(n-2)\frac{\hat{\sigma}}{\sqrt{l_{xx}}}\right\} = 1-\alpha,$$

故回归系数 b 的置信水平为 $1-\alpha$ 的置信区间为

$$\left(\hat{b} \pm t_{\frac{\alpha}{2}}(n-2)\frac{\hat{\sigma}}{\sqrt{l_{xx}}}\right).$$

例 4　根据例 1 的数据求回归系数 b 的置信水平为 0.95 的置信区间.

解　因为 $t_{\frac{\alpha}{2}}(n-2) = t_{0.025}(8) = 2.3060$，$\hat{b} \approx 0.124$，$\hat{\sigma}^2 \approx 6.956$，$l_{xx} = 8874$，所以 b 的置信水平为 0.95 的置信区间为

$$\left(\hat{b}\pm t_{0.025}(8)\frac{\hat{\sigma}}{\sqrt{l_{xx}}}\right)\approx(0.0594,0.1886).$$

六、回归函数的估计

由样本值$(x_i,y_i)(i=1,2,\cdots,n)$得到的线性回归方程$\hat{y}=\hat{a}+\hat{b}x$是一个点估计方程，有时还需要对回归函数$\mu(x)=a+bx$做区间估计. 对于点$X=x_0$，考虑估计量$\hat{y}_0=\hat{a}+\hat{b}x_0$，因为$E(\hat{y}_0)=a+bx_0$（证明略），说明这一估计量是无偏的. 又因为$\dfrac{\hat{y}_0-(a+bx_0)}{\sigma\sqrt{\dfrac{1}{n}+\dfrac{(x_0-\overline{x})^2}{l_{xx}}}}\sim N(0,1)$（证明略），$\dfrac{(n-2)\hat{\sigma}^2}{\sigma^2}=\dfrac{S_e}{\sigma^2}\sim\chi^2(n-2)$，且$\hat{y}_0$与$S_e$相互独立，所以有

$$\frac{\hat{y}_0-(a+bx_0)}{\sigma\sqrt{\dfrac{1}{n}+\dfrac{(x_0-\overline{x})^2}{l_{xx}}}}\Bigg/\sqrt{\frac{(n-2)\hat{\sigma}^2}{\sigma^2}\Big/(n-2)}\sim t(n-2),$$

即

$$\frac{\hat{y}_0-(a+bx_0)}{\hat{\sigma}\sqrt{\dfrac{1}{n}+\dfrac{(x_0-\overline{x})^2}{l_{xx}}}}\sim t(n-2).$$

于是，在点$X=x_0$处回归函数$\mu(x_0)=a+bx_0$的置信水平为$1-\alpha$的置信区间为

$$\left(\hat{y}_0\pm t_{\frac{\alpha}{2}}(n-2)\hat{\sigma}\sqrt{\frac{1}{n}+\frac{(x_0-\overline{x})^2}{l_{xx}}}\right)$$

或

$$\left(\hat{a}+\hat{b}x_0\pm t_{\frac{\alpha}{2}}(n-2)\hat{\sigma}\sqrt{\frac{1}{n}+\frac{(x_0-\overline{x})^2}{l_{xx}}}\right).$$

七、利用线性回归方程进行预测和控制

线性回归方程$\hat{y}=\hat{a}+\hat{b}x$的一个重要应用是在点$X=x_0$处对随机变量Y的值做出预测. 当随机变量Y与变量X之间的线性相关关系显著时，由试验数据$(x_i,y_i)(i=1,2,\cdots,n)$得到的$Y$关于$X$的线性回归方程$\hat{y}=\hat{a}+\hat{b}x$大致反映了$Y$与$X$之间的变化规律. 但由于它们之间的关系是非确定性的，对于X的任一值x_0，不可能确定Y的相应值y_0，由线性回归方程确定的$\hat{y}_0=\hat{a}+\hat{b}x_0$只是$y_0$的点估计值. 我们自然关心，若以$\hat{y}_0$作为$y_0$的估计值，其精确性及可靠性能否保证. 为此，对于给定的$X=x_0$，需要预测对应的Y的值y_0的取值范围，即必须对y_0进行区间估计. 对于给定的置信水平$1-\alpha$，需要求出y_0的置信区间，称为**预测区间**.

求预测区间的方法如下：设$s=\sqrt{\dfrac{S_e}{n-2}}$，称为**剩余标准差**，它反映了样本值$y_1,y_2,\cdots,$

y_n 偏离回归直线的程度.可以证明

$$\frac{y_0-\hat{y}_0}{s\sqrt{1+\frac{1}{n}+\frac{(x_0-\overline{x})^2}{l_{xx}}}}\sim t(n-2).$$

于是,对于给定的置信水平 $1-\alpha$,有

$$P\left\{\frac{|y_0-\hat{y}_0|}{s\sqrt{1+\frac{1}{n}+\frac{(x_0-\overline{x})^2}{l_{xx}}}}<t_{\frac{\alpha}{2}}(n-2)\right\}=1-\alpha,$$

即

$$P\left\{|y_0-\hat{y}_0|<t_{\frac{\alpha}{2}}(n-2)s\sqrt{1+\frac{1}{n}+\frac{(x_0-\overline{x})^2}{l_{xx}}}\right\}=1-\alpha.$$

故 y_0 的置信水平为 $1-\alpha$ 的预测区间为

$$\left(\hat{y}_0\pm t_{\frac{\alpha}{2}}(n-2)s\sqrt{1+\frac{1}{n}+\frac{(x_0-\overline{x})^2}{l_{xx}}}\right).$$

由于当 n 充分大时,有 $\frac{1}{n}+\frac{(x_0-\overline{x})^2}{l_{xx}}=\frac{1}{n}+\frac{(x_0-\overline{x})^2}{\sum\limits_{i=1}^{n}(x_i-\overline{x})^2}\approx 0$,$t(n-2)$ 分布近似为 $N(0,1)$ 分布,因此当 n 充分大时,预测区间可近似地取为

$$(\hat{y}_0\pm z_{\frac{\alpha}{2}}s).$$

例如,当 $\alpha=0.05$ 时,$z_{\frac{\alpha}{2}}=z_{0.025}=1.96$,$y_0$ 的置信水平为 0.95 的预测区间为

$$(\hat{y}_0\pm 1.96s).$$

这时,对于试验数据 $(x_i,y_i)(i=1,2,\cdots,n)$,有

$$P\{\hat{y}_i-1.96s<y_i<\hat{y}_i+1.96s\}=P\{\hat{a}+\hat{b}x_i-1.96s<y_i<\hat{a}+\hat{b}x_i+1.96s\}=0.95.$$

这意味着若在回归直线 $L:\hat{y}=\hat{a}+\hat{b}x$ 的上、下两侧分别作与回归直线平行的直线 $L_2:y=\hat{a}+\hat{b}x+1.96s$ 及 $L_1:y=\hat{a}+\hat{b}x-1.96s$,则所有的试验点 $(x_i,y_i)(i=1,2,\cdots,n)$ 中,约有 95% 的点落在这两条直线之间的带形区域内(见图 10-4).

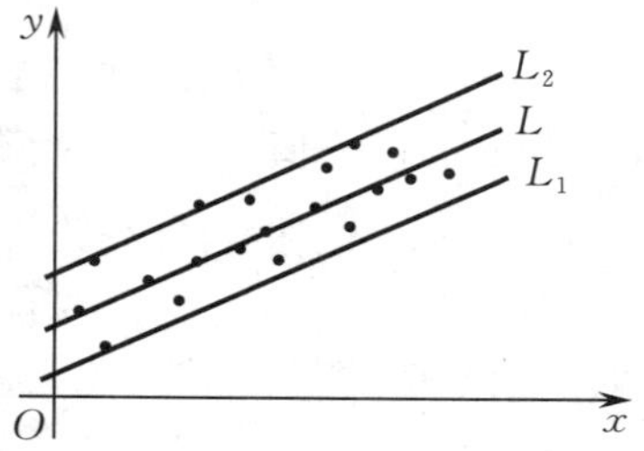

图 10-4

显然,剩余标准差 s 的值越小,用线性回归方程预测 y_0 的值越精确.因此,可用剩余标

准差的大小来衡量预测的精确度，至于预测的可靠性，则可由置信水平来体现.

另外值得注意的是，利用线性回归方程进行预测时，一般只能在原来的试验范围内进行，不能随意扩大范围.

下面讨论控制问题.所谓控制问题其实是预测问题的反问题，即要求 Y 的值 y 在某区间 (y_1, y_2) 内取值时，应控制 X 的值 x 在什么范围内，亦即对于给定的置信水平 $1-\alpha$，求出相应的**控制区间** B，使得 $x \in B$ 时，x 所对应的值 y 落在区间 (y_1, y_2) 内的概率不小于 $1-\alpha$. 当 n 充分大时，令

$$y_1 = \hat{y} - z_{\frac{\alpha}{2}} s = \hat{a} + \hat{b}x - z_{\frac{\alpha}{2}} s,$$

$$y_2 = \hat{y} + z_{\frac{\alpha}{2}} s = \hat{a} + \hat{b}x + z_{\frac{\alpha}{2}} s,$$

则可求出相应的控制区间 B 的上、下限.下面以置信水平 $1-\alpha = 0.95$ 为例进行更为详尽的讨论.

由 $y_1 = \hat{a} + \hat{b}x_1 - 1.96s$，$y_2 = \hat{a} + \hat{b}x_2 + 1.96s$，得

$$\hat{b}(x_2 - x_1) = (y_2 - y_1) - 3.92s.$$

若 $y_2 - y_1 > 3.92s$，则当 $\hat{b} > 0$ 时，$x_1 < x_2$，因此当 $x_1 < x < x_2$ 时，

$$P\{y_1 < y < y_2\} = P\{\hat{a} + \hat{b}x_1 - 1.96s < y < \hat{a} + \hat{b}x_2 + 1.96s\}$$

$$\geqslant P\{\hat{a} + \hat{b}x - 1.96s < y < \hat{a} + \hat{b}x + 1.96s\} = 0.95,$$

即控制区间为 (x_1, x_2).同理，当 $\hat{b} < 0$ 时，控制区间为 (x_2, x_1).

控制区间的直观表示参见图 10－5，其中 $L: \hat{y} = \hat{a} + \hat{b}x$ 为回归直线，直线 $L_1: \hat{y} = \hat{a} + \hat{b}x - 1.96s$ 及 $L_2: \hat{y} = \hat{a} + \hat{b}x + 1.96s$ 均与回归直线平行.另外必须注意的是，为了实现控制，区间 (y_1, y_2) 的长度要大于 $3.92s$，即 $y_2 - y_1 > 3.92s$.

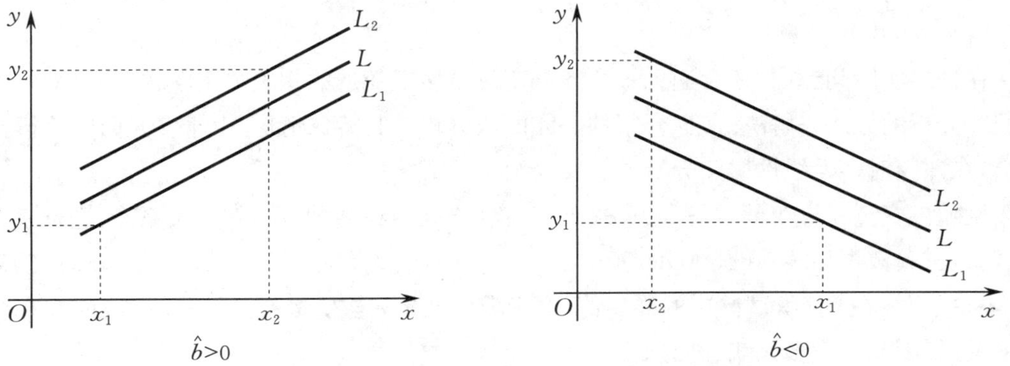

图 10－5

例 5　根据例 1 的数据回答下列问题：

(1) 若该商场某月的销售收入为 220 万元，求当月销售费用的回归函数值的置信区间

(置信水平为 0.95);

(2) 若该商场某月的销售收入为 220 万元,求当月销售费用的预测区间(置信水平为 0.95);

(3) 若要求某月的销售费用在 22 万元到 33 万元之间,则该月的销售收入应该在什么范围内(置信水平为 0.95)?

解 (1) 由于 $t_{\frac{\alpha}{2}}(n-2)=t_{0.025}(8)=2.3060$,$\hat{a}=-0.412$,$\hat{b}\approx 0.124$,$\hat{\sigma}^2\approx 6.956$,$l_{xx}=8874$,$n=10$,$\overline{x}=213$,因此当 $x_0=220$ 时,回归函数值的置信水平为 0.95 的置信区间为

$$\left(\hat{a}+\hat{b}x_0\pm t_{\frac{\alpha}{2}}(n-2)\hat{\sigma}\sqrt{\frac{1}{n}+\frac{(x_0-\overline{x})^2}{l_{xx}}}\right)\approx(24.892,28.844).$$

(2) 由例 3 知 $S_e=55.65$,则 $s=\sqrt{\dfrac{55.65}{10-2}}\approx 2.64$,故当 $x_0=220$ 时,当月销售费用的置信水平为 0.95 的预测区间为

$$(\hat{a}+\hat{b}x_0\pm 1.96s)\approx(21.694,32.042).$$

(3) 根据题意,有

$$y_1=22=-0.412+0.124x_1-1.96\times 2.64,$$
$$y_2=33=-0.412+0.124x_2+1.96\times 2.64,$$

解得 $x_1=222.5$,$x_2=227.7$,故控制区间为(222.5,227.7),即销售收入在 222.5 万元到 227.7 万元之间.

§10.2 多元线性回归

在许多实际问题中,还会遇到一个随机变量与多个变量的相关关系问题,这时需要用多元回归分析的方法来解决.前面介绍的一元回归分析是其特殊情形.由于多元回归分析比较复杂,在此仅对多元线性回归分析做简要介绍.

设随机变量 η 与变量 $\xi_1,\xi_2,\cdots,\xi_m\,(m\geqslant 2)$ 之间存在某种线性相关关系.现进行 n 次独立试验,试验数据如表 10-5 所示,其中 $x_{1k},x_{2k},\cdots,x_{mk}$ 及 $y_k\,(k=1,2,\cdots,n)$ 分别表示 $\xi_1,\xi_2,\cdots,\xi_m$ 及 η 在第 k 次试验中的样本值.由于随机变量 η 与变量 $\xi_1,\xi_2,\cdots,\xi_m$ 之间存在线性相关关系,因此可设多元线性回归方程为

$$\hat{y}=a+b_1x_1+b_2x_2+\cdots+b_mx_m,$$

它大致描述了 η 与 $\xi_1,\xi_2,\cdots,\xi_m$ 之间的线性相关关系.下面用最小二乘法确定其中的未知参数 $a,b_1,b_2,\cdots,b_m$.

表 10-5

ξ_1	x_{11}	x_{12}	$\cdots$	x_{1n}
ξ_2	x_{21}	x_{22}	$\cdots$	x_{2n}
$\vdots$	$\vdots$	$\vdots$		$\vdots$
ξ_m	x_{m1}	x_{m2}	$\cdots$	x_{mn}
η	y_1	y_2	$\cdots$	y_n

设对于变量 $\xi_1,\xi_2,\cdots,\xi_m$ 的任意一组实数值 $x_1,x_2,\cdots,x_m$，随机变量 $\eta \sim N(a+\sum_{i=1}^{m}b_ix_i,\sigma^2)$，则 η 在第 k 次试验中的样本值

$$y_k \sim N(a+\sum_{i=1}^{m}b_ix_{ik},\sigma^2)\quad (k=1,2,\cdots,n).$$

为使总离均差平方和 $S=\sum_{k=1}^{n}(y_k-a-b_1x_{1k}-b_2x_{2k}-\cdots-b_mx_{mk})^2$ 取得最小值，分别求 S 关于 $a,b_1,b_2,\cdots,b_m$ 的偏导数，并令其等于零，整理得方程组

$$\begin{cases} na+(\sum_{k=1}^{n}x_{1k})b_1+(\sum_{k=1}^{n}x_{2k})b_2+\cdots+(\sum_{k=1}^{n}x_{mk})b_m=\sum_{k=1}^{n}y_k, \\ (\sum_{k=1}^{n}x_{1k})a+(\sum_{k=1}^{n}x_{1k}^2)b_1+(\sum_{k=1}^{n}x_{1k}x_{2k})b_2+\cdots+(\sum_{k=1}^{n}x_{1k}x_{mk})b_m=\sum_{k=1}^{n}x_{1k}y_k, \\ \qquad\cdots\cdots \\ (\sum_{k=1}^{n}x_{mk})a+(\sum_{k=1}^{n}x_{mk}x_{1k})b_1+(\sum_{k=1}^{n}x_{mk}x_{2k})b_2+\cdots+(\sum_{k=1}^{n}x_{mk}^2)b_m=\sum_{k=1}^{n}x_{mk}y_k. \end{cases} \tag{10.14}$$

设

$$\bar{x}_i=\frac{1}{n}\sum_{k=1}^{n}x_{ik},$$

$$\bar{y}=\frac{1}{n}\sum_{k=1}^{n}y_k,$$

$$l_{iy}=\sum_{k=1}^{n}(x_{ik}-\bar{x}_i)(y_k-\bar{y})=\sum_{k=1}^{n}x_{ik}y_k-n\bar{x}_i\bar{y},$$

$$l_{ij}=l_{ji}=\sum_{k=1}^{n}(x_{ik}-\bar{x}_i)(x_{jk}-\bar{x}_j)=\sum_{k=1}^{n}x_{ik}x_{jk}-n\bar{x}_i\bar{x}_j,$$

则当 $i=j$ 时，$l_{ii}=\sum_{k=1}^{n}(x_{ik}-\bar{x}_i)^2=ns_i^2$，其中 s_i^2 为 ξ_i 的样本值 $x_{i1},x_{i2},\cdots,x_{in}$ 的样本方差($i=1,2,\cdots,m;j=1,2,\cdots,m$).

由消元法可将方程组(10.14) 化为

$$\begin{cases} a+\overline{x}_1b_1+\overline{x}_2b_2+\cdots+\overline{x}_mb_m=\overline{y}, \\ l_{11}b_1+l_{12}b_2+\cdots+l_{1m}b_m=l_{1y}, \\ l_{21}b_1+l_{22}b_2+\cdots+l_{2m}b_m=l_{2y}, \\ \cdots\cdots \\ l_{m1}b_1+l_{m2}b_2+\cdots+l_{mm}b_m=l_{my}. \end{cases} \tag{10.15}$$

记矩阵 $\boldsymbol{L}=(l_{ij})_{m\times m}$，则当行列式 $|\boldsymbol{L}|\neq 0$ 时，由方程组(10.15)中后 m 个方程可唯一确定 $b_1,b_2,\cdots,b_m$ 的值分别为 $\hat{b}_1,\hat{b}_2,\cdots,\hat{b}_m$，进而求得 $\hat{a}=\overline{y}-\hat{b}_1\overline{x}_1-\hat{b}_2\overline{x}_2-\cdots-\hat{b}_m\overline{x}_m$.

例 1 已知某种产品的收量(单位:kg) η 与处理压力(单位:Pa) ξ_1 及温度(单位:℃) ξ_2 有关，现进行 15 次独立试验，测得试验数据如表 10－6 所示. 求 η 关于 ξ_1 及 ξ_2 的二元线性回归方程.

表 10－6

ξ_1	ξ_2	η	ξ_1	ξ_2	η
6.8	665	40	9.1	700	65
7.2	685	49	9.3	680	58
7.6	690	55	9.5	685	59
8.0	700	63	9.7	700	67
8.2	695	65	10.0	650	56
8.4	670	57	10.3	690	72
8.6	675	58	10.5	670	68
8.8	690	62			

解 计算可得

$$\overline{x}_1=\frac{1}{15}\sum_{k=1}^{15}x_{1k}=8.8,\quad l_{11}=\sum_{k=1}^{15}(x_{1k}-\overline{x}_1)^2=17.42,$$

$$\overline{x}_2=\frac{1}{15}\sum_{k=1}^{15}x_{2k}=683,\quad l_{22}=\sum_{k=1}^{15}(x_{2k}-\overline{x}_2)^2=2\ 990,$$

$$\overline{y}=\frac{1}{15}\sum_{k=1}^{15}y_k=59.6,$$

$$l_{12}=l_{21}=\sum_{k=1}^{n}x_{1k}x_{2k}-15\overline{x}_1\overline{x}_2=90\ 135.5-15\times 8.8\times 683=-20.5,$$

$$l_{1y}=\sum_{k=1}^{15}x_{1k}y_k-15\overline{x}_1\overline{y}=7\ 959.9-15\times 8.8\times 59.6=92.7,$$

$$l_{2y}=\sum_{k=1}^{15}x_{2k}y_k-15\overline{x}_2\overline{y}=611\ 405-15\times 683\times 59.6=803.$$

由此得方程组

$$\begin{cases} 17.42b_1-20.5b_2=92.7, \\ -20.5b_1+2\ 990b_2=803, \end{cases}$$

解得

$$\hat{b}_1 \approx 5.6834, \quad \hat{b}_2 \approx 0.3075,$$

则

$$\hat{a} = \bar{y} - \hat{b}_1 \bar{x}_1 - \hat{b}_2 \bar{x}_2 = 59.6 - 5.6834 \times 8.8 - 0.3075 \times 683 \approx -200.4364.$$

因此，所求二元线性回归方程为

$$\hat{y} = -200.4364 + 5.6834 x_1 + 0.3075 x_2.$$

习 题 十

数学家简介

陈希孺

1. 在硝酸钠的溶解试验中，测得在不同温度(单位:℃)X 下，溶解于 100 份水中的硝酸钠份数 Y 的数据如表 10－7 所示，试描出散点图并指出回归函数的类型.

表 10－7

X	0	4	10	15	21	29	36	51	68
Y	66.7	71.0	76.3	80.6	85.7	92.9	99.4	113.6	125.1

2. 某商品的价格(单位:元/kg)X 与到货量(单位:t)Y 的样本数据如表 10－8 所示，求 Y 关于 X 的线性回归方程.

表 10－8

X	7	12	6	9	10	8	12	6	11	9	12	10
Y	57	72	51	57	60	55	70	55	70	53	76	56

3. 根据第 1 题的数据求 Y 关于 X 的线性回归方程.

4. 根据第 2 题的数据检验 Y 与 X 之间的线性相关关系是否显著(取显著性水平 $\alpha = 0.05$).

5. 根据第 1 题的数据检验 Y 与 X 之间的线性相关关系是否显著(取显著性水平 $\alpha = 0.05$).

6. 根据第 2 题的数据预测该商品价格为 13 元/kg 时的到货量(取置信水平为 0.95).

7. 某矿脉中 13 个相邻样本点到原点的距离(单位:km)X 与样本点处某种金属的含量(单位:kg)Y 的关系如表 10－9 所示，试画出散点图并求 Y 关于 X 的线性回归方程.

表 10－9

X	2	3	4	5	7	8	10
Y	106.42	108.20	109.58	109.50	110.00	109.93	110.49
X	11	14	15	16	18	19	
Y	110.59	110.60	110.90	110.76	111.00	111.20	

8. 在某化工生产过程中，进入反应塔内某气体的百分比(单位：%)Y 与该气体的温度(单位：℃)X_1 及气体压力(单位：mmHg)X_2 有关，试验数据如表 10－10 所示，求 Y 关于 X_1 及 X_2 的二元线性回归方程.

表 10－10

X_1	78.0	113.5	154.0	169.0	187.0	206.0	214.0
X_2	1.0	3.2	8.4	12.0	18.5	27.5	32.0
Y	1.5	6.0	20.0	30.0	50.0	80.0	100.0

附表 1　泊松分布表

$$P\{X \geqslant x\} = \sum_{r=x}^{\infty} \frac{e^{-\lambda}}{r!} \lambda^r$$

x	$\lambda = 0.2$	$\lambda = 0.3$	$\lambda = 0.4$	$\lambda = 0.5$	$\lambda = 0.6$
0	1.000 000 0	1.000 000 0	1.000 000 0	1.000 000	1.000 000
1	0.181 269 2	0.259 181 8	0.329 680 0	0.393 469	0.451 188
2	0.017 523 1	0.036 936 3	0.061 551 9	0.090 204	0.121 901
3	0.001 148 5	0.003 599 5	0.007 926 3	0.014 388	0.023 115
4	0.000 056 8	0.000 265 8	0.000 776 3	0.001 752	0.003 358
5	0.000 002 3	0.000 015 8	0.000 061 2	0.000 172	0.000 394
6	0.000 000 1	0.000 000 8	0.000 004 0	0.000 014	0.000 039
7			0.000 000 2	0.000 001	0.000 003

x	$\lambda = 0.7$	$\lambda = 0.8$	$\lambda = 0.9$	$\lambda = 1.0$	$\lambda = 1.2$
0	1.000 000	1.000 000	1.000 000	1.000 000	1.000 000
1	0.503 415	0.550 671	0.593 430	0.632 121	0.698 806
2	0.155 805	0.191 208	0.227 518	0.264 241	0.337 373
3	0.034 142	0.047 423	0.062 857	0.080 301	0.120 513
4	0.005 753	0.009 080	0.013 459	0.018 988	0.033 769
5	0.000 786	0.001 411	0.002 344	0.003 660	0.007 746
6	0.000 090	0.000 184	0.000 343	0.000 594	0.001 500
7	0.000 009	0.000 021	0.000 043	0.000 083	0.000 251
8	0.000 001	0.000 002	0.000 005	0.000 010	0.000 037
9				0.000 001	0.000 005
10					0.000 001

x	$\lambda = 1.4$	$\lambda = 1.6$	$\lambda = 1.8$	$\lambda = 2.0$	$\lambda = 2.5$
0	1.000 000	1.000 000	1.000 000	1.000 000	1.000 000
1	0.753 403	0.798 103	0.834 701	0.864 665	0.917 915
2	0.408 167	0.475 069	0.537 163	0.593 994	0.712 703
3	0.166 502	0.216 642	0.269 379	0.323 324	0.456 187
4	0.053 725	0.078 813	0.108 708	0.142 877	0.242 424
5	0.014 253	0.023 682	0.036 407	0.052 653	0.108 822
6	0.003 201	0.006 040	0.010 378	0.016 564	0.042 021
7	0.000 622	0.001 336	0.002 569	0.004 534	0.014 187
8	0.000 107	0.000 260	0.000 562	0.001 097	0.004 247
9	0.000 016	0.000 045	0.000 110	0.000 237	0.001 140
10	0.000 002	0.000 007	0.000 019	0.000 046	0.000 277
11		0.000 001	0.000 003	0.000 008	0.000 062
12				0.000 001	0.000 013
13					0.000 002

续表

x	$\lambda=3.0$	$\lambda=3.5$	$\lambda=4.0$	$\lambda=4.5$	$\lambda=5.0$
0	1.000 000	1.000 000	1.000 000	1.000 000	1.000 000
1	0.950 213	0.969 803	0.981 684	0.988 891	0.993 262
2	0.800 852	0.864 112	0.908 422	0.938 901	0.959 572
3	0.576 810	0.679 153	0.761 897	0.826 422	0.875 348
4	0.352 768	0.463 367	0.566 530	0.657 704	0.734 974
5	0.184 737	0.274 555	0.371 163	0.467 896	0.559 507
6	0.083 918	0.142 386	0.214 870	0.297 070	0.384 039
7	0.033 509	0.065 288	0.110 674	0.168 949	0.237 817
8	0.011 905	0.026 739	0.051 134	0.086 586	0.133 372
9	0.003 803	0.009 874	0.021 363	0.040 257	0.068 094
10	0.001 102	0.003 315	0.008 132	0.017 093	0.031 828
11	0.000 292	0.001 019	0.002 840	0.006 669	0.013 695
12	0.000 071	0.000 289	0.000 915	0.002 404	0.005 453
13	0.000 016	0.000 076	0.000 274	0.000 805	0.002 019
14	0.000 003	0.000 019	0.000 076	0.000 252	0.000 698
15	0.000 001	0.000 004	0.000 020	0.000 074	0.000 226
16		0.000 001	0.000 005	0.000 020	0.000 069
17			0.000 001	0.000 005	0.000 020
18				0.000 001	0.000 005
19					0.000 001

附表 2　标准正态分布表

$$\Phi(x)=\int_{-\infty}^{x}\frac{1}{\sqrt{2\pi}}e^{-\frac{u^2}{2}}du=P\{X\leqslant x\}$$

x	0	1	2	3	4	5	6	7	8	9
0.0	0.500 0	0.504 0	0.508 0	0.512 0	0.516 0	0.519 9	0.523 9	0.527 9	0.531 9	0.535 9
0.1	0.539 8	0.543 8	0.547 8	0.551 7	0.555 7	0.559 6	0.563 6	0.567 5	0.571 4	0.575 3
0.2	0.579 3	0.583 2	0.587 1	0.591 0	0.594 8	0.598 7	0.602 6	0.606 4	0.610 3	0.614 1
0.3	0.617 9	0.621 7	0.625 5	0.629 3	0.633 1	0.636 8	0.640 4	0.644 3	0.648 0	0.651 7
0.4	0.655 4	0.659 1	0.662 8	0.666 4	0.670 0	0.673 6	0.677 2	0.680 8	0.684 4	0.687 9
0.5	0.691 5	0.695 0	0.698 5	0.701 9	0.705 4	0.708 8	0.712 3	0.715 7	0.719 0	0.722 4
0.6	0.725 7	0.729 1	0.732 4	0.735 7	0.738 9	0.742 2	0.745 4	0.748 6	0.751 7	0.754 9
0.7	0.758 0	0.761 1	0.764 2	0.767 3	0.770 3	0.773 4	0.776 4	0.779 4	0.782 3	0.785 2
0.8	0.788 1	0.791 0	0.793 9	0.796 7	0.799 5	0.802 3	0.805 1	0.807 8	0.810 6	0.813 3
0.9	0.815 9	0.818 6	0.821 2	0.823 8	0.826 4	0.828 9	0.835 5	0.834 0	0.836 5	0.838 9
1	0.841 3	0.843 8	0.846 1	0.848 5	0.850 8	0.853 1	0.855 4	0.857 7	0.859 9	0.862 1
1.1	0.864 3	0.866 5	0.868 6	0.870 8	0.872 9	0.874 9	0.877 0	0.879 0	0.881 0	0.883 0
1.2	0.884 9	0.886 9	0.888 8	0.890 7	0.892 5	0.894 4	0.896 2	0.898 0	0.899 7	0.901 5
1.3	0.903 2	0.904 9	0.906 6	0.908 2	0.909 9	0.911 5	0.913 1	0.914 7	0.916 2	0.917 7
1.4	0.919 2	0.920 7	0.922 2	0.923 6	0.925 1	0.926 5	0.927 9	0.929 2	0.930 6	0.931 9
1.5	0.933 2	0.934 5	0.935 7	0.937 0	0.938 2	0.939 4	0.940 6	0.941 8	0.943 0	0.944 1
1.6	0.945 2	0.946 3	0.947 4	0.948 4	0.949 5	0.950 5	0.951 5	0.952 5	0.953 5	0.953 5
1.7	0.955 4	0.956 4	0.957 3	0.958 2	0.959 1	0.959 9	0.960 8	0.961 6	0.962 5	0.963 3
1.8	0.964 1	0.964 8	0.965 6	0.966 4	0.967 2	0.967 8	0.968 6	0.969 3	0.970 0	0.970 6
1.9	0.971 3	0.971 9	0.972 6	0.973 2	0.973 8	0.974 4	0.975 0	0.975 6	0.976 2	0.976 7
2	0.977 2	0.977 8	0.978 3	0.978 8	0.979 3	0.979 8	0.980 3	0.980 8	0.981 2	0.981 7
2.1	0.982 1	0.982 6	0.983 0	0.983 4	0.983 8	0.984 2	0.984 6	0.985 0	0.985 4	0.985 7
2.2	0.986 1	0.986 4	0.986 8	0.987 1	0.987 4	0.987 8	0.988 1	0.988 4	0.988 7	0.989 0
2.3	0.989 3	0.989 6	0.989 8	0.990 1	0.990 4	0.990 6	0.990 9	0.991 1	0.991 3	0.991 6
2.4	0.991 8	0.992 0	0.992 2	0.992 5	0.992 7	0.992 9	0.993 1	0.993 2	0.993 4	0.993 6
2.5	0.993 8	0.994 0	0.994 1	0.994 3	0.994 5	0.994 6	0.994 8	0.994 9	0.995 1	0.995 2
2.6	0.995 3	0.995 5	0.995 6	0.995 7	0.995 9	0.996 0	0.996 1	0.996 2	0.996 3	0.996 4
2.7	0.996 5	0.996 6	0.996 7	0.996 8	0.996 9	0.997 0	0.997 1	0.997 2	0.997 3	0.997 4
2.8	0.997 4	0.997 5	0.997 6	0.997 7	0.997 7	0.997 8	0.997 9	0.997 9	0.998 0	0.998 1
2.9	0.998 1	0.998 2	0.998 2	0.998 3	0.998 4	0.998 4	0.998 5	0.998 5	0.998 6	0.998 6
3	0.998 65	0.999 03	0.999 31	0.999 52	0.999 66	0.999 77	0.999 84	0.999 89	0.999 93	0.999 95
4	0.999 968	0.999 979	0.999 987	0.999 991	0.999 995	0.999 997	0.999 998	0.999 999	0.999 999 2	0.999 999 5

注：表中末两行系函数值 $\Phi(3.0)$，$\Phi(3.1)$，…，$\Phi(3.9)$；$\Phi(4.0)$，$\Phi(4.1)$，…，$\Phi(4.9)$.

附表3 χ^2 分 布 表

$$P\{\chi^2(n) > \chi_\alpha^2(n)\} = \alpha$$

n	α											
	0.995	0.99	0.975	0.95	0.90	0.75	0.25	0.10	0.05	0.025	0.01	0.005
1	—	—	0.001	0.004	0.016	0.102	1.323	2.706	3.841	5.024	6.365	7.879
2	0.010	0.020	0.051	0.103	0.211	0.575	2.773	4.605	5.991	7.378	9.210	10.597
3	0.072	0.115	0.216	0.352	0.584	1.213	4.108	6.251	7.815	9.348	11.345	12.838
4	0.207	0.297	0.484	0.711	1.064	1.923	5.385	7.779	9.488	11.143	13.277	14.860
5	0.412	0.554	0.831	1.145	1.610	2.675	6.626	9.236	11.071	12.833	15.086	16.750
6	0.676	0.872	1.237	1.635	2.204	3.455	7.814	10.645	12.592	14.449	16.812	18.548
7	0.989	1.239	1.690	2.167	2.833	4.255	9.037	12.017	14.067	16.013	18.475	20.278
8	1.344	1.646	2.180	2.733	3.490	5.071	10.219	13.362	15.507	17.535	20.090	21.995
9	1.735	2.088	2.700	3.325	4.168	5.899	11.389	14.684	16.919	19.023	21.666	23.589
10	2.156	2.558	3.247	3.940	4.865	6.737	12.549	15.987	18.307	20.483	23.209	25.188
11	2.603	3.053	3.816	4.575	5.578	7.584	13.701	17.275	19.675	21.920	24.725	26.757
12	3.074	3.571	4.404	5.226	6.304	8.438	14.854	18.549	21.026	23.337	26.217	28.299
13	3.565	4.107	5.009	5.892	7.042	9.299	15.984	19.812	22.362	24.736	27.688	29.819
14	4.705	4.660	5.629	6.571	7.790	10.165	17.117	21.064	23.685	26.119	29.141	31.319
15	4.601	5.229	6.262	7.261	8.547	11.037	18.245	22.307	24.996	27.488	30.578	32.801
16	5.142	5.812	6.908	7.962	9.312	11.912	19.369	23.542	26.296	28.845	32.000	34.267
17	5.697	6.408	7.564	8.672	10.085	12.792	20.489	24.769	27.587	30.191	33.409	35.718
18	6.265	7.015	8.231	9.930	10.865	13.675	21.605	25.989	28.869	31.526	34.805	37.156
19	6.884	7.633	8.907	10.117	11.651	14.562	22.718	27.204	30.144	32.852	36.191	38.582
20	7.434	8.260	9.591	10.851	12.443	15.452	23.828	28.412	31.410	34.170	37.566	39.997
21	8.034	8.897	10.283	11.591	13.240	16.344	24.935	29.615	32.671	35.479	38.932	41.401
22	8.643	9.542	10.982	12.338	14.042	17.240	26.039	30.813	33.924	36.781	40.289	42.796
23	9.260	10.196	11.689	13.091	14.848	18.137	27.141	32.007	35.172	38.076	41.638	44.181
24	9.886	10.856	12.401	13.848	15.659	19.037	28.241	33.196	36.415	39.364	42.980	45.559
25	10.520	11.524	13.120	14.611	16.473	19.939	29.339	34.382	37.652	40.646	44.314	46.928
26	11.160	12.198	13.844	15.379	17.292	20.843	30.435	35.563	38.885	41.923	45.642	48.290
27	11.808	12.879	14.573	16.151	18.114	21.749	31.528	36.741	40.113	43.194	46.963	49.654
28	12.461	13.565	15.308	16.928	18.939	22.657	32.620	37.916	41.337	44.461	48.273	50.993
29	13.121	14.257	16.047	17.708	19.768	23.567	33.711	39.087	42.557	45.722	49.588	52.336
30	13.787	14.954	16.791	18.493	20.599	24.478	34.800	40.256	43.773	46.979	50.892	53.672
35	17.192	18.509	20.569	22.465	24.797	29.054	40.223	46.059	49.802	53.203	57.342	60.275
40	20.707	22.164	24.433	26.509	29.051	33.660	45.616	51.805	55.758	59.342	63.691	66.766
45	24.311	25.901	28.366	30.612	33.350	38.291	50.985	57.505	61.656	65.410	69.957	73.166

附表4 t 分布表

$$P\{t(n)>t_\alpha(n)\}=\alpha$$

n	α					
	0.25	0.10	0.05	0.025	0.01	0.005
1	1.000 0	3.077 7	6.313 8	12.706 2	31.820 7	63.657 4
2	0.816 5	1.885 6	2.920 0	4.303 7	6.964 6	9.924 8
3	0.764 9	1.637 7	2.353 4	3.182 4	4.540 7	5.840 9
4	0.740 7	1.533 2	2.131 8	2.776 4	3.764 9	4.6041
5	0.726 7	1.475 9	2.015 0	2.570 6	3.364 9	4.0322
6	0.717 6	1.439 8	1.943 2	2.446 9	3.142 7	3.707 4
7	0.711 1	1.414 9	1.894 6	2.364 6	2.998 0	3.499 5
8	0.706 4	1.396 8	1.859 5	2.306 0	2.896 5	3.355 4
9	0.702 7	1.383 0	1.833 1	2.262 2	2.821 4	3.249 8
10	0.699 8	1.372 2	1.812 5	2.228 1	2.763 8	3.169 3
11	0.697 4	1.363 4	1.795 9	2.201 0	2.718 1	3.105 8
12	0.695 5	1.356 2	1.782 3	2.178 8	2.681 0	3.054 5
13	0.693 8	1.350 2	1.770 9	2.164 0	2.650 3	3.012 3
14	0.692 4	1.345 0	1.761 3	2.144 8	2.624 5	2.976 8
15	0.691 2	1.340 6	1.753 1	2.131 5	2.602 5	2.946 7
16	0.690 1	1.336 8	1.745 9	2.119 9	2.583 5	2.920 8
17	0.689 2	1.333 4	1.739 6	2.109 8	2.566 9	2.898 2
18	0.688 4	1.330 4	1.734 1	2.100 9	2.552 4	2.878 4
19	0.687 6	1.327 7	1.729 1	2.093 0	2.539 5	2.860 9
20	0.687 0	1.325 3	1.724 7	2.086 0	2.528 0	2.845 3
21	0.686 4	1.323 2	1.720 7	2.079 6	2.517 7	2.831 4
22	0.685 8	1.321 2	1.717 1	2.073 9	2.508 3	2.818 8
23	0.685 3	1.319 5	1.713 9	2.068 7	2.499 9	2.807 3
24	0.684 8	1.317 8	1.710 9	2.063 9	2.492 2	2.796 9
25	0.684 4	1.316 3	1.708 1	2.059 5	2.485 1	2.787 4
26	0.684 0	1.315 0	1.705 6	2.055 5	2.478 6	2.778 7
27	0.683 7	1.313 7	1.703 3	2.051 8	2.472 7	2.770 7
28	0.683 4	1.312 5	1.701 1	2.048 4	2.467 1	2.763 3
29	0.683 0	1.311 4	1.699 1	2.045 2	2.462 0	2.756 4
30	0.682 8	1.310 4	1.687 3	2.042 3	2.457 3	2.750 0
31	0.682 5	1.309 5	1.695 5	2.039 5	2.452 8	2.744 0
32	0.682 2	1.308 6	1.693 9	2.036 9	2.448 7	2.738 5
33	0.682 0	1.307 7	1.692 4	2.034 5	2.444 8	2.733 3
34	0.681 8	1.307 0	1.690 9	2.032 2	2.441 1	2.728 4
35	0.681 6	1.306 2	1.689 6	2.030 1	2.437 7	2.723 8

续表

n	α					
	0.25	0.10	0.05	0.025	0.01	0.005
36	0.681 4	1.305 5	1.688 3	2.028 1	2.434 5	2.719 5
37	0.681 2	1.304 9	1.687 1	2.026 2	2.431 4	2.715 4
38	0,681 0	1.304 2	1.686 0	2.024 4	2.428 6	2.711 6
39	0.680 8	1.303 6	1.684 9	2.022 7	2.425 8	2.707 9
40	0.680 7	1.303 1	1.683 9	2.021 1	2.423 3	2.704 5
45	0.680 0	1.300 6	1.679 4	2.014 1	2.412 1	2.689 6

附表5　F 分布表

$$P\{F(n_1,n_2)>F_\alpha(n_1,n_2)\}=\alpha$$

$$\alpha=0.10$$

n_2	n_1																		
	1	2	3	4	5	6	7	8	9	10	12	15	20	24	30	40	60	120	∞
1	39.86	49.50	53.59	55.33	57.24	58.20	58.91	59.44	59.86	60.19	60.71	61.22	61.74	62.06	62.26	62.53	62.79	63.06	63.33
2	8.53	9.00	9.16	9.24	6.29	9.33	9.35	9.37	9.38	9.39	9.41	9.42	9.44	9.45	9.46	9.47	9.47	9.48	9.49
3	5.54	5.46	5.39	5.34	5.31	5.28	5.27	5.25	5.24	5.23	5.22	5.20	5.18	5.18	5.17	5.16	5.15	5.14	5.13
4	4.54	4.32	4.19	4.11	4.05	4.01	3.98	3.95	3.94	3.92	3.90	3.87	3.84	3.83	3.82	3.80	3.79	3.78	3.76
5	4.06	3.78	3.62	3.52	3.45	3.40	3.37	3.34	3.32	3.30	3.27	3.24	3.21	3.19	3.17	3.16	3.14	3.12	3.10
6	3.78	3.46	3.29	3.18	3.11	3.05	3.01	2.98	2.96	2.94	2.90	2.87	2.84	2.82	2.80	2.78	2.76	2.74	2.72
7	3.59	3.26	3.07	2.96	2.88	2.83	2.78	2.75	2.72	2.70	2.67	2.63	2.59	2.58	2.56	2.54	2.51	2.49	2.47
8	3.46	3.11	2.92	2.81	2.73	2.67	2.62	2.59	2.56	2.54	2.50	2.46	2.42	2.40	2.38	2.36	2.34	2.32	2.29
9	3.36	3.01	2.81	2.69	2.61	2.55	2.51	2.47	2.44	2.42	2.38	2.34	2.30	2.28	2.25	2.23	2.21	2.18	2.16
10	3.20	2.92	2.73	2.61	2.52	2.46	2.41	2.38	2.35	2.32	2.28	2.24	2.20	2.18	2.16	2.13	2.11	2.08	2.06
11	3.23	2.86	2.66	2.54	2.45	2.39	2.34	2.30	2.27	2.25	2.21	2.17	2.12	2.10	2.08	2.05	2.03	2.00	1.97
12	3.18	2.81	2.61	2.48	2.39	2.33	2.28	2.24	2.21	2.19	2.15	2.10	2.06	2.04	2.01	1.99	1.96	1.93	1.90
13	3.14	2.76	2.56	2.43	2.35	2.28	2.23	2.20	2.16	2.14	2.10	2.05	2.01	1.98	1.96	1.93	1.90	1.88	1.85
14	3.10	2.73	2.52	2.39	2.31	2.24	2.19	2.15	2.12	2.10	2.05	2.01	1.96	1.94	1.91	1.89	1.82	1.83	1.80
15	3.07	2.70	2.49	2.36	2.27	2.21	2.16	2.12	2.09	2.06	2.02	1.97	1.92	1.90	1.87	1.85	1.82	1.79	1.76
16	3.05	2.67	2.46	2.33	2.24	2.18	2.13	2.09	2.06	2.03	1.99	1.94	1.89	1.87	1.84	1.81	1.78	1.75	1.72
17	3.03	2.64	2.44	2.31	2.22	2.15	2.10	2.06	2.03	2.00	1.96	1.91	1.86	1.84	1.81	1.78	1.75	1.72	1.69
18	3.01	2.62	2.42	2.29	2.20	2.13	2.08	2.04	2.00	1.98	1.93	1.89	1.84	1.81	1.78	1.75	1.72	1.69	1.66
19	2.99	2.61	2.40	2.27	2.18	2.11	2.06	2.02	1.98	1.96	1.91	1.86	1.81	1.79	1.76	1.73	1.70	1.67	1.63
20	2.97	2.50	2.38	2.25	2.16	2.09	2.04	2.00	1.96	1.94	1.89	1.84	1.79	1.77	1.74	1.71	1.68	1.64	1.61

续表

n_2	n_1																		
	1	2	3	4	5	6	7	8	9	10	12	15	20	24	30	40	60	120	∞
21	2.96	9.57	2.36	2.23	2.14	2.08	2.02	1.98	1.95	1.92	1.87	1.83	1.78	1.75	1.72	1.69	1.66	1.62	1.59
22	2.95	2.56	2.35	2.22	2.13	2.06	2.01	1.97	1.93	1.90	1.86	1.81	1.76	1.73	1.70	1.67	1.64	1.60	1.57
23	2.94	2.55	2.34	2.21	2.11	2.05	1.99	1.95	1.92	1.89	1.84	1.80	1.74	1.72	1.69	1.66	1.62	1.59	1.55
24	2.93	2.54	2.33	2.19	2.10	2.04	1.98	1.94	1.91	1.88	1.83	1.78	1.73	1.70	1.67	1.64	1.61	1.57	1.53
25	2.92	2.53	2.32	2.18	2.09	2.02	1.97	1.93	1.89	1.87	1.82	1.77	1.72	1.69	1.66	1.63	1.59	1.56	1.52
26	2.91	2.52	2.31	2.17	2.08	2.01	1.96	1.92	1.88	1.86	1.81	1.76	1.71	1.68	1.65	1.61	1.58	1.54	1.50
27	2.90	2.51	2.30	2.17	2.07	2.00	1.95	1.91	1.87	1.85	1.80	1.75	1.70	1.67	1.64	1.60	1.57	1.53	1.49
28	2.89	2.50	2.29	2.16	2.60	2.00	1.94	1.90	1.87	1.84	1.79	1.74	1.69	1.66	1.63	1.59	1.56	1.52	1.48
29	2.89	2.50	2.28	2.15	2.06	1.99	1.93	1.89	1.86	1.83	1.78	1.73	1.68	1.65	1.62	1.58	1.55	1.51	1.47
30	2.88	2.49	2.22	2.14	2.05	1.98	1.93	1.88	1.85	1.82	1.77	1.72	1.67	1.64	1.61	1.57	1.54	1.50	1.46
40	2.84	2.41	2.23	2.00	2.00	1.93	1.87	1.83	1.79	1.76	1.71	1.66	1.61	1.57	1.54	1.51	1.47	1.42	1.38
60	2.79	2.39	2.18	2.04	1.95	1.87	1.82	1.77	1.74	1.71	1.66	1.60	1.54	1.51	1.48	1.44	1.40	1.35	1.29
120	2.75	2.35	2.13	1.99	1.90	1.82	1.77	1.72	1.68	1.65	1.60	1.55	1.48	1.45	1.41	1.37	1.32	1.26	1.19
∞	2.71	2.30	2.08	1.94	1.85	1.77	1.72	1.67	1.63	1.60	1.55	1.49	1.42	1.38	1.34	1.30	1.24	1.17	1.00

续表

$\alpha = 0.05$

n_2	n_1=1	2	3	4	5	6	7	8	9	10	12	15	20	24	30	40	60	120	∞
1	161.40	199.50	215.70	224.60	230.20	234.00	236.80	238.90	240.50	241.90	243.90	245.90	248.00	249.10	250.10	251.10	252.20	253.30	254.30
2	18.51	19.00	19.16	19.25	19.30	19.33	19.35	19.37	19.38	19.40	19.41	19.43	19.45	19.45	19.46	19.47	19.48	19.49	19.50
3	10.13	9.55	9.28	9.12	9.90	8.94	8.89	8.85	8.81	8.79	8.74	8.70	8.66	8.64	8.62	8.59	8.57	8.55	8.53
4	7.71	6.94	6.59	6.39	6.26	6.16	6.09	6.04	6.00	5.96	5.91	5.86	5.80	5.77	5.75	5.72	5.69	5.66	5.63
5	6.61	5.79	5.41	5.19	5.05	4.95	4.88	4.82	4.77	4.74	4.68	4.62	4.56	4.53	4.50	4.46	4.43	4.40	4.36
6	5.99	5.14	4.76	4.53	4.39	4.28	4.21	4.15	4.10	4.06	4.00	3.94	3.87	3.84	3.81	3.77	3.74	3.70	3.67
7	5.59	4.74	4.35	4.12	3.97	3.87	3.79	3.73	3.68	3.64	3.57	3.51	3.44	3.41	3.38	3.34	3.30	3.27	3.23
8	5.32	4.46	4.07	3.84	3.69	3.58	3.50	3.44	3.69	3.35	3.28	3.22	3.15	3.12	3.08	3.04	3.01	2.97	2.93
9	5.12	4.26	3.86	3.63	3.48	3.37	3.29	3.23	3.18	3.14	3.07	3.01	2.94	2.90	2.86	2.83	2.79	2.75	2.71
10	4.96	4.10	3.71	3.48	3.33	3.22	3.14	3.07	3.02	2.98	2.91	2.85	2.77	2.74	2.70	2.66	2.62	2.58	2.54
11	4.84	3.98	3.59	3.36	3.20	3.09	3.01	2.95	2.90	2.85	2.79	2.72	2.65	2.61	2.57	2.53	2.49	2.45	2.40
12	4.75	3.89	3.49	3.26	3.11	3.00	2.91	2.85	2.80	2.75	2.69	2.62	2.54	2.51	2.47	2.43	2.38	2.34	2.30
13	4.67	3.81	3.41	3.18	3.03	2.92	2.83	2.77	2.71	2.67	2.60	2.53	2.46	2.42	2.38	2.34	2.30	2.25	2.21
14	4.60	3.74	3.34	3.11	2.96	2.85	2.76	2.70	2.65	2.60	2.53	2.46	2.39	2.35	2.31	2.27	2.22	2.18	2.13
15	4.54	3.68	3.29	3.06	2.90	2.79	2.71	2.64	2.59	2.54	2.48	2.40	2.33	2.29	2.25	2.20	2.16	2.11	2.07
16	4.49	3.63	3.24	3.01	2.85	2.74	2.66	2.59	2.54	2.49	2.42	2.35	2.28	2.24	2.19	2.15	2.11	2.06	2.01
17	4.45	3.59	3.20	2.96	2.81	2.70	2.61	2.55	2.49	2.45	2.38	2.31	2.23	2.19	2.15	2.10	2.06	2.01	1.96
18	4.41	3.55	3.16	2.93	2.77	2.66	2.58	2.51	2.46	2.41	2.34	2.27	2.19	2.15	2.11	2.06	2.02	1.97	1.92
19	4.38	3.52	3.13	2.90	2.74	2.63	2.54	2.48	2.42	2.38	2.31	2.23	2.16	2.11	2.07	2.03	1.98	1.93	1.88
20	4.35	3.49	3.10	2.87	2.71	2.60	2.51	2.45	2.39	2.35	2.28	2.20	2.12	2.08	2.04	1.99	1.95	1.90	1.84
21	4.32	3.47	3.07	2.84	2.68	2.57	2.49	2.42	2.37	2.32	2.25	2.18	2.10	2.05	2.01	1.96	1.92	1.87	1.81
22	4.30	3.44	3.05	2.82	2.66	2.55	2.46	2.40	2.34	2.30	2.23	2.15	2.07	2.03	1.98	1.94	1.89	1.84	1.78
23	4.28	3.42	3.03	2.80	2.64	2.53	2.44	2.37	2.32	2.27	2.20	2.13	2.05	2.01	1.96	1.91	1.86	1.81	1.76

续表

n_2	n_1																		
	1	2	3	4	5	6	7	8	9	10	12	15	20	24	30	40	60	120	∞
24	4.26	3.40	3.01	2.78	2.62	2.51	2.42	2.36	2.30	2.25	2.18	2.11	2.03	1.98	1.94	1.89	1.84	1.79	1.73
25	4.24	3.39	2.99	2.76	2.60	2.49	2.40	2.34	2.28	2.24	2.16	2.09	2.01	1.96	1.92	1.87	1.82	1.77	1.71
26	4.23	3.37	2.98	2.74	2.59	2.47	2.39	2.32	2.27	2.22	2.15	1.07	1.99	1.95	1.90	1.85	1.80	1.75	1.69
27	4.21	3.35	2.96	2.73	2.57	2.46	2.37	2.31	2.25	2.20	2.13	1.06	1.97	1.93	1.88	1.84	1.79	1.73	1.67
28	4.20	3.34	2.95	2.71	2.56	2.45	2.36	2.29	2.24	2.19	2.12	1.04	1.96	1.91	1.87	1.82	1.77	1.71	1.65
29	4.18	3.33	2.93	2.70	2.55	2.43	2.35	2.28	2.22	2.18	2.10	1.03	1.94	1.90	1.85	1.81	1.75	1.70	1.64
30	4.17	3.32	2.92	2.69	2.53	2.42	2.33	2.27	2.21	2.16	2.09	2.01	1.93	1.89	1.84	1.79	1.74	1.68	1.62
40	4.08	3.23	2.84	2.61	2.45	2.34	2.25	2.18	2.12	2.08	2.00	1.92	1.84	1.79	1.74	1.69	1.64	1.58	1.51
60	4.00	3.15	2.76	2.53	2.37	2.25	2.17	2.10	2.04	1.99	1.92	1.84	1.75	1.70	1.65	1.59	1.53	1.47	1.39
120	3.92	3.07	2.68	2.45	2.29	2.17	2.09	2.02	1.96	1.91	1.83	1.75	1.66	1.61	1.55	1.50	1.43	1.35	1.25
∞	3.84	3.00	2.60	2.37	2.21	2.10	2.01	1.94	1.88	1.83	1.75	1.67	1.57	1.52	1.46	1.39	1.32	1.22	1.00

续表

$\alpha = 0.025$

n_2	n_1 = 1	2	3	4	5	6	7	8	9	10	12	15	20	24	30	40	60	120	∞
1	647.80	799.50	864.20	899.60	921.80	937.10	948.20	956.70	963.30	968.60	976.70	984.90	993.10	997.20	1 001	1 006	1 010	1 014	1 018
2	38.51	39.00	39.17	39.25	139.30	39.33	39.36	39.37	39.39	39.40	39.41	39.43	39.45	39.46	39.46	39.47	39.48	39.49	39.50
3	17.44	16.04	15.44	15.10	14.88	14.73	14.62	14.54	14.47	14.42	14.34	14.25	14.17	14.12	14.08	14.04	13.99	13.95	13.90
4	12.22	10.65	9.98	9.60	9.36	9.20	9.07	8.98	8.90	8.84	8.75	8.66	8.56	8.51	8.46	8.41	8.36	8.31	8.26
5	10.01	8.43	7.76	7.39	7.15	6.98	6.85	6.76	6.68	6.62	6.52	6.43	6.33	6.28	6.23	6.18	6.12	6.07	6.02
6	8.81	7.26	6.60	6.23	5.99	5.82	5.70	5.60	5.52	5.46	5.37	5.27	5.17	5.12	5.07	5.01	4.96	4.90	4.85
7	8.07	6.54	5.89	5.52	5.29	5.12	4.99	4.90	4.82	4.76	4.67	4.57	4.47	4.42	4.36	4.31	4.25	4.20	4.14
8	7.57	6.06	5.42	5.05	4.82	4.65	4.53	4.43	4.36	4.30	4.20	4.10	4.00	3.95	3.89	3.84	3.78	3.73	3.67
9	7.21	5.71	5.08	4.72	4.48	4.32	4.20	4.10	4.03	3.96	3.87	3.77	3.67	3.61	3.56	3.51	3.45	3.39	3.33
10	6.94	5.46	4.83	4.47	4.24	4.07	3.95	3.85	3.78	3.72	3.62	3.52	3.42	3.37	3.31	3.26	3.20	3.14	3.08
11	6.72	5.26	4.63	4.28	4.04	3.88	3.76	3.66	3.59	3.53	3.43	3.33	3.23	3.17	3.12	3.06	3.00	2.94	2.88
12	6.55	5.10	4.47	4.12	3.89	3.73	3.61	3.51	3.44	3.37	3.28	3.18	3.07	3.02	2.96	2.91	2.85	2.79	2.72
13	6.41	4.97	4.35	4.00	3.77	3.60	3.48	3.39	3.31	3.25	3.15	3.05	2.95	2.89	2.84	2.78	2.72	2.66	2.60
14	6.30	4.86	4.24	3.89	3.66	3.50	3.38	3.29	3.21	3.15	3.05	2.95	2.84	2.79	2.73	2.67	2.61	2.55	2.49
15	6.20	4.77	4.15	3.80	3.58	3.41	3.29	3.30	3.12	3.06	2.96	2.86	2.76	2.70	2.64	2.59	2.52	2.46	2.40
16	6.12	4.69	4.08	3.73	3.50	3.34	3.22	3.12	3.05	2.99	2.89	2.79	2.68	2.63	2.57	2.51	2.45	2.38	2.32
17	6.04	4.62	4.01	3.66	3.44	3.28	3.16	3.06	2.98	2.92	2.82	2.72	2.62	2.56	2.50	2.44	2.38	2.32	2.25
18	5.98	4.56	3.95	3.61	3.38	3.22	3.10	3.01	2.93	2.87	2.77	2.67	2.56	2.50	2.44	2.38	2.32	2.26	2.19
19	5.92	4.51	3.90	3.56	3.33	3.17	3.05	2.96	2.88	2.82	2.72	2.62	2.51	2.45	2.39	2.35	2.27	2.20	2.13
20	5.87	4.46	3.86	3.51	3.29	3.13	3.01	2.91	2.84	2.77	2.68	2.57	2.46	2.41	2.35	2.29	2.22	2.16	2.09
21	5.83	4.42	3.82	3.48	3.25	3.09	2.97	2.87	2.80	2.73	2.64	2.53	2.42	2.37	2.31	2.25	2.18	2.11	2.04
22	5.79	4.38	3.78	3.44	3.22	3.05	2.93	2.84	2.76	2.70	2.60	2.50	2.39	2.33	2.27	2.21	2.14	2.08	2.00
23	5.75	4.35	3.75	3.41	3.18	3.02	2.90	2.81	2.73	2.67	2.57	2.47	2.36	2.30	2.24	2.18	2.11	2.04	1.97

续表

n_2	n_1=1	2	3	4	5	6	7	8	9	10	12	15	20	24	30	40	60	120	∞
24	5.72	4.32	3.72	3.38	3.15	2.99	2.87	2.78	2.70	2.64	2.54	2.44	2.33	2.27	2.21	2.15	2.08	2.01	1.94
25	5.69	4.29	3.69	3.35	3.13	2.97	2.85	2.75	2.68	2.61	2.51	2.41	2.30	2.24	2.18	2.12	2.05	1.98	1.91
26	5.66	4.27	3.67	3.33	3.10	2.94	2.82	2.73	2.65	2.59	2.49	2.39	2.28	2.22	2.16	2.09	2.03	1.95	1.88
27	5.63	4.24	3.65	3.31	3.08	2.92	2.80	2.71	2.63	2.57	2.47	2.36	2.25	2.19	2.13	2.07	2.00	1.93	1.85
28	5.61	4.22	3.63	3.29	3.06	2.90	2.78	2.69	2.61	2.55	2.45	2.34	2.23	2.17	2.11	2.05	1.98	1.91	1.83
29	5.59	4.20	3.61	3.27	3.04	2.88	2.76	2.67	2.59	2.53	2.43	2.32	2.21	2.15	2.09	2.03	1.96	1.89	1.81
30	5.57	4.18	3.59	3.25	3.03	2.87	2.75	2.65	2.57	2.51	2.41	2.31	2.20	2.14	2.07	2.01	1.94	1.87	1.79
40	5.42	4.05	3.46	3.13	2.90	2.74	2.62	2.53	2.45	2.39	2.29	2.18	2.07	2.01	1.94	1.88	1.80	1.72	1.64
60	5.29	3.93	3.34	3.01	2.79	2.63	2.51	2.41	2.33	2.27	2.17	2.06	1.94	1.88	1.82	1.74	1.67	1.58	1.48
120	5.15	3.80	3.23	2.89	2.67	2.52	2.39	2.30	2.22	2.16	2.05	1.94	1.82	1.76	1.69	1.61	1.53	1.43	1.31
∞	5.02	3.69	3.12	2.79	2.57	2.41	2.29	2.19	2.11	2.05	1.94	1.83	1.71	1.64	1.57	1.48	1.39	1.27	1.00

$\alpha = 0.01$

续表

n_2	n_1 = 1	2	3	4	5	6	7	8	9	10	12	15	20	24	30	40	60	120	∞
1	4 052	5 000	5 403	5 625	5 764	5 859	5 928	5 982	6 062	6 056	6 106	6 157	6 209	6 235	6 261	6 287	6 313	6 339	6 366
2	98.50	99.00	99.17	99.25	99.30	99.33	99.36	99.37	99.39	99.40	99.42	99.43	99.45	99.46	99.47	99.47	99.48	99.49	99.50
3	34.12	30.82	29.46	28.71	28.24	27.91	27.67	27.49	27.35	27.23	27.05	26.87	26.09	26.60	26.50	26.41	26.32	26.22	26.13
4	21.20	18.00	16.69	15.98	15.52	15.21	14.98	14.80	14.66	14.55	14.37	14.20	14.02	13.93	13.84	13.75	13.65	13.56	13.46
5	16.26	13.27	12.06	11.39	10.97	10.67	10.46	10.29	10.16	10.05	9.29	9.72	9.55	9.47	9.38	9.29	9.20	9.11	9.02
6	13.75	10.92	9.78	9.15	8.75	8.47	8.46	8.10	7.98	7.87	7.72	7.56	7.40	7.31	7.23	7.14	7.06	6.97	6.88
7	12.25	9.55	8.45	7.85	7.46	7.19	6.99	6.84	6.72	6.62	6.47	6.31	6.16	6.07	5.99	5.91	5.82	5.74	5.65
8	11.26	8.65	7.59	7.01	6.63	6.37	6.18	6.03	5.91	5.81	5.67	5.52	5.36	5.28	5.20	5.12	5.03	4.95	4.86
9	10.56	8.02	6.99	6.42	6.06	5.80	5.61	5.47	5.35	5.26	5.11	4.96	4.81	4.73	4.65	4.57	4.48	4.40	4.31
10	10.04	7.56	6.55	5.99	5.64	5.39	5.20	5.06	4.94	4.85	4.71	4.56	4.41	4.33	4.25	4.17	4.08	4.00	3.91
11	9.65	7.21	6.22	5.67	5.32	5.07	4.89	4.74	4.63	4.54	4.40	4.25	4.10	4.02	3.95	3.86	3.78	3.69	3.60
12	9.33	6.93	5.95	5.41	5.06	4.82	4.64	4.50	4.39	4.30	4.16	4.01	3.86	3.78	3.70	3.62	3.54	3.45	3.36
13	9.07	6.70	5.74	5.21	4.86	4.62	4.44	4.30	4.19	4.10	3.96	3.82	3.66	3.59	3.51	3.43	3.34	3.25	3.17
14	8.86	6.51	5.56	5.04	4.69	4.46	4.28	4.14	4.03	3.94	3.80	3.66	3.51	3.43	3.35	3.27	3.18	3.09	3.00
15	8.68	6.36	5.42	4.89	4.56	4.32	4.14	4.00	3.89	3.80	3.67	3.52	3.37	3.29	3.21	3.13	3.05	2.96	2.87
16	8.53	6.23	5.29	4.77	4.44	4.20	4.03	3.89	3.78	3.69	3.55	3.41	3.26	3.18	3.10	3.02	2.93	2.84	2.75
17	8.40	6.11	5.18	4.67	4.34	4.10	3.93	3.79	3.68	3.59	3.46	3.31	3.16	3.08	3.00	2.92	2.83	2.75	2.65
18	8.29	6.01	5.09	4.58	4.25	4.01	3.84	3.71	3.60	3.51	3.37	3.23	3.08	3.00	2.92	2.84	2.75	2.66	2.57
19	8.18	5.93	5.01	4.50	4.17	3.94	3.77	3.63	3.52	3.43	3.30	3.15	3.00	2.92	2.84	2.76	2.67	2.58	2.49
20	8.10	5.85	4.94	4.43	4.10	3.87	3.70	3.56	3.46	3.37	3.23	3.09	2.94	2.86	2.78	2.69	2.61	2.52	2.42
21	8.02	5.78	4.87	4.37	4.04	3.81	3.64	3.51	3.40	3.31	3.17	3.03	2.88	2.80	2.72	2.64	2.55	2.46	2.36
22	7.95	5.72	4.82	4.31	3.99	3.76	3.59	3.45	3.35	3.26	3.12	2.98	2.83	2.75	2.67	2.58	2.50	2.40	2.31
23	7.88	5.66	4.76	4.26	3.94	3.71	3.54	3.41	3.30	3.21	3.07	2.93	2.78	2.70	2.62	2.54	2.45	2.35	2.26

续表

n_2	n_1 = 1	2	3	4	5	6	7	8	9	10	12	15	20	24	30	40	60	120	∞
24	7.82	5.61	4.72	4.22	3.90	3.67	3.50	3.36	3.26	3.17	3.03	2.89	2.74	2.66	2.58	2.49	2.40	2.31	2.21
25	7.77	5.57	4.68	4.18	3.85	3.63	3.46	3.32	3.22	3.13	2.99	2.85	2.70	2.62	2.54	2.45	2.36	2.27	2.17
26	7.72	5.53	4.64	4.14	3.82	3.59	3.42	3.29	3.18	3.09	2.96	2.81	2.66	2.58	2.50	2.42	2.33	2.23	2.13
27	7.68	5.49	4.60	4.11	3.78	3.56	3.39	3.26	3.15	3.06	2.93	2.78	2.63	2.55	2.47	2.38	2.29	2.20	2.10
28	7.64	5.45	4.57	4.07	3.75	3.53	3.36	3.23	3.12	3.03	2.90	2.75	2.60	2.52	2.44	2.35	2.26	2.17	2.06
29	7.60	5.42	4.54	4.04	3.73	3.50	3.33	3.20	3.09	3.00	2.87	2.73	2.57	2.49	2.41	2.33	2.23	2.14	2.03
30	7.56	5.39	4.51	4.02	3.70	3.47	3.30	3.17	3.07	2.98	2.84	2.70	2.55	2.47	2.39	2.30	2.21	2.11	2.01
40	7.31	5.18	4.31	3.83	3.51	3.29	3.12	2.99	2.89	2.80	2.66	2.52	2.37	2.29	2.20	2.11	2.02	1.92	1.80
60	7.08	4.98	4.13	3.65	3.34	3.12	2.95	2.82	2.72	2.63	2.50	2.35	2.20	2.12	2.03	1.94	1.84	1.73	1.60
120	6.85	4.79	3.95	3.48	3.17	2.96	2.79	2.66	2.56	2.47	2.34	2.19	2.03	1.95	1.86	1.76	1.66	1.53	1.38
∞	6.63	4.61	3.78	3.32	3.02	2.80	2.64	2.51	2.41	2.32	2.18	2.04	1.88	1.79	1.70	1.59	1.47	1.32	1.00

续表

$\alpha = 0.005$

n_2	n_1																		
	1	2	3	4	5	6	7	8	9	10	12	15	20	24	30	40	60	120	∞
1	16 211	20 000	21 615	22 500	23 056	23 437	23 715	23 925	24 091	24 224	24 426	24 630	24 836	24 940	25 044	25 148	25 253	25 359	25 465
2	198. 50	199. 00	199. 20	199. 20	199. 30	199. 30	199. 40	199. 40	199. 40	199. 40	199. 40	199. 40	199. 40	199. 50	199. 50	199. 50	199. 50	199. 50	199. 50
3	55. 55	49. 80	47. 47	46. 19	45. 39	44. 84	44. 43	44. 13	43. 88	43. 69	43. 39	43. 08	42. 78	42. 62	42. 47	42. 31	42. 15	41. 99	41. 83
4	31. 33	26. 28	24. 26	23. 15	22. 46	21. 97	21. 62	21. 35	21. 14	20. 97	20. 70	20. 44	20. 17	20. 03	19. 89	19. 75	19. 61	19. 47	19. 32
5	22. 78	18. 31	16. 53	15. 56	24. 94	14. 51	14. 20	13. 96	13. 77	13. 62	13. 38	13. 15	12. 90	12. 78	12. 66	12. 53	12. 40	12. 72	12. 14
6	18. 63	14. 54	12. 92	12. 03	21. 46	11. 07	10. 79	10. 57	10. 39	10. 25	10. 03	9. 81	9. 59	9. 47	9. 36	9. 24	9. 42	9. 00	8. 88
7	16. 24	12. 40	10. 88	10. 05	9. 52	9. 16	8. 89	8. 68	8. 51	8. 38	8. 18	7. 97	7. 75	7. 65	7. 53	7. 42	7. 31	7. 19	7. 08
8	14. 69	11. 04	9. 60	8. 81	8. 30	7. 95	7. 69	7. 50	7. 34	7. 21	7. 01	6. 81	6. 61	6. 50	6. 40	6. 29	6. 18	6. 06	5. 95
9	13. 61	10. 11	8. 72	7. 96	7. 47	7. 13	6. 88	6. 69	6. 54	6. 42	6. 23	6. 03	5. 83	5. 73	5. 62	5. 52	5. 41	5. 30	5. 19
10	12. 83	9. 43	8. 08	7. 34	6. 87	6. 54	6. 30	6. 12	5. 97	5. 85	5. 66	5. 47	5. 27	5. 17	5. 07	4. 97	4. 86	4. 75	4. 64
11	12. 23	8. 91	7. 60	6. 88	6. 42	6. 10	5. 86	5. 68	5. 54	5. 42	5. 24	5. 05	4. 86	4. 76	4. 65	4. 55	4. 44	4. 34	4. 23
12	11. 75	8. 51	7. 23	6. 52	6. 07	5. 76	4. 52	5. 35	5. 20	5. 09	4. 91	4. 72	4. 53	4. 43	4. 33	4. 23	4. 12	4. 01	3. 90
13	11. 37	8. 19	6. 93	6. 23	5. 79	5. 48	5. 25	5. 08	4. 94	4. 82	4. 64	4. 46	4. 27	4. 17	4. 07	3. 97	3. 87	3. 76	3. 65
14	11. 06	7. 92	6. 68	6. 00	5. 86	5. 26	5. 03	4. 86	4. 72	4. 60	4. 43	4. 25	4. 06	3. 96	3. 86	3. 76	3. 66	3. 55	3. 44
15	10. 80	7. 70	6. 48	5. 80	5. 37	5. 07	4. 85	4. 67	4. 54	4. 42	4. 25	4. 07	3. 88	3. 79	3. 69	3. 52	3. 48	3. 37	3. 26
16	10. 58	7. 51	6. 30	5. 64	5. 21	4. 91	4. 96	4. 52	4. 38	4. 27	4. 10	3. 92	3. 73	3. 64	3. 54	3. 44	3. 23	3. 22	3. 11
17	10. 38	7. 35	6. 16	5. 50	5. 07	4. 78	4. 56	4. 39	4. 25	4. 14	3. 97	3. 79	3. 61	3. 51	3. 41	3. 31	3. 21	3. 10	2. 98
18	10. 22	7. 21	6. 03	5. 37	4. 96	4. 66	4. 44	4. 28	4. 14	4. 03	3. 86	3. 68	3. 50	3. 40	3. 30	3. 20	3. 10	2. 99	2. 87
19	10. 07	7. 09	5. 92	5. 27	4. 85	4. 56	4. 34	4. 18	4. 04	3. 93	3. 76	3. 59	3. 40	3. 31	3. 21	3. 11	3. 00	2. 89	2. 78
20	9. 94	6. 99	5. 82	5. 17	4. 76	4. 47	4. 26	4. 09	3. 96	3. 85	3. 68	3. 50	3. 32	3. 22	3. 12	3. 02	2. 92	2. 81	2. 69
21	9. 83	6. 89	5. 73	5. 09	4. 68	4. 39	4. 18	4. 01	3. 88	3. 77	3. 60	3. 43	3. 24	3. 15	3. 05	2. 95	2. 84	2. 73	2. 61
22	9. 73	6. 81	5. 65	5. 02	4. 61	4. 32	4. 11	3. 94	3. 81	3. 70	3. 54	3. 36	3. 18	3. 08	2. 98	2. 88	2. 77	2. 66	2. 55
23	9. 63	6. 73	5. 58	4. 95	4. 54	4. 26	4. 05	3. 88	3. 75	3. 64	3. 47	3. 30	3. 12	3. 02	2. 92	2. 82	2. 71	2. 60	2. 48

续表

n_2	n_1																		
	1	2	3	4	5	6	7	8	9	10	12	15	20	24	30	40	60	120	∞
24	9.55	6.66	5.52	4.89	4.49	4.20	3.99	3.83	3.69	3.59	3.42	3.25	3.06	2.97	2.87	2.77	2.66	2.55	2.43
25	9.48	6.60	5.46	4.84	4.43	4.15	3.94	3.78	3.64	3.64	3.37	3.20	3.01	2.92	2.82	2.72	2.61	2.50	2.38
26	9.41	6.54	5.41	4.79	4.38	4.10	3.89	3.73	3.60	3.49	3.33	3.15	2.97	2.87	2.77	2.67	2.56	2.45	2.33
27	9.34	6.49	5.36	4.74	4.34	4.06	3.85	3.69	3.56	3.45	3.28	3.11	2.93	2.83	2.73	2.63	2.52	2.41	2.29
28	9.28	6.44	5.32	4.70	4.30	4.02	3.81	3.65	3.52	3.41	3.25	3.07	2.89	2.79	2.69	2.59	2.48	2.37	2.25
29	9.23	6.40	5.28	4.66	4.26	3.98	3.77	3.61	3.48	3.38	3.21	3.04	2.86	2.76	2.66	2.56	2.45	2.33	2.21
30	9.18	6.35	5.24	4.62	4.23	3.95	3.74	3.58	3.45	3.34	3.18	3.01	2.82	2.73	2.63	2.52	2.42	2.30	2.18
40	8.83	6.07	4.98	4.37	3.99	3.71	3.51	3.35	3.22	3.12	2.95	2.78	2.60	2.50	2.40	2.30	2.18	2.06	1.93
60	8.49	5.79	4.73	4.14	3.76	3.49	3.29	3.13	3.01	2.90	2.74	2.57	2.39	2.29	2.19	2.08	1.96	1.83	1.69
120	8.18	5.54	4.50	3.92	3.55	3.28	3.09	2.93	2.81	2.75	2.54	2.37	2.19	2.09	1.98	1.87	1.75	1.61	1.43
∞	7.88	5.30	4.28	3.72	3.35	3.09	2.90	2.74	2.62	2.52	2.36	2.19	2.00	1.90	1.79	1.67	1.53	1.36	1.00

习题参考答案

习 题 一

1.（1）$S_1=\{2,3,\cdots,12\}$；

（2）$S_2=\{l \mid 0\leqslant l\leqslant 2\}$，其中 l 表示两点间的距离；

（3）$S_3=\{5,6,\cdots\}$；

（4）$S_4=\{0,1,2,\cdots\}$.

2.（1）$A\overline{B}C$；（2）$A(\overline{B}\cup\overline{C})$；（3）$A\overline{B}\,\overline{C}\cup\overline{A}B\overline{C}\cup\overline{A}\,\overline{B}C$；（4）$A\cup B\cup C$；

（5）$\overline{A}\,\overline{B}\cup\overline{A}\,\overline{C}\cup\overline{B}\,\overline{C}$；（6）$AB\overline{C}\cup A\overline{B}C\cup\overline{A}BC$；（7）$AB\cup AC\cup BC$；

（8）$\overline{A}\cup\overline{B}\cup\overline{C}$.

3. 略.

4. 不为对立事件.

5. $P(AB)\leqslant P(A)\leqslant P(A\cup B)\leqslant P(A)+P(B)$，理由略.

6. $\dfrac{11}{24}$.

7.（1）0.3；（2）0.6；（3）0.7.

8.（1）$\dfrac{C_{37}^5}{C_{40}^5}$；（2）$\dfrac{C_{37}^3C_3^2}{C_{40}^5}$.

9. $\dfrac{103}{2\ 704}$.

10.（1）$\dfrac{C_{10}^2}{C_{15}^3}$；（2）$\dfrac{C_4^2}{C_{15}^3}$.

11. 0.343 9.

12. $\dfrac{13}{21}$.

13. $\dfrac{48}{13!}$.

14. $\dfrac{(C_{2n}^n)^2}{C_{4n}^{2n}}$.

15. (1) $\dfrac{1}{n-1}$； (2) $\dfrac{6}{(n-1)(n-2)}$； (3) $\dfrac{1}{n},\dfrac{1}{n(n-1)}$.

16. 0.25.

17. 0.8,0.6.

18～19. 略.

20. (1) $\dfrac{5}{18}$； (2) $\dfrac{35}{228}$； (3) $\dfrac{1}{4}$.

21. (1) $\dfrac{5}{12}$； (2) $\dfrac{53}{99}$.

22. $\dfrac{20}{21}$.

23. $\dfrac{1}{2}$.

24. $\dfrac{25}{69},\dfrac{28}{69},\dfrac{16}{69}$.

25. (1) 0.4； (2) 0.485 6.

26. $\dfrac{9}{13}$.

27. 0.998.

28. $2p^2+2p^3-5p^4+2p^5,p+3p^2-4p^3-p^4+3p^5-p^6$.

29. 0.6.

30. $\dfrac{13}{24}$.

31. $\dfrac{95}{294}$.

32. (1) 0.86； (2) $\dfrac{17}{86},\dfrac{12}{43},\dfrac{45}{86}$.

33. 0.595 3.

34. 0.458.

35. 0.238 1.

36. 0.104.

37. (1) $\dfrac{(\lambda p)^k}{k!}\mathrm{e}^{-\lambda p}$； (2) $\dfrac{[\lambda(1-p)]^{n-k}\mathrm{e}^{-\lambda(1-p)}}{(n-k)!}$.

38. 在五局三胜制下甲获胜的可能性更大.

39. $\dfrac{C_{2n-r}^{n}}{2^{2n-r}}$.

40. (1) 0.513 9； (2) 0.224 1.

习 题 二

1. (1)

X	3	4	5
P	0.1	0.3	0.6

(2) $F(x)=\begin{cases}0, & x<3,\\ 0.1, & 3\leqslant x<4,\\ 0.4, & 4\leqslant x<5,\\ 1, & x\geqslant 5,\end{cases}$ 图略.

2. (1)

X	1	2	3	4	5	6
P	$\frac{11}{36}$	$\frac{1}{4}$	$\frac{7}{36}$	$\frac{5}{36}$	$\frac{1}{12}$	$\frac{1}{36}$

(2) $F(x)=\begin{cases}0, & x<1,\\ \frac{11}{36}, & 1\leqslant x<2,\\ \frac{5}{9}, & 2\leqslant x<3,\\ \frac{3}{4}, & 3\leqslant x<4,\\ \frac{8}{9}, & 4\leqslant x<5,\\ \frac{35}{36}, & 5\leqslant x<6,\\ 1, & x\geqslant 6.\end{cases}$

3. (1) $\frac{1}{2(2^{100}-1)}$; (2) $\frac{1}{3}$.

4.

X	-5	-2	0	2
P	0.2	0.1	0.2	0.5

$P\{-3<X\leqslant 0\}=0.3$.

5. (1) $P\{X=i\}=0.3^{i-1}\cdot 0.7, i=1,2,\cdots$;

(2)

X	1	2	3	4
P	$\frac{7}{10}$	$\frac{7}{30}$	$\frac{7}{120}$	$\frac{1}{120}$

6. (1) 0.072 9; (2) 0.008; (3) 0.999.

7. (1) 0.321; (2) 0.242.

8. 0.609.

9. (1) 0.143； (2) 4 台.

10. (1) 0.029 77； (2) 0.002 84.

11. (1) 1； (2) 0.39.

12. (1) 是，$f(x)=\begin{cases}2x & 0<x\leqslant 1,\\ 0, & \text{其他};\end{cases}$ (2) 不是.

13. $F(x)=\begin{cases}0, & x<1,\\ 2\left(x+\dfrac{1}{x}-2\right), & 1\leqslant x<2,\\ 1, & x\geqslant 2.\end{cases}$

14. (1) $\dfrac{1}{2}$； (2) $F(x)=\begin{cases}0, & x\leqslant 0,\\ \dfrac{1}{2}-\dfrac{1}{2}\cos x, & 0<x\leqslant \pi,\\ 1, & x>\pi;\end{cases}$ (3) $\dfrac{1}{2}-\dfrac{\sqrt{2}}{4}$.

15. (1) 0.6； (2) 0.544 3.

16. 0.6.

17. (1) 0.532 8, 0.999 6, 0.697 7, 0.5； (2) $c=3$；(3) 0.436.

18. (1) 0.341 3； (2) 392； (3) 0.714 2 .

19. (1) $f(x)=\dfrac{1}{\sqrt{10\pi}}e^{-\frac{(x-0.2)^2}{10}}, x\in(-\infty,+\infty)$； (2) 0.773 6.

20.

Y	0	1	4	9
P	$\frac{1}{3}$	$\frac{1}{4}$	$\frac{11}{36}$	$\frac{1}{9}$

21. (1) $f_Y(y)=\begin{cases}\dfrac{1}{y}, & 1<y<e,\\ 0, & \text{其他};\end{cases}$ (2) $f_Y(y)=\begin{cases}\dfrac{1}{2}e^{-\frac{y}{2}}, & y>0,\\ 0, & y\leqslant 0.\end{cases}$

22. (1) $f_Y(y)=\begin{cases}\dfrac{1}{\sqrt{2\pi}\,y}e^{-\frac{\ln^2 y}{2}}, & y>0,\\ 0, & y\leqslant 0;\end{cases}$

(2) $f_Y(y)=\begin{cases}\dfrac{1}{2\sqrt{\pi(y-1)}}e^{-\frac{y-1}{4}}, & y>1,\\ 0, & y\leqslant 1;\end{cases}$

(3) $f_Y(y)=\begin{cases}\sqrt{\dfrac{2}{\pi}}\,e^{-\frac{y^2}{2}}, & y>0,\\ 0, & y\leqslant 0.\end{cases}$

习 题 三

1.

X	Y		
	0	1	2
1	0	0	$\frac{1}{14}$
2	0	$\frac{2}{7}$	$\frac{1}{7}$
3	$\frac{1}{7}$	$\frac{2}{7}$	0
4	$\frac{1}{14}$	0	0

2.(1) 0.05； (2) 0.3； (3) 0.35； (4) 0.3； (5) 0.6.

3.

X	-1	0	1
P	$\frac{5}{12}$	$\frac{1}{6}$	$\frac{5}{12}$

Y	0	1	2
P	$\frac{7}{12}$	$\frac{1}{3}$	$\frac{1}{12}$

4.

k	0	1	2
$P\{X=k\mid Y=0\}$	0.8	0.2	0

k	-1	0	2
$P\{Y=k\mid X=0\}$	$\frac{1}{3}$	$\frac{2}{3}$	0

5.(1) $p_{11}=\frac{1}{4}, p_{12}=0, p_{13}=\frac{1}{4}, p_{22}=\frac{1}{2}$； (2) 不相互独立.

6.(1) $\frac{1}{8}$； (2) $\frac{3}{8}$； (3) $\frac{27}{32}$； (4) $\frac{2}{3}$.

7. $f_X(x)=\begin{cases}6(x-x^2), & 0<x<1,\\ 0, & \text{其他},\end{cases}$ $f_Y(y)=\begin{cases}6(\sqrt{y}-y), & 0<y<1,\\ 0, & \text{其他}.\end{cases}$

8.(1) $f_X(x)=\begin{cases}e^{-x}, & x>0,\\ 0, & \text{其他};\end{cases}$ (2) $1+e^{-1}-2e^{-\frac{1}{2}}$.

9.(1) $\frac{21}{4}$； (2) $f_X(x)=\begin{cases}\frac{21}{8}x^2(1-x^4), & -1\leqslant x\leqslant 1,\\ 0, & \text{其他}.\end{cases}$

10.(1) $k=12$；

(2) $f_{X|Y}(x \mid y)=\begin{cases}3e^{-3x}, & x \geqslant 0,\\ 0, & x<0,\end{cases}$ $f_{Y|X}(y \mid x)=\begin{cases}4e^{-4y}, & y \geqslant 0,\\ 0, & y<0.\end{cases}$

11. $f_{Y|X}(y \mid x)=\begin{cases}\dfrac{1}{x+1}, & 0<y<x+1,\\ 0, & \text{其他}\end{cases}(0<x<1)$,

$f_{Y|X}(y \mid x)=\begin{cases}\dfrac{1}{2}, & x-1<y<x+1,\\ 0, & \text{其他}\end{cases}(1 \leqslant x \leqslant 2)$,

$f_{X|Y}(x \mid y)=\begin{cases}\dfrac{1}{y+1}, & 0<x<y+1,\\ 0, & \text{其他}\end{cases}(0 \leqslant y \leqslant 1)$,

$f_{X|Y}(x \mid y)=\begin{cases}\dfrac{1}{3-y}, & y-1<x<2,\\ 0, & \text{其他}\end{cases}(1<y<3)$.

12. 相互独立.

13. (1) $f(x,y)=\begin{cases}\dfrac{1}{2}e^{-\frac{y}{2}}, & 0<x<1, y \geqslant 0,\\ 0, & \text{其他};\end{cases}$ (2) 0.144 5.

14. $f(x,y)=\dfrac{1}{2\pi}e^{-\frac{x^2+y^2}{2}}$,

Z	0	1	2
P	e^{-2}	$e^{-\frac{1}{2}}-e^{-2}$	$1-e^{-\frac{1}{2}}$

15. $f_Z(z)=\begin{cases}z-1, & 1<z \leqslant 2,\\ 3-z, & 2<z<3,\\ 0, & \text{其他}.\end{cases}$

16. $f_Z(z)=\begin{cases}1-e^{-z}, & 0 \leqslant z<1,\\ (e-1)e^{-z}, & z \geqslant 1,\\ 0, & \text{其他}.\end{cases}$

17. (1) $f_Y(y)=\begin{cases}5(1-ye^{-y}-e^{-y})^4 ye^{-y}, & y \geqslant 0,\\ 0, & y<0;\end{cases}$

(2) $f_Z(z)=\begin{cases}5(1+z)^4 ze^{-5z}, & z \geqslant 0,\\ 0, & z<0.\end{cases}$

18. 0.000 63.

习　题　四

1. 4.5.

2. 0.3.

3. 44.648 分.

4. (1 000＋10 000p) 元.

5. 1.2.

6. 略.

7. $\frac{1}{3}$.

8. (1) $a=\frac{1}{4}, b=1, c=-\frac{1}{4}$;

(2) $E(Y)=\frac{1}{4}(\mathrm{e}^2-1)^2$, $D(Y)=\frac{1}{4}\mathrm{e}^2(\mathrm{e}^2-1)^2$.

9. (1) 0; (2) 2; (3) 14.

10. $a=\frac{1}{2}, b=\frac{1}{\pi}, E(X)=0, D(X)=\frac{1}{2}$.

11. $E(2X)=2, E(\mathrm{e}^{-2X})=\frac{1}{3}$.

12. (1) $E(X)=2, E(Y)=0$; (2) $-\frac{1}{15}$; (3) 5.

13. $E(XY^2)=25.53, E(X)=\frac{11}{3}, E(Y)=\frac{7}{3}$.

14. $E(X+Y)=\frac{3}{4}, E(2X-3Y^2)=\frac{5}{8}$.

15. $E(X)=4, D(X)=8$.

16. $E(X)=\frac{2}{3}, D(X)=\frac{1}{18}$.

17. $E(X)=0, D(X)=2$.

18. $E(X)=\frac{\alpha}{\alpha+\beta}, D(X)=\frac{\alpha\beta}{(\alpha+\beta+1)(\alpha+\beta)^2}$.

19. 略.

20. $E(XY)=\frac{1}{2}, E(X^2+Y^2)=\frac{16}{15}, E(X)=\frac{4}{5}, E(Y)=\frac{3}{5}$.

21. 4.

22. $E(A)=8.67, D(A)=21.42$.

23. $\frac{35}{3}$.

24. $n\left[1-\left(1-\frac{1}{n}\right)^{m}\right]$.

25. (1) $E(Y)=\mu, D(Y)=\frac{\sigma^2}{n}$;

(2) $Z_1 \sim N(2\ 080, 65^2), Z_2 \sim N(80, 1\ 525)$,

$P\{X>Y\}=0.979\ 8, P\{X+Y>1\ 400\}=0.153\ 9$.

26～27. 略.

28. $-\frac{1}{11}$.

29. $\mathrm{Cov}(X,Y)=0, \rho_{XY}=0$.

30. $\frac{a^2-b^2}{a^2+b^2}$.

31. 略.

32. $E(X+Y+Z)=1, D(X+Y+Z)=3$.

33. 提示：考虑实变量 t 的函数 $q(t)=E[(X+tY)^2]=E(X^2)+2tE(XY)+t^2E(Y^2)$.

习　题　五

1. 0.211 9.

2. (1) 0.180 2;　(2) 443.

3. 0.876 4.

4. (1) 0.818 5;　(2) 81.

5. 98.

6. 12 656.

7. 14.

8. 0.927.

9. 189.

习　题　六

1. (1) $P\{X_1=x_1, X_2=x_2, X_3=x_3, X_4=x_4, X_5=x_5\}=p^{\sum\limits_{i=1}^{5}x_i}(1-p)^{5-\sum\limits_{i=1}^{5}x_i}\ (x_i=0,1)$;

(2) $\frac{X_1}{p}$ 不是统计量，其他的都是统计量；

(3) $\bar{x}=\frac{3}{5}, s^2=\frac{3}{10}$.

2.(1) $f(x_1,x_2,x_3)=\left(\frac{1}{\sqrt{2\pi}\sigma}\right)^3\exp\left\{-\frac{1}{2\sigma^2}\sum_{i=1}^{3}(x_i-\mu)^2\right\}$；

(2) $\sum_{i=1}^{3}\frac{X_i}{\sigma}$ 不是统计量,其他的都是统计量.

3.0.977 4.

4.(1) 0.262 8； (2) 0.292 3,0.578 5.

5.略.

6.$p,\frac{p(1-p)}{n},p(1-p)$.

7.$n,\frac{n}{5},2n$.

8.(1) $Y_1\sim F(n,n)$； (2) $Y_2\sim t(n)$.

习 题 七

1.$\frac{1}{2n-2}$.

2.$\hat{\mu}_1$.

3.$\frac{5}{12}$.

4.$\hat{\mu}=2\ 809,\hat{\sigma}^2=1\ 508.55$.

5.矩估计量为 $\hat{p}=\frac{\overline{X}}{N}$,矩估计值为 $\hat{p}=\frac{\overline{x}}{N}$.

6.矩估计量为 $\hat{\theta}=2\overline{X}-1$,最大似然估计量为 $\hat{\theta}=\min\{X_1,X_2,\cdots,X_n\}$.

7.(1) T_1,T_2 是无偏估计量； (2) T_2.

8.矩估计量为 $\hat{\theta}=\frac{1-2\overline{X}}{\overline{X}-1}$,最大似然估计量为 $\hat{\theta}=-1-\frac{n}{\sum_{i=1}^{n}\ln X_i}$.

9.矩估计量为 $\hat{\theta}=\frac{2\overline{X}}{3}$,最大似然估计量为 $\hat{\theta}=\frac{1}{2}\max\{X_1,X_2,\cdots,X_n\}$.

10.矩估计量为 $\hat{\theta}=\overline{X}$,最大似然估计量为 $\hat{\theta}=\frac{2n}{\sum_{i=1}^{n}\frac{1}{X_i}}$.

11.$\hat{\theta}=\frac{1}{n}\sum_{i=1}^{n}X_i^2$,是.

12.(14.67,14.98).

13.(5.601,6.621).

14.(11.347,12.653),(11.14,12.86).

15.(7.43,21.07).

16.(0.57,0.63).

17.(−0.002,0.006).

18.(0.447 6,0.940 8).

19.1 065.

20.(1) 略； (2) $\dfrac{2n\overline{X}}{\chi_{\alpha}^{2}(2n)}$.

习 题 八

1.可以认为这批矿砂的镍含量均值为 3.25%.

2.有变化.

3.接受 H_0.

4.不合格.

5.无显著差异.

6.接受 H_0.

7.接受 H_0.

8.乙铸造厂铸件质量的方差比甲铸造厂小.

9.可以认为 A,B 两种药品对延长睡眠时间的平均效果没有显著差异.

10.两个总体的方差相等.

11.两种温度下产品断裂力的均值有显著差异.

12.可以认为采用新工艺后灯泡的平均寿命有显著提高.

13.可以认为装配时间的均值显著大于 10 min.

14.接受 H_0.

15.可以认为每分钟的电话呼叫次数服从泊松分布 $\pi(2)$.

16.可以认为小轴直径尺寸的偏差服从正态分布 $N(4.3,9.71)$.

17.接受 H_0.

18.滚珠的直径服从正态分布.

习 题 九

1.有显著差异.

2.有显著影响.

3.小麦品种对收获量有显著影响,试验田对收获量无显著影响.

4.配料方案及硫化时间对产品的抗断强度均有显著影响.

5.原料浓度对产品的得率有显著影响,温度及原料浓度和温度的交互作用无显著影响.

6. 收缩率及收缩率和总拉伸倍数的交互作用对纤维弹性有显著影响,而总拉伸倍数无显著影响.

习　题　十

1. 图略. 线性回归函数.
2. $\hat{y}=30.439+3.274x$.
3. $\hat{y}=88.83403+0.050401x$.
4. 高度显著.
5. 不显著.
6. 63.899 ～ 82.113 t.
7. 图略. $\hat{y}=108.018+0.189x$.
8. $\hat{y}=9.562-0.142x_1+3.705x_2$.

参 考 文 献

[1] 茆诗松,程依明,濮晓龙. 概率论与数理统计教程[M]. 3 版. 北京:高等教育出版社,2019.

[2] 陈希孺. 概率论与数理统计[M]. 合肥:中国科学技术大学出版社,2009.

[3] 盛骤,谢式千,潘承毅. 概率论与数理统计[M]. 5 版. 北京:高等教育出版社,2019.

[4] 王松桂,张忠占,程维虎,等. 概率论与数理统计[M]. 4 版. 北京:科学出版社,2023.

[5] 吴赣昌. 概率论与数理统计:理工类[M]. 5 版. 北京:中国人民大学出版社,2017.

图书在版编目(CIP)数据

概率论与数理统计/皇甫明,张玉丽,顾颖主编.
北京：北京大学出版社，2025. 7. -- ISBN 978-7-301
-36203-7

Ⅰ. O21

中国国家版本馆 CIP 数据核字第 2025CD7877 号

书　　名	概率论与数理统计 GAILÜLUN YU SHULI TONGJI
著作责任者	皇甫明　张玉丽　顾　颖　主编
责任编辑	马敬钞　赵晴雪
标准书号	ISBN 978-7-301-36203-7
出版发行	北京大学出版社
地　　址	北京市海淀区成府路 205 号　100871
网　　址	http://www. pup. cn
电子邮箱	zpup@pup. cn
新浪微博	@北京大学出版社
电　　话	邮购部 010-62752015　发行部 010-62750672　编辑部 010-62752021
印 刷 者	长沙雅佳印刷有限公司
经 销 者	新华书店
	787 毫米×1092 毫米　16 开本　15. 5 印张　373 千字
	2025 年 7 月第 1 版　2025 年 7 月第 1 次印刷
定　　价	49. 80 元